一陸特 第一級陸上特殊無線技士
無線工学

吉村 和昭 著

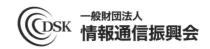

まえがき

電波は「300万MHz以下の周波数の電磁波」と定義されています。また、電波は1秒間に地球7.5周に相当する30万kmの速さで空間を四方八方に伝搬します。したがって、無秩序に同じ周波数の電波を複数の人で使用すると、混信や妨害などを生じ、通信、放送、測位、物標探知などを円滑に行うことができなくなります。

そのため、国際的にも国内的にも電波の使用に関する法令が定められており、無線局の無線設備の操作を行うには無線従事者でなければなりません。

現在、わが国の無線従事者には、総合無線通信士3資格、海上無線通信士4資格、海上特殊無線技士4資格、航空無線通信士、航空特殊無線技士、陸上無線技術士2資格、陸上特殊無線技士4資格、アマチュア無線技士4資格の合計23資格があります。

特殊無線技士の中でも第一級陸上特殊無線技士（一陸特）は操作範囲も広く人気のある実用的な資格です。一陸特の国家試験に課されるのは「無線工学」と「法規」の2科目です。出題される問題は無線工学が24問題、法規が12問題で、合格点を獲得するには無線工学が15問以上、法規が8問以上の正解が必要で、試験の合格率は概ね25〜30パーセント程度です。

筆者も会社内などで一陸特の講習会講師をしており、多くの受験者が無線工学で苦労されているのを感じています。本書は、一陸特の無線工学の出題範囲である「多重通信の概念」「基礎理論」「変復調」「無

線送受信機」「中継方式」「レーダ」「アンテナ」「電波伝搬」「電源」「測定」分野について、「電波受験界」で連載した26回分の記事を補正、追加して再構成したものです。一陸特の試験問題は各分野から平均的に出題される傾向にあります。本書は本文中に何題か練習問題を挿入してありますが、特に練習問題の頁を設けていません。

　本書が皆様の一陸特国家試験科目の「無線工学」を理解する手助けになれば幸いです。

　本書を作成するにあたり、参考文献に示した多くの書籍を参考にさせていただきました。これらの著者の方々に深謝いたします。

　　平成28年4月1日

　　　　　　　　　　　　　　　　　　　　　　　　　吉村和昭

一陸特 第一級陸上特殊無線技士

無線工学

完全マスター

目　次

まえがき …………………………… *1*
第一級陸上特殊無線技士について ……… *14*

第1章
多重通信の概念 …………… *15*

第2章
基礎理論 ………………… *17*

2.1　直流回路……………………………………… *17*
　2.1.1　オームの法則………………………… *17*
　2.1.2　抵抗の直列接続……………………… *18*
　2.1.3　抵抗の並列接続……………………… *19*
　2.1.4　抵抗の直並列接続…………………… *20*
　2.1.5　キルヒホッフの法則………………… *22*
　2.1.6　ブリッジ回路………………………… *25*
　2.1.7　直流回路における電力……………… *28*
　2.1.8　取り出すことのできる最大電力…… *29*
2.2　交流回路……………………………………… *32*
　2.2.1　交流電源……………………………… *32*
　2.2.2　正弦波交流…………………………… *32*
　2.2.3　交流における平均値と実効値……… *35*
　2.2.4　各種受動回路素子…………………… *37*
　2.2.5　電流、電圧の記号的表現…………… *40*
　2.2.6　インピーダンスとリアクタンス…… *43*
　2.2.7　交流回路における電力……………… *48*
　2.2.8　共振回路……………………………… *49*

2.3	フィルタ	......	*52*
	2.3.1	電圧伝送特性とフィルタ	*52*
	2.3.2	いろいろなフィルタ	*54*
2.4	抵抗減衰器	......	*55*
	2.4.1	T型抵抗減衰器	*55*
	2.4.2	π型抵抗減衰器	*57*
2.5	デシベル（dB）	......	*59*
	2.5.1	指数関数	*59*
	2.5.2	対数関数	*59*
	2.5.3	デシベルの定義	*60*
2.6	半導体及び半導体素子と回路	......	*64*
	2.6.1	半導体	*64*
	2.6.2	ダイオード	*67*
	2.6.3	トランジスタ	*69*
	2.6.4	電界効果トランジスタ	*72*
2.7	電子管	......	*75*
	2.7.1	マグネトロン	*75*
	2.7.2	クライストロン	*77*
	2.7.3	進行波管（TWT：Traveling Wave Tube）	*79*
2.8	電子回路	......	*80*
	2.8.1	オペアンプ	*80*
	2.8.2	負帰還増幅器	*82*
	2.8.3	発振器	*83*
	2.8.4	デジタル回路	*86*

第3章

変調と復調 *91*

3.1	変調の種類	......	*91*
3.2	アナログ変調	......	*92*
	3.2.1	振幅変調（AM）	*92*
	3.2.2	搬送波抑圧単側帯波振幅変調（SSB）	*94*
	3.2.3	周波数変調（FM）	*95*
3.3	デジタル変調	......	*98*
	3.3.1	各種デジタル変調方式	*99*
	3.3.2	PSK	*100*
	3.3.3	QPSK	*101*
	3.3.4	16QAM	*103*

3.4	アナログ復調		106
	3.4.1	AM 復調器（DSB 波）	106
	3.4.2	FM 復調器	107
3.5	デジタル復調		109
	3.5.1	QPSK 復調器	109
	3.5.2	16QAM 復調器	112

第4章

無線送受信機、雑音 ······ 113

4.1	無線送信機		113
	4.1.1	FM 送信機	113
4.2	無線受信機		114
	4.2.1	FM 受信機	118
4.3	エンファシス		119
4.4	雑音		121
	4.4.1	熱雑音	121
	4.4.2	雑音指数	123
	4.4.3	等価雑音温度	124
	4.4.4	2段増幅器の雑音	125

第5章

多重通信方式 ·········· 127

5.1	周波数分割多重（FDM）		128
5.2	時分割多重（TDM）		131
	5.2.1	PCM	132
	5.2.2	PCM の多重化	136
	5.2.3	TDM の同期	137
5.3	符号分割多重（CDM）		137
	5.3.1	スペクトル拡散（SS）	137
	5.3.2	直接拡散（DS：Direct Sequence）	139
	5.3.3	周波数ホッピング（FH：Frequency Hopping）	141
	5.3.4	CDM	142
	5.3.5	CDMA と遠近問題	142

5.4	直交周波数分割多重（OFDM）	144
	5.4.1　周波数の直交関係	144
	5.4.2　マルチパスに強い OFDM	145
	5.4.3　OFDM の変調と復調	147
5.5	誤り制御方式と誤り訂正	149
	5.5.1　FEC	149
	5.5.2　ARQ	150

第6章

衛星通信 ……… 151

6.1	人工衛星	151
	6.1.1　人工衛星の軌道	151
	6.1.2　静止衛星の高度と位置	152
	6.1.3　静止衛星の配置とアンテナの仰角	152
6.2	衛星通信の特徴	153
6.3	衛星通信で使用される周波数	154
6.4	衛星通信の多元接続	155
6.5	VSAT システム	157

第7章

中継方式 ……… 159

7.1	ヘテロダイン中継方式	159
7.2	検波（再生）中継方式	160
7.3	直接中継方式	160
7.4	無給電中継方式	161
7.5	2周波中継方式	161

第8章

レーダ ……… 163

| 8.1 | パルスレーダ | 163 |
| | 8.1.1　レーダ方程式 | 165 |

	8.1.2	最大探知距離	167
	8.1.3	最小探知距離	167
	8.1.4	距離分解能	168
	8.1.5	方位分解能	168
	8.1.6	レーダの表示形式	168
8.2	CW レーダ		169
	8.2.1	ドップラー効果	169
	8.2.2	ドップラーレーダ	171
8.3	レーダ特有の電子回路		173
	8.3.1	STC 回路	173
	8.3.2	FTC 回路	174
	8.3.3	IAGC 回路	174
8.4	FM－CW レーダ		175
8.5	気象用レーダ		176

第9章

電　源 ································ 177

9.1	整流回路		177
	9.1.1	変圧器	177
	9.1.2	半波整流回路	178
	9.1.3	全波整流回路	179
	9.1.4	平滑回路	179
9.2	電池と蓄電池		180
	9.2.1	乾電池	180
	9.2.2	鉛蓄電池	181
	9.2.3	ニッケルカドミウム蓄電池	182
	9.2.4	ニッケル水素蓄電池	183
	9.2.5	リチウムイオン蓄電池	183
9.3	電力の変換		184
	9.3.1	インバータ	184
	9.3.2	サイリスタ	184
9.4	無停電電源装置		185
	9.4.1	常時インバータ給電方式	185
	9.4.2	常時商用給電方式	186

第10章

電波と電磁波 ⋯⋯⋯⋯⋯ 187

10.1　電波⋯⋯⋯⋯⋯⋯⋯⋯⋯⋯⋯⋯⋯⋯⋯⋯⋯⋯⋯⋯ 187
　　10.1.1　電波の速度 ⋯⋯⋯⋯⋯⋯⋯⋯⋯⋯⋯ 188
　　10.1.2　電波の周波数と波長 ⋯⋯⋯⋯⋯⋯⋯ 189
　　10.1.3　電波の周波数と波長による名称と用途 ⋯ 191
　　10.1.4　縦波と横波 ⋯⋯⋯⋯⋯⋯⋯⋯⋯⋯⋯ 191
　　10.1.5　電界と偏波面 ⋯⋯⋯⋯⋯⋯⋯⋯⋯⋯ 191

第11章

アンテナ ⋯⋯⋯⋯⋯ 193

11.1　アンテナの特性⋯⋯⋯⋯⋯⋯⋯⋯⋯⋯⋯⋯⋯⋯⋯ 193
　　11.1.1　入力インピーダンス ⋯⋯⋯⋯⋯⋯⋯ 193
　　11.1.2　指向性 ⋯⋯⋯⋯⋯⋯⋯⋯⋯⋯⋯⋯⋯ 194
　　11.1.3　利得 ⋯⋯⋯⋯⋯⋯⋯⋯⋯⋯⋯⋯⋯⋯ 195
11.2　半波長ダイポールアンテナ⋯⋯⋯⋯⋯⋯⋯⋯⋯⋯ 196
　　11.2.1　半波長ダイポールアンテナの
　　　　　　入力インピーダンス ⋯⋯⋯⋯⋯⋯⋯ 197
　　11.2.2　半波長ダイポールアンテナの指向特性 ⋯ 197
　　11.2.3　半波長ダイポールアンテナの実効長 ⋯⋯ 198
11.3　1/4 波長垂直接地アンテナ ⋯⋯⋯⋯⋯⋯⋯⋯⋯ 199
　　11.3.1　1/4 波長垂直接地アンテナの入力抵抗 ⋯ 199
　　11.3.2　1/4 波長垂直接地アンテナの指向特性 ⋯ 199
　　11.3.3　1/4 波長垂直接地アンテナの実効高 ⋯⋯ 199
11.4　実際のアンテナ⋯⋯⋯⋯⋯⋯⋯⋯⋯⋯⋯⋯⋯⋯⋯ 199
　　11.4.1　各周波数帯で使用されるアンテナ ⋯⋯ 200
　　11.4.2　中波放送用垂直アンテナ ⋯⋯⋯⋯⋯ 200
　　11.4.3　スリーブアンテナ ⋯⋯⋯⋯⋯⋯⋯⋯ 201
　　11.4.4　コリニアアンテナ ⋯⋯⋯⋯⋯⋯⋯⋯ 202
　　11.4.5　ブラウンアンテナ ⋯⋯⋯⋯⋯⋯⋯⋯ 202
　　11.4.6　グランドプレーンアンテナ ⋯⋯⋯⋯ 203
　　11.4.7　八木・宇田アンテナ ⋯⋯⋯⋯⋯⋯⋯ 204
　　11.4.8　コーナレフレクタアンテナ ⋯⋯⋯⋯ 207
　　11.4.9　対数周期アンテナ ⋯⋯⋯⋯⋯⋯⋯⋯ 207

	11.4.10	開口面アンテナ ································	209
	11.4.11	パラボラアンテナ ································	210
	11.4.12	オフセットパラボラアンテナ ············	213
	11.4.13	カセグレンアンテナ ····························	214
	11.4.14	グレゴリアンアンテナ ························	214
	11.4.15	ホーンレフレクタアンテナ ···············	215
	11.4.16	スロットアレーアンテナ ·················	215
	11.4.17	ホーンアンテナ（電磁ホーン）·············	218

第12章

伝送線路 ···················· 219

12.1	給電線···	219
	12.1.1 分布定数回路 ·····················	219
	12.1.2 平行2線式線路 ···················	222
	12.1.3 同軸ケーブル ·····················	223
12.2	給電線と整合·····································	226
	12.2.1 最大出力を取り出す条件 ·········	227
	12.2.2 同軸ケーブルのインピーダンスとアンテナ	
	のインピーダンス（放射抵抗）の整合 ·····	227
12.3	導波管···	232
	12.3.1 方形導波管 ·························	232
	12.3.2 導波管内を伝搬する電波のモード ········	236
	12.3.3 分岐回路 ···························	237
	12.3.4 円形導波管 ·························	238

第13章

電波伝搬 ···················· 239

13.1	地球の気層分布と名称·························	240
13.2	電波の伝わり方の種類·························	241
	13.2.1 地上波伝搬 ·························	242
	13.2.2 対流圏伝搬 ·························	242
	13.2.3 電離層伝搬 ·························	242
13.3	各周波数帯の電波伝搬の特徴·················	243
	13.3.1 長波（LF）の伝搬···············	243

13.3.2	中波（MF）の伝搬	………………	*243*
13.3.3	短波（HF）の電波伝搬	………………	*243*
13.3.4	超短波（VHF）の電波伝搬	………………	*243*
13.3.5	極超短波（UHF）の電波伝搬	………………	*244*
13.3.6	マイクロ波（SHF）の電波伝搬	………………	*244*
13.3.7	準ミリ波（EHF）の電波伝搬	………………	*245*

13.4 　自由空間における電界強度………………………… *245*
　　　13.4.1 　等方性アンテナによる自由空間に
　　　　　　　おける電界強度 ……………………………… *245*
　　　13.4.2 　半波長ダイポールアンテナによる
　　　　　　　自由空間における電界強度 ……………… *247*
13.5 　自由空間伝搬損失……………………………………… *248*
13.6 　平面大地上の電波伝搬……………………………… *250*
　　　13.6.1 　平面大地上の電界強度 ……………………… *250*
　　　13.6.2 　電界強度の高さによる変化 ……………… *253*
13.7 　球面大地上の電波伝搬……………………………… *253*
13.8 　電波の屈折…………………………………………… *254*
　　　13.8.1 　媒質中の電波の速度 ……………………… *254*
　　　13.8.2 　電波の屈折 ……………………………………… *255*
　　　13.8.3 　スネルの法則 ……………………………… *255*
13.9 　可視距離と電波可視距離……………………………… *257*
　　　13.9.1 　可視距離 ……………………………………… *257*
　　　13.9.2 　電波可視距離 ……………………………… *259*
13.10 　不均一大気中の電波伝搬…………………………… *261*
　　　13.10.1 　修正屈折示数（指数）…………………… *261*
　　　13.10.2 　M 曲線とラジオダクト …………………… *261*
　　　13.10.3 　ラジオダクトによる電波伝搬 ………… *263*
13.11 　電波の回折…………………………………………… *264*
　　　13.11.1 　ナイフエッジによる電波の回折 ………… *264*
　　　13.11.2 　ホイヘンスの原理 …………………………… *265*
　　　13.11.3 　フレネルゾーン ………………………… *266*
13.12 　電波の散乱…………………………………………… *268*
13.13 　フェージング………………………………………… *269*
　　　13.13.1 　干渉フェージング …………………………… *269*
　　　13.13.2 　吸収フェージング …………………………… *270*
　　　13.13.3 　跳躍フェージング …………………………… *270*
　　　13.13.4 　偏波フェージング …………………………… *270*
　　　13.13.5 　選択フェージング …………………………… *270*
13.14 　対流圏で起こるフェージング………………………… *271*
　　　13.14.1 　K 形フェージング …………………………… *271*

13.14.2	ダクト形フェージング	271
13.14.3	シンチレーションフェージング	272
13.15	フェージングの軽減法	273
13.15.1	スペース（空間）ダイバーシティ	273
13.15.2	ルートダイバーシティ	273
13.15.3	周波数ダイバーシティ	273
13.15.4	偏波ダイバーシティ	274
13.15.5	角度ダイバーシティ	274
13.16	デリンジャ現象と電離層嵐	275
13.16.1	デリンジャ現象	275
13.16.2	電離層嵐	276
13.17	電波雑音	277
13.17.1	大気雑音	277
13.17.2	宇宙雑音	277
13.17.3	太陽雑音	278
13.17.4	人工雑音	278

第14章

測　定　279

14.1	分流器（電流計の測定範囲の拡大）	279
14.2	倍率器（電圧計の測定範囲の拡大）	280
14.3	指示電気計器	281
14.3.1	可動コイル形電流計の原理	282
14.4	テスタ	283
14.4.1	テスタの電流測定の原理	283
14.4.2	テスタの電圧測定の原理	283
14.4.3	テスタの抵抗測定の原理	284
14.4.4	デジタルテスタ	285
14.5	デジタルマルチメータ	285
14.6	周波数カウンタ（計数形）	287
14.7	マイクロ波電力の測定	288
14.7.1	ボロメータ	288
14.7.2	サーミスタによる電力測定	289
14.7.3	カロリーメータ形電力計	291
14.8	マイクロ波の電圧定在波比の測定	292
14.8.1	方向性結合器	292
14.8.2	方向性結合器による電圧定在波比の測定	293

14.8.3　マジックＴ回路による定在波比の測定 … 294
14.9　標準信号発生器………………………………… 295
　　14.9.1　アナログ式標準信号発生器 ……………… 295
　　14.9.2　シンセサイズド標準信号発生器 ………… 296
14.10　オシロスコープ………………………………… 298
　　14.10.1　アナログオシロスコープ ……………… 298
　　14.10.2　デジタルオシロスコープ ……………… 300
　　14.10.3　画面の読み方 …………………………… 301
14.11　スペクトルアナライザ………………………… 302
14.12　ビット誤り率（BER）の測定 ………………… 303
　　14.12.1　送受信装置が同一場所にある場合の
　　　　　　 BER の測定………………………………… 304
　　14.12.2　送受信装置が離れた場所にある場合の
　　　　　　 BER の測定………………………………… 305
14.13　アイパターン…………………………………… 306
　　14.13.1　アイパターン測定器 …………………… 306
　　14.13.2　クロスポイントが示すパルス幅 ……… 307
14.14　増幅器の利得の測定…………………………… 308
　　14.14.1　増幅器の電圧利得の測定 ……………… 308
　　14.14.2　増幅器の電力利得の測定 ……………… 310
14.15　アンテナ利得の測定…………………………… 311

付　録

ギリシャ文字……………… 313

図記号表 ………… 314

参考文献 ……………………… 318

索　引 ……………… 319

参 考

ラジアン…………………………………………………………	**34**
周波数変調波の側波…………………………………………………	**97**
混信妨害の種類と原因………………………………………………	**116**
ビットレートとチップレート……………………………………	**140**
秘匿性と秘話性………………………………………………………	**143**
地上波デジタルテレビ放送で使用されている	
映像、音声符号化方式　…………………………………	**147**
フーリエ変換…………………………………………………………	**148**
周回衛星の軌道………………………………………………………	**158**

第一級陸上特殊無線技士について

　特殊無線技士は、電波利用技術の進展に伴い、各種の小規模な無線局が経済社会活動の中のさまざまな場面で利用されるようになったことから、それらの無線局に配置を要する無線従事者の資格の取得を容易にするため、その利用する無線局の種類、無線設備の周波数、空中線電力等により操作することができる範囲を限定し、あるいは、技術的な操作をすることができる範囲を外部の転換装置に限定する等によりこの資格が設けられることになりました。

　その中で、第一級陸上特殊無線技士は上位に位置し、陸上の無線局の空中線電力500ワット以下の多重無線設備で30メガヘルツ以上の周波数の電波を使用するものの技術操作ができる資格です。主に電気通信業務用、公共業務用等の多重無線設備の固定局、基地局等の技術的操作を行うことができ、第二級及び第三級の陸上特殊無線技士の操作の範囲に属するものの操作を行うことができます。

　なお、これらの陸上特殊無線技士の資格は、陸上の無線局の操作を行うためのものですから、放送局や海岸局、海岸地球局、航空局、航空地球局、無線航行局等の操作を行うことはできないことになっています。

　現在、無線技術士、無線通信士、特殊無線技士、アマチュア無線技士など無線従事者の資格の取得数は620万人を超えています。そのうち、約20万人が一陸特の取得者で、約３％を占めるほどの需要のある資格となっています。

　国家試験は日本無線協会（http://www.nichimu.or.jp/）により、毎年２月、６月、10月の年間３回実施されており、受験者数は毎年約9,000人、合格率は約30％です。詳細は日本無線協会のホームページなどを参考にしてください。

第1章

多重通信の概念

第一級陸上特殊無線技士の資格は、かつては特殊無線技士（多重
無線設備）と呼ばれていた。同じ周波数で複数の人が混信なく通信
可能な方法を多重通信といい、周波数分割多重（FDM）、時分割多
重（TDM）、符号分割多重（CDM）、直交周波数分割多重（OFDM）
がある。

最も基本的な通信は、アマチュア無線や市民ラジオなどのように
単信方式（片通話）と呼ばれる方式である。すなわち、自分が話してい
るときは、相手局は受信するだけ、相手局が話しているときは、自分は
受信するだけという方式である。これは送信と受信を一つの周波数で共
用する方法である。長所は周波数が一つで済むことであるが、短所は
自分が話しているとき、相手局の様子は全く分からないことである。

送信と受信を同時に行う**複信方式**（同時通話）にするためには、送
信用と受信用の二つの周波数が必要になる。複信方式は単信方式と比
較して、周波数が2倍必要となる。例えば、使用できる周波数の幅（以
下、**周波数帯幅**という）が 250〔kHz〕の場合、**占有周波数帯幅**（電
波を使って通信する場合、一定の周波数の幅が必要）が 12.5〔kHz〕
の無線局は、単信方式の場合20局が同時に送受信することができる
が、複信方式の場合は10局しか同時に送受信することができない。

無線局数が n 局の場合、図1.1のように無線局1局が送信するのに
必要な周波数帯幅を f_w とすると、n 局すべてが同時運用すると nf_w
の周波数帯幅が必要になる。実際には、隣同士の無線局がお互いを妨
害しないように、**ガードバンド**と呼ばれる周波数間隔を設ける必要が
ある。ガードバンドの周波数帯幅を f_g とすると、n 局すべての無線
局が同時に運用する場合は全部で、$F = nf_w + (n-1)f_g$ の周波数帯幅
が必要になる。周波数は限られた資源である。無線局がそれぞれに決

15

められた周波数を占有すると、同時に送信できる局数は限られてくる。放送局など、局数が限られている場合はこれでも十分であるが、携帯電話のように多くの人が限られた電波を同時に利用する場合は、一つの周波数で同時に複数の人が利用することのできるような方式が必要になる。このように一つの電波で同時に複数の人が通信できるような方式を**多重**と呼んでいる。

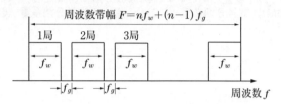

図1.1　無線局数が n 局の場合に必要な周波数帯幅

　一つの電波を使用して、同時に複数の情報を送りたい場合、周波数を分ける方法、時間を分ける方法、符号で分ける方法などがある。周波数を分ける方法を周波数分割多重（FDM：Frequency Division Multiplexing）、時間を分ける方法を時分割多重（TDM：Time Division Multiplexing）、符号で分ける方法を符号分割多重（CDM：Code Division Multiplexing）と呼んでいる。

　情報を遠くに伝えるためには、搬送波と呼ばれる電波が必要になる。電波とは何であろうか。電波法第二条で「「電波」とは、三百万メガヘルツ以下の周波数の電磁波をいう。」と定められている。三百万メガヘルツ（3,000,000〔MHz〕$= 3\times 10^{12}$〔Hz〕）の周波数を**波長 λ〔m〕**（電波が1回の振動で空間を進む距離）で表すと、次のようになる。

$$\lambda = \frac{c}{f} = \frac{3\times 10^8}{3\times 10^{12}} = 1\times 10^{-4}\ \text{〔m〕}$$

　ただし、c は電波の伝搬速度で、$c = 3\times 10^8$〔m/s〕、f は**周波数**で単位は〔Hz〕（ヘルツ）である。すなわち、電波の周波数の上限を波長で表すと 0.1〔mm〕ということになる。下限は定められていない。

第2章

基礎理論

抵抗と直流電源で構成された「直流回路」、抵抗、コイル、コンデンサと交流電源で構成された「交流回路」、「半導体と各種半導体素子」、マグネトロンなどの「電子管」、トランジスタ、FETなどの能動素子を使用した「電子回路」、「論理回路」などについて学ぶ。

2.1 直流回路

2.1.1 オームの法則

オームの法則は**電圧、電流、抵抗**の関係を示す基本的な法則の一つである。図2.1に示すように、R〔Ω〕（オームと読み、抵抗の単位である）の抵抗に矢印の方向にI〔A〕（アンペア）の電流が流れると、図の＋－の方向にV〔V〕（ボルト）の電圧が生じる。これを抵抗による**電圧降下**という。

このときV、R、Iの間に、次式の関係が成り立つ。

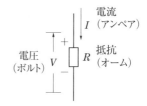

図2.1　電圧を生じる方向

$$V = R \times I \ 〔\mathrm{V}〕 \quad \cdots (2.1)$$

抵抗値がRの抵抗の両端の電圧がVの場合、抵抗に流れている電流Iを求めると、上式より次式になる。

$$I = \frac{V}{R} \ 〔\mathrm{A}〕 \quad \cdots (2.2)$$

抵抗に電流Iが流れており、抵抗の両端の電圧降下がVのとき、抵抗の値Rは、式（2.1）より次式で求めることができる。

$$R = \frac{V}{I} \ [\Omega] \qquad \cdots (2.3)$$

2.1.2 抵抗の直列接続

図2.2に示すように抵抗値 R_1、R_2、R_3 の抵抗に同じ電流 I が流れるように接続したとき、抵抗の**直列接続**という。

直列接続した抵抗を一つの抵抗と見なしたときの抵抗値 R_S の抵抗を**合成抵抗**と呼び、R_S は次式で表すことができる。

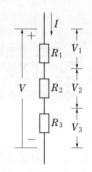

図2.2 抵抗の直列接続

$$R_S = \frac{V}{I} \ [\Omega] \qquad \cdots (2.4)$$

それぞれの抵抗 R_1、R_2、R_3 の電圧降下を V_1、V_2、V_3 とすると、各抵抗に流れる電流は同じであるので、$V_1 = R_1 I$、$V_2 = R_2 I$、$V_3 = R_3 I$ となる。

抵抗による全体の電圧降下 V は、それぞれの抵抗による電圧降下 V_1、V_2、V_3 の和であるので、次式が成立する。

$$V = V_1 + V_2 + V_3 \ [V] \qquad \cdots (2.5)$$

この式は、次のような式に書き換えることができる。

$$V = R_1 I + R_2 I + R_3 I = (R_1 + R_2 + R_3) I \ [V] \qquad \cdots (2.6)$$

上式を変形すると、次式となる。

$$\frac{V}{I} = R_1 + R_2 + R_3 = R_S \ [\Omega] \qquad \cdots (2.7)$$

したがって、図2.2の回路の合成抵抗値 R_S は次式で与えられる。

$$R_S = R_1 + R_2 + R_3 \ [\Omega] \qquad \cdots(2.8)$$

2.1.3 抵抗の並列接続

図2.3に示すように抵抗 R_1、R_2、R_3 に同じ電圧が加わるように抵抗を接続したとき、抵抗の**並列接続**という。

並列接続の合成抵抗を R_P とし、R_P に流れる電流を I、電圧降下を V とすると、次式で表すことができる。

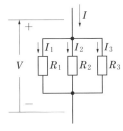

図2.3 抵抗の並列接続

$$I = \frac{V}{R_P} \ [A] \qquad \cdots(2.9)$$

抵抗 R_1、R_2、R_3 に流れる電流をそれぞれ I_1、I_2、I_3 とすると、

$$I_1 = \frac{V}{R_1}, \quad I_2 = \frac{V}{R_2}, \quad I_3 = \frac{V}{R_3}$$

になる。

回路全体に流れる電流 I は、それぞれの抵抗に流れる電流 I_1、I_2、I_3 の和であるので、次式となる。

$$I = I_1 + I_2 + I_3 = \frac{V}{R_1} + \frac{V}{R_2} + \frac{V}{R_3} = \frac{V}{R_P} \ [A] \qquad \cdots(2.10)$$

$$\therefore \ \frac{1}{R_P} = \frac{1}{R_1} + \frac{1}{R_2} + \frac{1}{R_3} \ [\Omega] \qquad \cdots(2.11)$$

上式を書き換えると次式になり、並列接続の合成抵抗 R_P を求めることができる。

$$R_P = \frac{1}{\frac{1}{R_1} + \frac{1}{R_2} + \frac{1}{R_3}} \ [\Omega] \qquad \cdots(2.12)$$

2.1.4 抵抗の直並列接続

図2.4、図2.5のように一つの回路に直列接続と並列接続の両方が含まれている回路を抵抗の**直並列接続**という。

図2.4に示す回路は並列に接続された抵抗R_2とR_3に直列に抵抗R_1が接続されている。並列に接続された部分の合成抵抗をR_Pとすると、式（2.12）から、

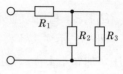

図2.4　抵抗の直並列接続

$$R_P = \cfrac{1}{\cfrac{1}{R_2} + \cfrac{1}{R_3}} \ [\Omega]$$

であるので、全体の合成抵抗R_Tは、次式で求めることができる。

$$R_T = R_1 + R_P = R_1 + \frac{R_2 R_3}{R_2 + R_3} \ [\Omega] \quad \cdots (2.13)$$

図2.5に示す直並列回路は抵抗R_2とR_3が直列に接続されているので、その合成抵抗R_Sは、$R_S = R_2 + R_3$になる。これに抵抗R_1が並列に接続されているので、全体の合成抵抗R_Tは、次式で求めることができる。

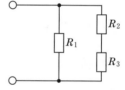

図2.5　抵抗の直並列接続

$$R_T = \cfrac{1}{\cfrac{1}{R_1} + \cfrac{1}{R_2 + R_3}} = \frac{R_1(R_2 + R_3)}{R_1 + R_2 + R_3} \ [\Omega] \quad \cdots (2.14)$$

例題 2.1　図2.4の回路に電圧Eの電池を接続した次の回路について、抵抗R_1、R_2、R_3を流れる電流I_1、I_2、I_3を求めよ。

ただし、$R_1 = 18 \ [\Omega]$、$R_2 = 20 \ [\Omega]$、$R_3 = 30 \ [\Omega]$、電池の電圧を$E = 9 \ [V]$とする。

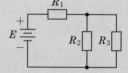

解 答

回路の全抵抗 R_T は、

$$R_T = R_1 + \cfrac{1}{\cfrac{1}{R_2} + \cfrac{1}{R_3}} = R_1 + \cfrac{R_2 R_3}{R_2 + R_3}$$

$$= 18 + \cfrac{20 \times 30}{20 + 30} = 30 \ [\Omega]$$

抵抗 R_1 を流れる電流 I_1 は回路全体を流れる電流であるので★、

$$I_1 = \cfrac{E}{R_T} = \cfrac{9}{30} = 0.3 \ [A]$$

抵抗 R_1 の両端の電圧を V_1 とすると、

$$V_1 = I_1 R_1 = 0.3 \times 18 = 5.4 \ [V]$$

抵抗 R_2、R_3 の両端の電圧 V_2、V_3 は等しいので、

$$V_2 = V_3 = E - V_1 = 9 - 5.4 = 3.6 \ [V]$$

したがって、

$$I_2 = \cfrac{V_2}{R_2} = \cfrac{3.6}{20} = 0.18 \ [A]$$

$$I_3 = \cfrac{V_3}{R_3} = \cfrac{3.6}{30} = 0.12 \ [A]$$

となる。

- -

★電気回路は閉じていないと回路にはならない。このような電気回路の問題を解く場合は必ず回路全体の抵抗を求める必要がある。抵抗 R_1 を流れる電流 I_1 は、電圧を回路全体の抵抗 R_T で割る必要がある。すなわち、$I_1 = E/R_T$ であり、$I_1 = E/R_1$ ではないので注意したい。

2.1.5 キルヒホッフの法則

図2.6に示した回路は、例題2.1の回路と同じ回路である。接続点Aでの電流の関係について考える。

電流の向きは電流が流れ込む方向をプラス、流れ出る方向をマイナスとすると、接続点Aでは、$I_1 - I_2 - I_3 = 0$ となる。接続点Bにおいては、$-I_1 + I_2 + I_3 = 0$ となる。

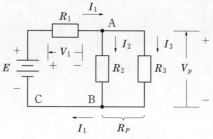

図2.6　直並列回路の電圧電流関係

これらの式から、次式が得られる。

$$I_1 = I_2 + I_3 \qquad \cdots(2.15)$$

並列に接続した抵抗R_2、R_3の合成抵抗をR_Pとし、回路を書き直すと図2.7になる。この図において、点C→電源E→抵抗R_1→点A→合成抵抗R_P→点B→点Cをたどる閉じた回路を考え、電源電圧と降下電圧については、マイナスからプラスにたどる方向をプラス、プラスからマイナスにたどる方向をマイナスとすると、次式が得られる。

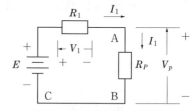

図2.7　直列回路の電圧電流関係

$$E - V_1 - V_P = 0 \qquad \cdots(2.16)$$

$V_1 = I_1 R_1$、$V_P = I_1 R_P = I_1 \dfrac{R_2 R_3}{R_2 + R_3}$ であるので、これらを上式へ代入すると、次式となる。

$$E - I_1 R_1 - I_1 \dfrac{R_2 R_3}{R_2 + R_3} = 0 \qquad \cdots(2.17)$$

抵抗 R_2、R_3 の両端の電圧は等しく V_P であるので、$V_P = I_2 R_2$、$V_P = I_3 R_3$ となる。この式を式（2.16）に代入すると、それぞれ次式が得られる。

$$E - I_1 R_1 - I_2 R_2 = 0 \qquad \cdots (2.18)$$
$$E - I_1 R_1 - I_3 R_3 = 0 \qquad \cdots (2.19)$$

式（2.18）は閉回路 $C \rightarrow E \rightarrow R_1 \rightarrow A \rightarrow R_2 \rightarrow B \rightarrow C$ をたどったときに得られる式であり、式（2.19）は閉回路 $C \rightarrow E \rightarrow R_1 \rightarrow A \rightarrow R_3 \rightarrow B \rightarrow C$ をたどったときに得られる式であることが分かる。

キルヒホッフの法則は接続点と閉回路に関する考え方を拡張して、一般化したものである。電流の接続点に流れ込む電流と流れ出す電流の関係を表す電流則と、ある閉じた回路の抵抗などの素子と電圧の関係を表す電圧則の二つからなっている。

(1) **電流則**

回路中におけるある接続点に流れ込む電流と流れ出す電流の和は 0 である。

(2) **電圧則**

ある閉回路について、各素子の電圧の向きを考慮して一廻りたどったときの電圧の和は 0 である（閉回路のとり方にはいくつか考えられるが、全ての回路素子を少なくとも一回はたどるように式を立てなければならない）。

例題2.1をキルヒホッフの法則を使って解いてみる。

キルヒホッフの法則からB点で電流則を適用すると、

$$I_1 - I_2 - I_3 = 0 \qquad \cdots ①$$

閉回路 $A \rightarrow R_1 \rightarrow B \rightarrow R_2 \rightarrow C \rightarrow D \rightarrow E \rightarrow A$ をたどったとき得られる式は、次のようになる。

$$E - R_1 I_1 - R_2 I_2 = 0 \qquad \cdots ②$$

閉回路 A → R_1 → B → F → R_3 → G → C → D → E → A をたどったとき得られる式は、次のようになる。

$$E - R_1 I_1 - R_3 I_3 = 0 \qquad \cdots ③$$

式①より、

$$I_3 = I_1 - I_2 \qquad \cdots ④$$

式④を式③に代入して整理すると、

$$E - (R_1 + R_3) I_1 + R_3 I_2 = 0 \qquad \cdots ⑤$$

式 ② と 式 ⑤ に、$R_1 = 18$ 〔Ω〕、$R_2 = 20$ 〔Ω〕、$R_3 = 30$ 〔Ω〕、$E = 9$ 〔V〕を代入して整理すると、

$$9 = 18 I_1 + 20 I_2 \qquad \cdots ⑥$$

$$9 = 48 I_1 - 30 I_2 \qquad \cdots ⑦$$

式⑥ = 式⑦であるので、

$$18 I_1 + 20 I_2 = 48 I_1 - 30 I_2$$

$$30 I_1 = 50 I_2$$

$$\therefore \quad I_1 = \frac{5}{3} I_2 \qquad \cdots ⑧$$

式⑧を式⑥に代入してI_2を求める。

$$9 = 18 \times \frac{5}{3} I_2 + 20 I_2 = 50 I_2$$

$$\therefore \quad I_2 = \frac{9}{50} = 0.18 \text{ 〔A〕} \qquad \cdots ⑨$$

式⑨を式⑧に代入してI_1を求める。

$$I_1 = \frac{5}{3} \times \frac{9}{50} = 0.3 \text{〔A〕} \quad \cdots ⑩$$

式⑨と式⑩を式④に代入する。

$$I_3 = I_1 - I_2 = 0.3 - 0.18 = 0.12 \text{〔A〕}$$

ゆえに、オームの法則で解いた解答と同じになることが分かる。

2.1.6 ブリッジ回路

図2.8に示すような抵抗が4本と電池が1個の直流回路を考える。

抵抗R_1、R_2を流れる電流をI_1、抵抗R_3、R_4を流れる電流をI_2とすると、

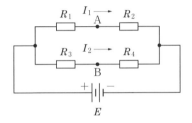

図2.8 A点とB点の電圧を求める回路

$$I_1 = \frac{E}{R_1 + R_2}、\quad I_2 = \frac{E}{R_3 + R_4}$$

となる。

A点の電圧をV_A、B点の電圧をV_Bとすると、

$$V_A = I_1 R_2 = \frac{R_2 E}{R_1 + R_2}、\quad V_B = I_2 R_4 = \frac{R_4 E}{R_3 + R_4}$$

もし、A点の電圧V_AとB点の電圧V_Bが等しい場合は、

$$\frac{R_2}{R_1 + R_2} = \frac{R_4}{R_3 + R_4} \quad \cdots (2.20)$$

この式より、次式の関係が得られる。

$$R_1 R_4 = R_2 R_3 \quad \cdots (2.21)$$

したがって、式 (2.21) が成立するときは、図2.9のように、A点とB点を導線で接続しても同じことになる。また、図2.10のように、A点とB点を任意の抵抗器 R_5 で接続しても回路の状態は変わらないことになる。

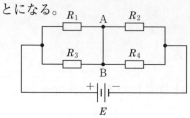
図2.9　A点とB点が同電圧の回路

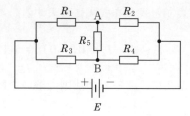
図2.10　ブリッジ回路

　図2.10の回路は抵抗 R_5 がA点とB点を結ぶ橋（ブリッジ）のようになっているのでブリッジ回路という。式 (2.21) が成立する場合をブリッジ回路が平衡しているという。図2.10の回路が平衡条件を満たしている場合は抵抗 R_5 に流れる電流は 0 になる。なお、ブリッジ回路はしばしば図2.11のように表現されることがある。

　図2.11の抵抗 R_5 の代わりに電流計を接続し、R_4 を抵抗値が未知の抵抗、R_3 を可変抵抗に取り換えた回路を図2.12に示す。電流計Ⓐの電流が 0 になるように R_3 を調節すると、式 (2.21) から未知抵抗 R_4 を次式で求めることができる。

$$R_4 = \frac{R_2 R_3}{R_1} \qquad \cdots (2.22)$$

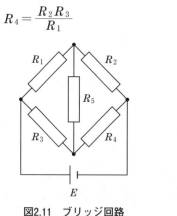

図2.11　ブリッジ回路　　　図2.12　ホイートストンブリッジ

これを**ホイートストンブリッジ**という。ホイートストンブリッジは値の分からない抵抗器の値を求めることができる機器でもある。また、未知抵抗R_4の代わりに、温度の変化を抵抗の変化に変換することのできる**サーミスタ**などに替えてやると、温度の変化を電流の変化にすることできるので、温度計を構成することも可能になる。

例題 2.2 次の回路のab間の合成抵抗R_Tを求めなさい。

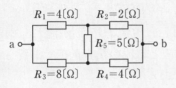

解答 $R_1R_4 = 4×4 = 16$、$R_2R_3 = 2×8 = 16$ となるので、$R_1R_4 = R_2R_3$ の関係にある。したがって、設問の回路は図Aのように描き換えることができる。図Aの抵抗R_1とR_2は直列、抵抗R_3とR_4は直列であるので、図Bのようになる。

したがって、合成抵抗R_Tは、

$$R_T = \frac{1}{\frac{1}{R_1+R_2}+\frac{1}{R_3+R_4}}$$

$$= \frac{1}{\frac{1}{6}+\frac{1}{12}} = 4 \ [\Omega]$$

となる。

別解 例題2.2の回路を図Cのように描き換えることができる。抵抗R_1とR_3が並列で、抵抗R_2とR_4が並列であるので、図Cは図Dのように描き換えることができる。

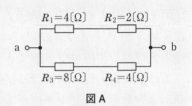

図A

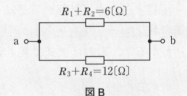

図B

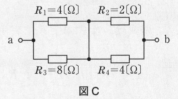

図C

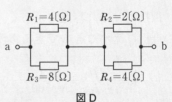

図D

したがって、合成抵抗R_Tは、次式のようになる★。

$$R_T = \frac{1}{\frac{1}{R_1}+\frac{1}{R_3}} + \frac{1}{\frac{1}{R_2}+\frac{1}{R_4}} = \frac{1}{\frac{1}{4}+\frac{1}{8}} + \frac{1}{\frac{1}{2}+\frac{1}{4}}$$

$$= \frac{8}{3} + \frac{4}{3} = 4 \ [\Omega]$$

2.1.7 直流回路における電力

図2.13に示すように、抵抗R〔Ω〕に電流I〔A〕が流れ、両端の電圧降下がV〔V〕であるとき、電圧と電流の積を抵抗で消費される電力と呼ぶ。単位はワット〔W〕である。

この消費電力は、抵抗では抵抗器を発熱させ、電球などでは光や熱になる。特に、電力を消費するために外部から接続した抵抗を**負荷抵抗**という。電圧をV、電流をI、電力をPとすると、電力は次式で表される。

図2.13 抵抗と電圧降下

$$P = IV \ [\text{W}] \quad \cdots (2.23)$$

この式は、次式のように表すことができる。

$$P = IV = I(IR) = I^2 R = \left(\frac{V}{R}\right)V = \frac{V^2}{R} \ [\text{W}] \quad \cdots (2.24)$$

抵抗器には許容電力がある。例えば、許容電力1〔W〕の100〔Ω〕の抵抗に流すことのできる電流Iは、式(2.24)から、

$$I = \sqrt{\frac{P}{R}} = \sqrt{\frac{1}{100}} = 0.1 \ [\text{A}]$$

★例題2.2のようにブリッジ回路が平衡している場合の計算は容易であるが、回路が平衡していない場合は容易に計算できないので注意を要する。

となる。

同様に、**許容電力** 1〔W〕の 10〔kΩ〕の抵抗に流すことのできる電流は、

$$I = \sqrt{\frac{P}{R}} = \sqrt{\frac{1}{10000}} = 0.01 \text{〔A〕}$$

となり、100〔Ω〕のときと比べると流すことのできる電流は10分の1に減ることになる。

2.1.8 取り出すことのできる最大電力

電源に抵抗を接続したとき、抵抗で消費できる**最大電力**について考えてみる。実際の電源には**内部抵抗**R_Sがあるので、外部に負荷抵抗Rを接続すると図2.14のような回路になる。

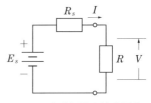

図2.14 負荷抵抗と消費電力

したがって、負荷抵抗Rで消費される電力P_Rは、次式で表すことができる。

$$P_R = IV = I^2 R = \left(\frac{E_S}{R_S+R}\right)^2 R = \frac{R}{(R_S+R)^2} E_S^2 \quad \cdots (2.25)$$

図2.14において、Rが変化したときの電力P_Rの最大値を求めてみよう。E_SとR_Sは一定であるとすると、電力P_RをRで微分してやれば、電力の最大値を求めることができる（式の誘導は後で述べる）。

次式が成立するときにP_Rは最大になる。

$$R = R_S \quad \cdots (2.26)$$

すなわち、負荷抵抗Rと内部抵抗R_Sの大きさが等しいとき、電源から負荷抵抗に最大の電力が供給されることになる。この電力を最大電力$P_{\max}$と呼び、次式で与えられる。

$$P_{\max} = \frac{E_S^2}{4R_S} = \frac{E_S^2}{4R} \text{〔W〕} \qquad \cdots(2.27)$$

このように電源の内部抵抗と負荷抵抗を等しくすることを**整合**をとるという。具体的な例で内部抵抗と負荷抵抗が等しいときに最大電力を供給できることを示してみよう。

図2.14の回路において、$E_S = 2$〔V〕、$R_S = 1$〔kΩ〕として、R を 0.1〜5〔kΩ〕まで変化させて電源から負荷抵抗に供給する電力、すなわち負荷抵抗 R で消費する電力 P を式(2.25)を使って計算すると表2.1のようになる。

表2.1 負荷抵抗 R の値と負荷の消費電力 P

R〔kΩ〕	P〔mW〕	R〔kΩ〕	P〔mW〕
0.1	0.331	2.5	0.816
0.25	0.640	3.0	0.750
0.5	0.889	3.5	0.691
0.75	0.980	4.0	0.640
1.0	1.00	4.5	0.595
1.5	0.960	5.0	0.556
2.0	0.889		

横軸を負荷抵抗 R の抵抗値〔kΩ〕、縦軸を消費電力 P〔mW〕としてグラフを描くと図2.15のようになる。負荷抵抗が電源の内部抵抗の 1〔kΩ〕に等しいとき、負荷抵抗で消費する電力が最大になっているのが分かる。

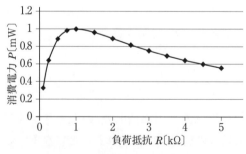

図2.15 負荷抵抗 R の値と電力 P

国家試験においては、消費電力を最大にする負荷抵抗の値を求める場合、微分することによって、最大値を導出することは求められていないが、参考のために、微分を使用して式（2.26）の最大条件を計算する過程を示しておく。

式（2.25）で示される電力 P_R を R で微分すると、次式のようになる。

$$\frac{dP_R}{dR} = \frac{1\times(R_S+R)^2 - 2R(R_S+R)}{(R_S+R)^4}E_S^2$$
$$= \frac{R_S^2 - R^2}{(R_S+R)^4}E_S^2 = \frac{R_S-R}{(R_S+R)^3}E_S^2 \qquad \cdots(2.28)$$

式（2.28）は、$\dfrac{dP_R}{dR} = 0$ のときに最大値を与える。
$\dfrac{dP_R}{dR} = 0$ になるのは、$R_S - R = 0$ のときである。すなわち、$R = R_S$ である。よって、$R = R_S$ のとき、P_R は最大になり、その値は式（2.27）の $E_S^2/(4R_S)$ となる。

例題 2.3 次の回路に示すように、起電力 E が 100〔V〕で内部抵抗が r の電源に負荷抵抗 R_L を接続したとき、R_L から取り出しうる電力の最大値（有能電力）が 10〔W〕であった。R_L の値を求めなさい。

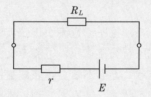

解答 回路に流れる電流を I とすると、

$$I = \frac{E}{r+R_L}$$

負荷抵抗 R_L で消費する電力 P は、

$$P = I^2 R_L = \frac{R_L}{(r+R_L)^2}E^2$$

負荷抵抗 R_L と電源の内部抵抗 r が等しいときに、負荷抵抗に最大電力を供給できるので、

$$P = \frac{r}{(r+r)^2}E^2 = \frac{E^2}{4r}$$

となる。よって、次式のようになる。

$$r = \frac{E^2}{4P} = \frac{10000}{40} = 250 \; 〔\Omega〕$$

2.2 交流回路

2.2.1 交流電源

交流電源の代表的なものに、電力会社が供給している商用電源がある。日本では周波数が 50〔Hz〕または 60〔Hz〕で、電圧は 100〔V〕である。交流の周波数領域は幅が広く、商用電源の領域から放送用電波、携帯電話用電波、さらに高い周波数などが扱われている。**直流電源**である乾電池や充電の可能なバッテリなどの直流の電圧は、時間が経過しても電圧は変化しないが、交流電圧は時間の経過につれて電圧が変化する。

交流回路では主として、電圧や電流が正弦波的に変化する交流が扱われる。このとき、電圧を交流電圧、電流を交流電流というが、正弦波交流を単に交流ということもある。正弦波交流だけでなく、ひずみ波交流、すなわち、非正弦波交流もあるが、本書では触れない。

2.2.2 正弦波交流

正弦波交流 $a(t)$ は次式のように表すことができる。すなわち、$a(t)$ は時間 t に比例して、角度 θ が大きくなり、その大きさは時間の経過とともに正弦波的に変化する。

$$a(t) = A_m \sin \theta = A_m \sin (\omega t + \phi) \qquad \cdots (2.29)$$

ただし、
- $a(t)$ ：**瞬時値**
- A_m ：**振幅**、または**最大値**
- ω ：**角速度**で単位は〔rad/s〕、または**角周波数**
- ϕ ：**位相角**で単位は〔rad〕、または**位相**

図2.16は横軸に時間と角度、縦軸に $a(t)$ を図示したものである。

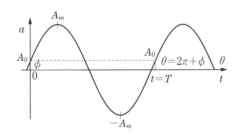

図2.16 正弦波交流

また、次式が成立するような T を正弦波の**周期**という。

$$a(t) = A_m \sin (\omega T + \phi) = A_m \sin (2\pi + \phi) \qquad \cdots (2.30)$$

上式から周期 T は次式で与えられる。単位は秒〔s〕である。

$$T = \frac{2\pi}{\omega} \text{〔s〕} \qquad \cdots (2.31)$$

周期の逆数を周波数といい、1秒間に繰り返す波の数を表し、単位は〔Hz〕である。周波数と周期の関係を表したのが次式である。

$$\left. \begin{array}{l} f = \dfrac{1}{T} = \dfrac{\omega}{2\pi} \text{〔Hz〕} \\[2mm] \omega = 2\pi f \text{〔rad/s〕} \end{array} \right\} \qquad \cdots (2.32)$$

参考 ラジアン

　ラジアン〔rad〕を用いる角度の表示方法を**弧度法**と呼ぶ。これは図に示すように半径 r の円の中心から、ある角度 θ に対応する円弧を見たときに、円弧の長さ a が、$a = r\theta$ になるように決められる角度である。半径が 1 の場合、角度 θ に対応する円弧の長さは、$a = \theta$ となるので、1〔rad〕の角度に対応する円弧の長さは 1 になる。1〔rad〕は約57° となる。

　角度の単位は〔°〕が使われることが多い。円の一周の角度は 360°であるが、半径 r の円周の長さは $2\pi r$ であるから、円弧に対応する角度 θ は、

$$\theta = \frac{2\pi r}{r} = 2\pi \text{〔rad〕}$$

となる。

ラジアンの定義：$\theta = \dfrac{a}{r}$

　弧度法の単位は〔rad〕であるが、定義から弧度法の角度は、円弧と半径の比であり単位は持たないので、必ずしも書かなくてもよい。角度の数値で単位を書かなければ弧度法とみなされる。

　角度〔°〕と弧度法〔rad〕の関係を表に示す。ラジアンを使用する理由は、微分や積分をした場合の相性が良いからである。

　例えば、角度 θ をラジアンで表した場合にだけ、$\dfrac{d}{d\theta}\sin\theta = \cos\theta$（$\sin\theta$ を微分すると $\cos\theta$ になる）や、$\dfrac{d}{d\theta}\cos\theta = -\sin\theta$（$\cos\theta$ を微分すると $-\sin\theta$ になる）が成り立つので電気の計算には便利である。

角度〔°〕と弧度法〔rad〕の関係

角度〔°〕	弧度法〔rad〕
30°	$\pi/6$
45°	$\pi/4$
60°	$\pi/3$
90°	$\pi/2$
180°	π
270°	$3\pi/2$
360°	2π

2.2.3 交流における平均値と実効値

交流の電圧と電流は時間とともに変化するので、それらの大きさを比較するために平均値、実効値が定義されている。

平均値は、瞬時値を1周期Tにわたって平均した値である。しかし、図2.16のような正弦波交流のように、半周期ごとに上下が対照になっているような場合には、平均値は0になるので、半周期について平均を求める。

交流の波形や周波数に関係なく、交流の大きさを、それと等しい仕事をする直流の大きさに置き換えて表したものを実効値という。

実効値は「抵抗に直流電圧を加えたときに消費される電力と、交流電圧を加えたときの消費される電力が等しい」とおいて計算される。すなわち、実効値は「瞬時値の2乗の平均値の平方根」であるので、rms（root mean square）値ともいう。

例えば、瞬時電圧が$v(t)$の実効値V_eは、

$$V_e = \sqrt{\frac{1}{T}\int_0^T v^2(t)\,dt}$$

で計算する。

直流回路においては、抵抗Rに電圧Vを加えて電流Iが流れているとき、電力Pは式（2.24）から次式で与えられる。

$$P = I^2 R = \frac{V^2}{R} = VI \ \text{〔W〕} \qquad \cdots (2.33)$$

一方、抵抗Rに次式で示す交流電流が流れているとする。

$$i(t) = I_m \sin \omega t \qquad \cdots (2.34)$$

このときの電力は、電流が時間の経過とともに変化しているので、各時刻における瞬時電力p_Rの一周期間の平均値として定義される。すなわち、p_Rを電流の周期Tに渡って積分し、その値を周期Tで割っ

て平均値を求める。

抵抗 R に式（2.34）に示した電流が流れたときの瞬時電力 p_R は、次式で与えられる。

$$p_R = Ri^2(t) = RI_m^2 \sin^2 \omega t = \frac{RI_m^2(1-\cos 2\omega t)}{2} \qquad \cdots (2.35)\star$$

したがって、抵抗 R で消費される平均電力 P_R は、上式の p_R を周期 T の区間に渡って積分して、それを T で割れば求めることができる。すなわち、

$$P_R = \frac{1}{T}\int_0^T p_R\,dt = \frac{1}{T}\int_0^T RI_m^2\,\frac{1}{2}\,(1-\cos 2\omega t)\,dt \qquad \cdots (2.36)$$

上式を計算すると、次式が得られる。

$$P_R = \frac{RI_m^2}{2T}\left[t - \frac{1}{2\omega}\sin 2\omega t\right]_0^T = \frac{RI_m^2}{2T}\,T = R\left(\frac{I_m}{\sqrt{2}}\right)^2 \qquad \cdots (2.37)$$

抵抗 R に次式に示す交流電圧を加えると、

$$v(t) = V_m \sin \omega t \qquad \cdots (2.38)$$

電流のときと同じように**平均電力**は次式になる。

$$P_R = \frac{1}{R}\left(\frac{V_m}{\sqrt{2}}\right)^2 \qquad \cdots (2.39)$$

交流回路では、電圧の実効値を V_e、電流の実効値を I_e とし、次式で定義する。

★公式：$\sin^2 x = (1-\cos 2x)/2$

$$V_e = \frac{V_m}{\sqrt{2}} \ [\mathrm{V}]$$

$$I_e = \frac{I_m}{\sqrt{2}} \ [\mathrm{A}]$$

$\cdots(2.40)$

この式を使うと式 (2.37)、(2.39) は次式になる。

$$P_R = RI_e^{\,2} = \frac{V_e^{\,2}}{R} \ [\mathrm{W}] \qquad\qquad \cdots(2.41)$$

　交流回路の電力の式 (2.41) は直流回路の電力の式 (2.33) と同じ型式になっている。すなわち、実効値を導入することによって直流でも交流でも同じ式で抵抗の消費電力を計算することができる。逆に、直流でも交流でも同じ電力を与えるように、交流回路では電流、電圧を実効値によって表現しているということもできる。日本の家庭に配電されている電圧は 100 [V] であるが、これは実効値であり、最大値 V_m は式 (2.40) から計算されるように、$V_m = \sqrt{2} \times 100 = 141$ [V] となる。

　実効値を使うと電流、電圧の瞬時値は次式で表される。

$$i(t) = I_m \sin\,(\omega t + \phi) = \sqrt{2}\ I_e \sin\,(\omega t + \phi)$$

$$v(t) = V_m \sin\,(\omega t + \phi) = \sqrt{2}\ V_e \sin\,(\omega t + \phi)$$

$\cdots(2.42)$

　いままで述べた実効値と振幅の関係は、これらの計算過程から分かるように、電圧や電流が正弦波交流のときだけ成立する。

2.2.4　各種受動回路素子

　交流回路で使用する基本的な回路素子として抵抗のほかに、コイル、コンデンサなどの**受動回路素子**がある。また、交流回路においても電圧や電流に直流回路のときと同じように方向が付けてある。電圧や電流が交流であるのに不思議に思われるかもしれないが、これは電圧、電流の位相関係を表すのに必要である。

(1) 抵抗器

　交流回路において、抵抗値が R〔Ω〕の抵抗器に加えた電圧と電流の関係は、直流回路のときと同じように次式で表される。ただし、電流と降下電圧の方向は図2.17に示すように定義する。

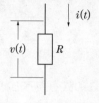

図2.17　抵抗の電圧と電流

$$\left. \begin{array}{l} v(t) = Ri(t) \\[6pt] i(t) = \dfrac{v(t)}{R} \end{array} \right\} \quad \cdots(2.43)$$

(2) コイル（インダクタ）

　導線を巻いたものを**コイル**という。コイルに加えられる電圧の周波数が商用電源のように 50〔Hz〕や 60〔Hz〕程度のときは、コイルとしての効果を高めるために、鉄芯のまわりに導線を巻いてコイルを作る。ラジオなどで使われる電波のように、周波数が高くなると鉄芯の代わりにフェライトなどが使われる。さらに、周波数が高い場合は空芯でコイルを作る。実際に使われているコイルには目には見えないが、抵抗やコンデンサ成分がある。コイルにおいて、その直流抵抗を 0、コンデンサ成分を 0 にして理想化したものを**インダクタ**という。コイルとインダクタを同じ意味に使うこともあるので、ここではコイルという表現を使うことにする。

　コイル L に電流 $i(t)$ を流すと**レンツの法則**により、図2.18に示すように電流の流れを妨げる方向に電圧 $v(t)$ が発生する。L の大きさを**インダクタンス**といい、次式で定義され、単位は**ヘンリー**〔H〕を用いる。

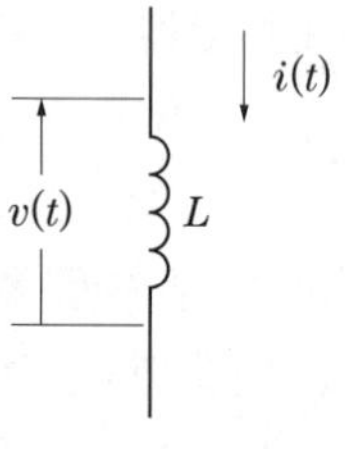

図2.18　コイルの電圧と電流

$$v(t) = L\frac{di(t)}{dt} \quad \cdots(2.44)\bigstar^{(次頁)}$$

38

(3) コンデンサ (キャパシタ)

2枚の導体板の間に誘電体(絶縁物)を挟んだものを**コンデンサ**という。実際に使われているコンデンサには、抵抗やインダクタンス成分も含まれる。このような抵抗を無限大、インダクタンスを0にして理想化したものを**キャパシタ**(**静電容量**) C という。キャパシタとコンデンサを同じ意味で使うこともあるので、ここではコンデンサを使うことにする。単位は**ファラッド**〔F〕を用いる。

図2.19に示すようにコンデンサ C に電圧 $v(t)$ をかけると、時間変化に比例した次式のような電流 $i(t)$ が流れる。

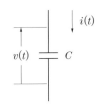

図2.19 キャパシタの電圧と電流

$$i(t) = C\frac{dv(t)}{dt} \qquad \cdots (2.45)$$

ファラッドは非常に大きい単位であるので、実用的にはその百万分の一のマイクロファラッド〔μF〕や、〔μF〕のさらに百万分の一のピコファラッド〔pF〕が使われることが多い。

抵抗、コイル、コンデンサに、

$$i(t) = \sqrt{2}\, I_e \sin \omega t \qquad \cdots (2.46)$$

の正弦波電流を流したときの抵抗、コイル、コンデンサの両端の電圧 $v(t)_R$、$v(t)_L$、$v(t)_C$ はそれぞれ次のようになる。

$$v(t)_R = R\sqrt{2}\, I_e \sin \omega t \qquad \cdots (2.47)$$

$$v(t)_L = \omega L \sqrt{2}\, I_e \cos \omega t \qquad \cdots (2.48)$$

★式 (2.44) はインダクタンス L が大きいほど、また、電流の変化分が大きいほど電圧が大きくなることを表している。

$$v(t)_C = -\frac{\sqrt{2}}{\omega}\frac{I_e}{C}\cos\omega t \qquad \cdots (2.49)$$

$\cos\omega t$ は $\sin\omega t$ より位相が90°進んでいるので、式 (2.47)〜式 (2.49) の電圧と電流の位相関係は表2.2のようになっている。

表2.2　各種素子の電圧と電流の位相関係

素子名	位　相　関　係
抵　抗	電圧と電流は同位相
コイル	電圧の位相が電流より90°進む
コンデンサ	電圧の位相が電流より90°遅れる

2.2.5　電流、電圧の記号的表現

電流や電圧を瞬時値表示で計算すると煩雑になるが、記号的に表現すると計算が容易になる。

電流、電圧を記号的に表現するために、次の式を考える。

$$\cos\omega t = \cos(\omega t + 90° - 90°) = \cos\{(\omega t + 90°) - 90°\}$$
$$= \cos(\omega t + 90°)\cos 90° + \sin(\omega t + 90°)\sin 90° \quad \cdots(2.50)$$

ここで、$\cos 90° = 0$、$\sin 90° = 1$ であるので、次式が得られる。

$$\cos\omega t = \sin(\omega t + 90°) \qquad \cdots(2.51)$$

ここで、上式を次式のように表すことにする。ただし、j は位相を90°進めることを意味するものとする。

$$\cos\omega t = j\sin\omega t \qquad \cdots(2.52)\star$$

★式 (2.52) は、$\sin\omega t$ を90°進ませれば $\cos\omega t$ になることを表している。j をかけることは、図2.21で説明するように、ベクトルを反時計方向に90°回転（90°進ませる）させることである。

40

したがって、式 (2.48) の $v(t)_L$、式 (2.49) の $v(t)_C$ は、それぞれ次式のようになる。

$$v(t)_L = \omega L \sqrt{2}\, I_e \cos \omega t = \omega L \sqrt{2}\, I_e j \sin \omega t$$
$$= j\omega L \sqrt{2}\, I_e \sin \omega t \qquad \cdots (2.53)$$

$$v(t)_C = -\frac{\sqrt{2}}{\omega C} I_e \cos \omega t = -\frac{\sqrt{2}}{\omega C} I_e j \sin \omega t$$
$$= \frac{\sqrt{2}}{j\omega C} I_e \sin \omega t \qquad \cdots (2.54)$$

式 (2.46) の電流 $i(t)$ を式 (2.55) のように計算に便利なよう太字 $I^\star$ で記号的に表したときの抵抗の両端の電圧を V_R、コイルの両端の電圧を V_L、コンデンサの両端の電圧を V_C とすれば、それぞれ式 (2.56)、式 (2.57)、式 (2.58) になる。

$$I = i(t) = \sqrt{2}\, I_e \sin \omega t \qquad \cdots (2.55)$$

$$V_R = R \times i(t) = RI$$

$$V_L = j\omega L \times i(t) = j\omega LI$$

$$V_C = \frac{i(t)}{j\omega C} = \frac{I}{j\omega C}$$

ゆえに、

$$V_R = RI \; \text{〔V〕} \qquad \cdots (2.56)$$

$$V_L = j\omega LI \; \text{〔V〕} \qquad \cdots (2.57)$$

$$V_C = \frac{I}{j\omega C} \; \text{〔V〕} \qquad \cdots (2.58)$$

$\star$太字は複素数を表すものとする。$\dot{I}$（I ドットと読む）と書くこともある。

すなわち、抵抗を R、コイルを $j\omega L$、コンデンサを $1/(j\omega C)$ とおいて計算すれば、直流のオームの法則と同様に計算することができる。

(1) **複素数**

数学では2乗して -1 になる数として、**虚数単位** i が定義されている。電気工学で虚数単位を使うと非常に便利であるが、i は電流に使われるので、代りに j が使われる。すなわち、

$$j^2 = -1 \qquad \cdots ①$$

この定義式から分かるように、虚数について次の式が成立する。

$$\left. \begin{array}{l} 1 \times j = j \\ j \times j = j^2 = -1 \\ j^3 = -j \\ j^4 = 1 \end{array} \right\} \qquad \cdots ②$$

この式では、j を1回掛けるたびに 1、j、-1、$-j$ が繰り返されている。したがって、図2.20に示すように横軸を実数、縦軸を虚数にとると、j は90度ずつ角度を反時計方向に進めるものであることが分かる。横軸を実軸、縦軸を虚軸にとった平面を複素平面といい、a、b を実数としたとき、

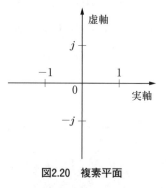

図2.20 複素平面

$$\boxed{c = a + jb} \qquad \cdots ③$$

で与えられる c を**複素数**といい、a を**実部**、b を**虚部**という。

c は図2.21に示すように複素平面上の1点として表される。原点0と点 c を結ぶベクトルを複素ベクトル、または、単に**ベクトル**という。このベクトルの大きさ $r=|c|$ を**絶対値**と呼び、実軸との角度を**偏角**と呼ぶ。

絶対値を $|c|$ とし、偏角を θ とすると、それらの値は次式で与えられる。

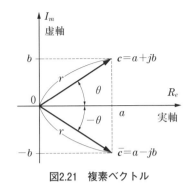

図2.21 複素ベクトル

$$\left.\begin{array}{l} r=|c|=\sqrt{a^2+b^2} \\ \theta=\tan^{-1}\dfrac{b}{a} \end{array}\right\} \quad \cdots ④$$

(2) **複素数の計算例**

(1) $(4-j3)-(5-j7)=(4-5)+j(-3+7)=-1+j4$

(2) $(2+j3)(4-j6)=8+j12-j12+18=26$

(3) $\dfrac{j8}{3+j4}=\dfrac{j8(3-j4)}{(3+j4)(3-j4)}=\dfrac{32+j24}{9+16}=\dfrac{32+j24}{25}$

(4) $2j^2-3j=-2-j3$

(5) $\dfrac{1}{j6}=\dfrac{1}{j6}\times\dfrac{j}{j}=-j\dfrac{1}{6}$

2.2.6 インピーダンスとリアクタンス

インピーダンスは電圧の電流に対する比で、直流における抵抗に相当する（impede は"妨害する"という意味）。単位は〔Ω〕である。

インピーダンスは複素数であり、Z で表し、実数部と虚数部に分けて次式のように書くことができる。

$$Z = R + jX \ [\Omega] \qquad \cdots (2.59)$$

これは、大きさと位相を持った量であるのでベクトルである。

実数部の R を Z の抵抗成分、虚数部の X をリアクタンス成分という。コイルとコンデンサのリアクタンスは、それぞれ次式で与えられる。

$$X_L = \omega L \ [\Omega] \qquad \cdots (2.60)$$

$$X_C = -\frac{1}{\omega C} \ [\Omega] \qquad \cdots (2.61)$$

リアクタンスの単位は、抵抗と同じ〔Ω〕である。リアクタンスは正、負の値をとる。$X>0$ のリアクタンスを**誘導性リアクタンス**、$X<0$ のリアクタンスを**容量性リアクタンス**という。

例題 **2.4** 図に示す RL 直列回路において、抵抗 R の値が 16 〔Ω〕で、コイル L のリアクタンスが 12 〔Ω〕のとき、この回路で消費する電力の値を求めよ。ただし、電源電圧は正弦波交流とし、実効値を 100 〔V〕とする。

解答 I （複素数を使用しない場合）

回路を流れる電流を I、抵抗の両端の電圧を V_R、コイルの両端の電圧を V_L とする。この回路は直列回路であるので回路を流れる電流 I は一定となり、V_R は I と同位相、V_L は I より位相が $90°$ 進むことになる。一定の電流 I を基準として横軸に描くと、V_R は同位相であるので同じ方向、V_L は I より位相が $90°$ 進んでいるので反時計方向に $90°$ 回転して V_L を描くと図のようになる。

コイル L のリアクタンスは、交流電圧の角周波数を ω とすると ωL になる。オームの法則により、

$$V_R = RI = 16I、V_L = \omega LI = 12I$$

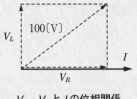

V_R、V_LとIの位相関係

となる。図より、

$$V_R^2 + V_L^2 = 100^2$$

である。$V_R = 16I$、$V_L = 12I$ を代入して I を求める。

$$(16I)^2 + (12I)^2 = 100^2$$

$$\therefore I = \sqrt{\frac{100^2}{400}} = 5 〔A〕$$

回路で消費する電力 P は、抵抗で消費する電力だけであり、コイルでは電力を消費しないので、

$$P = I^2 R = 5^2 \times 16 = 400 〔W〕$$

解答Ⅱ （複素数を使用する場合）

回路のインピーダンス Z を複素数で表すと、

$$\boldsymbol{Z} = R + j\omega L = 16 + j12 〔\Omega〕$$

$\boldsymbol{Z}$ の大きさを $|\boldsymbol{Z}|$ とすると、

$$|\boldsymbol{Z}| = \sqrt{16^2 + 12^2} = \sqrt{256 + 144} = \sqrt{400} = 20 〔\Omega〕$$

回路を流れる電流の大きさは、

$$|\boldsymbol{I}| = \frac{100}{|\boldsymbol{Z}|} = \frac{100}{20} = 5 〔A〕$$

回路で消費する電力 P は、抵抗で消費する電力だけであるので、

$$P = |I|^2 R = 5^2 \times 16 = 400 \ [\mathrm{W}]$$

例題 2.5 図に示す回路において、抵抗 R に流れる電流の大きさの値はいくらになるか。ただし、交流電圧は $100 \ [\mathrm{V}]$、R の値は $40 \ [\Omega]$、コンデンサのリアクタンス X_C 及びコイルのリアクタンス X_L の大きさは、それぞれ $10 \ [\Omega]$ 及び $15 \ [\Omega]$ とする。

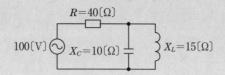

解答 I　（複素数を使用しない場合）

　コンデンサとコイルの並列部分を考える。コンデンサに流れる電流を I_C、コイルに流れる電流を I_L とし、並列回路の両端の電圧を V_{LC} とする。コンデンサとコイルの両端の電圧は同じであるが、コンデンサに流れる電流は位相が $90°$ 進み、コイルに流れる電流は位相が $90°$ 遅れる。電流の値は、

$$I_C = \frac{V_{LC}}{X_C} = \frac{V_{LC}}{10}, \quad I_L = \frac{V_{LC}}{X_L} = \frac{V_{LC}}{15}$$

となる。これを図示したのが図 A である。

$I = I_C - I_L = \dfrac{V_{LC}}{30}$ であるので、リアクタンス分は $30 \ [\Omega]$ である。したがって、ベクトル図は図 B のようになる。

　図 B は、電流が電圧より $90°$ 進んでいることを示しているので、

図 A　並列部分の電圧と電流の関係

図 B　並列部分の電圧と電流の関係

回路の並列部分全体はコンデンサ成分になる。

コンデンサとコイルの並列部分のリアクタンスをXとすると、$X=30$〔Ω〕であるので、例題2.5の回路は図Cのように描き換えることができる。

図Cは直列回路であるので、流れる電流をI、抵抗の両端の電圧をV_R、リアクタンスXの両端の電圧をV_{LC}とする。電流Iは一定であるので横軸に描く。IとV_Rは同相、V_{LC}はIより90°位相が遅れているので図Dのようになる。

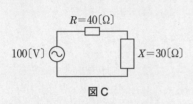
図C

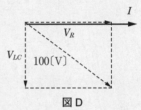
図D

$$V_R = RI = 40I 、 V_{LC} = XI = 30I$$

である。同図から次式の関係が得られる。

$$V_R{}^2 + V_{LC}{}^2 = 100^2$$

上式に、

$$V_R = 40I 、 \quad V_{LC} = 30I$$

を代入して、Iを求める。

$$(40I)^2 + (30I)^2 = 100^2$$

よって、抵抗Rに流れる電流は、

$$I = \sqrt{\frac{100^2}{2500}} = 2 \ \text{〔A〕}$$

解答Ⅱ （複素数を使用した場合）

回路の並列部分のリアクタンスを計算すると、

$$\frac{1}{\frac{1}{jX_L} + \frac{1}{-jX_C}} = \frac{1}{\frac{1}{j15} - \frac{1}{j10}} = \frac{1}{\frac{2-3}{j30}} = -j\,30 \ \text{〔Ω〕}$$

となる。回路のインピーダンス Z を複素数で表すと、

$$Z = 40 - j30 \ \text{〔Ω〕}$$

となる。Z の大きさを $|Z|$ とすると、

$$|Z| = \sqrt{40^2 + 30^2} = 50 \ \text{〔Ω〕}$$

したがって、抵抗 R に流れる電流の大きさは次のようになる。

$$|I| = \frac{100}{|Z|} = \frac{100}{50} = 2 \ \text{〔A〕}$$

インピーダンス Z の逆数 Y を**アドミタンス**と呼び、$Y = 1/Z$ で定義される。単位は**ジーメンス**〔S〕を用いる。アドミタンスも複素数表示され、$Y = G + jB$ となり、G を**コンダクタンス**、B を**サセプタンス**といい、単位はいずれも〔S〕である。

2.2.7 交流回路における電力

直流回路の抵抗で消費される電力 P は、2.1.7項で述べたように電圧 V と電流 I の積で表されたが、交流回路では、電圧電流とも時間によって変化しているので、それらの積 p の大きさも変化する。交流電力は、**瞬時電力** p の一周期間の平均電力と定められている。

回路が抵抗だけでなく、コイルやコンデンサとの複合回路では、電

圧と電流に位相差が生じるので複雑になる。抵抗とコイルやコンデンサの複合回路に、実効値が V_e の電圧、I_e の電流を加えると、平均電力 P は次式となる。

$$P = V_e I_e \cos\theta \ \text{[W]} \quad \cdots(2.62)$$

上式で求められる電力を**有効電力**、または単に電力という。その単位は直流の電力と同じ〔W〕である。

V_e と I_e の積は見掛けの電力で**皮相電力**といい、その単位は〔VA〕（ボルトアンペア）である。

見掛けの電力に対する有効電力の比を**力率**といい、次のようになる。

$$力率 = \frac{V_e I_e \cos\theta}{V_e I_e} = \cos\theta \quad \cdots(2.63)$$

$\cos\theta$ は1以下であるので、コイルやコンデンサを含んだ回路では、抵抗だけの回路と比べて電力は小さくなる★。抵抗とコイルやコンデンサを含んだ回路の電力は、抵抗で消費する電力だけの計算をすればよい。

2.2.8 共振回路

共振回路は、多くの周波数の中から目的の周波数のみを取り出したり、取り除いたりする周波数選択回路として使われる。共振回路には直列共振回路と並列共振回路がある。

(1) 直列共振回路

RLC の直列共振回路を図2.22に示す。この回路の電圧は次式で表すことができる。

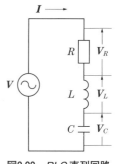

図2.22　*RLC* 直列回路

★コイルとコンデンサでは電力は消費しないので注意。

$$V = V_R + V_L + V_C \qquad \cdots (2.64)$$

上式に式 (2.56)〜式 (2.58) を代入すると次式が得られる。ただし、Z はインピーダンスを表す。

$$V = RI + j\omega L I + \frac{1}{j\omega C} I = \left(R + j\omega L + \frac{1}{j\omega C}\right)I = ZI \qquad \cdots (2.65)$$

したがって、回路を流れる電流 I は次式となる。

$$I = \frac{V}{R + j\omega L + \frac{1}{j\omega C}} = \frac{V}{R + j\left(\omega L - \frac{1}{\omega C}\right)} \qquad \cdots (2.66)$$

上式の絶対値をとると、次式が得られる。

$$|I| = \frac{V}{\sqrt{R^2 + \left(\omega L - \frac{1}{\omega C}\right)^2}} \qquad \cdots (2.67)$$

この式の ω を横軸にとり電流 I を縦軸にとって I と ω の関係を描くと、図2.23のような曲線が得られる。この曲線から分かるように、式 (2.67) は $\omega = \omega_0$ のとき、I が最大になる。ω_0 はこの回路の**共振角周波数**である。I が最大になる条件、すなわち共振条件は、

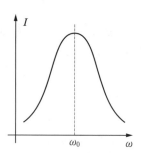

図2.23　RLC直列回路の共振特性

$$\omega_0 L = \frac{1}{\omega_0 C}$$

であり、これから**共振周波数** f_0 を求めると次式になる。

$$f_0 = \frac{1}{2\pi\sqrt{LC}} \; \mathrm{[Hz]} \qquad \cdots (2.68)$$

図2.22の直列共振回路で抵抗 R を取り除いてもコイルに内部抵抗が

あるので、抵抗を0にすることはできない。この抵抗を損失抵抗ということがある。そこで、直列共振回路の共振特性の良さを表す量として **Q**（quality factor）が使われ、次式のように定義されている。

$$Q = \frac{共振電圧}{印加電圧} = \left|\frac{V_L}{V}\right| = \left|\frac{V_C}{V}\right| \qquad \cdots(2.69)$$

また、

$$Q = \frac{L \text{または} C \text{のリアクタンス}}{直列抵抗}$$

ともいえる。

共振状態では、式(2.64)において $V_L + V_C = 0$ であるから、$V = V_R = RI$ となる。$V_L = j\omega LI$、$V_C = \dfrac{1}{j\omega C}I$ であるので、直列共振回路の Q は次式で表される。

$$Q = \frac{\omega_0 L}{R} = \frac{1}{\omega_0 CR} \qquad \cdots(2.70)$$

(2) **並列共振回路**

図2.24に並列共振回路を示す。

並列共振回路は、「電流の流れやすさを示す物理量」のアドミタンスを用いると便利である。図2.24の回路のアドミタンスを Y とすると、

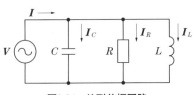

図2.24 並列共振回路

$$Y = \frac{1}{R} + \frac{1}{j\omega L} + j\omega C = \frac{1}{R} + j\left(\omega C - \frac{1}{\omega L}\right) \qquad \cdots(2.71)$$

よって、

$$I = YV = \left\{\frac{1}{R} + j\left(\omega C - \frac{1}{\omega L}\right)\right\}V \qquad \cdots(2.72)$$

並列共振時は、$\omega_0 C = \dfrac{1}{\omega_0 L}$ であり、これから共振周波数 f_0 を求めると、次式になる。

$$f_0 = \frac{1}{2\pi\sqrt{LC}} \qquad \cdots(2.73)$$

$I_R = \dfrac{V}{R}$、$I_L = \dfrac{V}{j\omega L}$、$I_C = j\omega CV$ となり、共振時の電流 $I = I_R$ となる。

並列共振回路の Q は次式のように定義される。

$$Q = \frac{共振電流}{印加電流} = \left|\frac{I_L}{I}\right| = \left|\frac{I_C}{I}\right| \qquad \cdots(2.74)$$

したがって、

$$Q = \frac{R}{\omega_0 L} = \omega_0 CR \qquad \cdots(2.75)$$

2.3 フィルタ

2.3.1 電圧伝送特性とフィルタ

図2.25に示すように、端子 a 側から電圧 V_{in} を加えたら端子 b 側に電圧 V_{out} が出力されたとする。このとき次式に示す出力電圧と入力電圧の比 A を**電圧伝送比**という。

$$A = \frac{V_{out}}{V_{in}} \qquad \cdots(2.76)$$

この式から、図2.26の RC 回路の電圧伝送比は次式で表される。

$$A = \frac{V_{out}}{V_{in}} = \frac{\dfrac{1}{j\omega C}}{R + \dfrac{1}{j\omega C}} = \frac{1}{1 + j\omega CR} \qquad \cdots(2.77)$$

この絶対値 $|A|$ は次式で求めることができる。

$$|A| = \frac{1}{\sqrt{1+(\omega CR)^2}} \qquad \cdots(2.78)$$

図2.25　回路の電圧伝送比

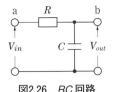
図2.26　RC回路

式(2.78)において、R と C の値を一定にして、角周波数 ω を変化させたときの特性を**電圧伝送特性**という。電圧伝送比が $1/\sqrt{2}$ になる角周波数を求めると、次式になる。

$$\frac{1}{\sqrt{1+(\omega CR)^2}} = \frac{1}{\sqrt{2}} \quad \therefore \quad \omega CR = 1$$

よって、

$$\omega = \frac{1}{CR} \qquad \cdots(2.79)$$

電圧伝送比が $1/\sqrt{2}$ になる周波数を**遮断周波数** f_c と呼ぶ。角周波数 ω と周波数 f は $\omega = 2\pi f$ の関係にあるので、f_c は次式で表される。

$$f_c = \frac{1}{2\pi CR} \ [\text{Hz}] \qquad \cdots(2.80)$$

図2.26の RC 回路の通過周波数は直流から $f_c = 1/(2\pi CR)$ までとなり、図に表すと図2.27のようになる。したがって、図2.26の回路は**低域通過フィルタ**（**LPF**：Low Pass Filter）であることが分かる。低域通過フィルタを単に**低域フィルタ**ということもある。

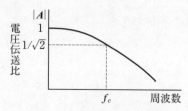

図2.27　RC回路の電圧伝送特性

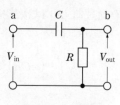

図2.28　CR回路

　図2.28の CR 回路についても図2.26の RC 回路と同様に計算すると、CR 回路の通過周波数は、$f_c = 1/(2\pi CR)$ から $f = \infty$ までとなる。したがって、図2.28の回路は**高域通過フィルタ**（**HPF**：High Pass Filter）であることが分かる。高域通過フィルタを単に**高域フィルタ**ということもある。

2.3.2　いろいろなフィルタ

　低域通過フィルタ、高域通過フィルタ以外にも、ある周波数の範囲の信号を通過させる**帯域通過フィルタ**（又は帯域フィルタ）、ある周波数範囲の信号を阻止させる**帯域消去フィルタ**がある。

　2.3.1項では抵抗とコンデンサを使用して、フィルタを構成した例を示したが、コンデンサとコイルを使用して、低域通過フィルタ、高域通過フィルタ、帯域通過フィルタ、帯域消去フィルタを構成することもできる。図2.27は縦軸を電圧伝送比で描いてあるが、フィルタの概要を理解するためには、縦軸を減衰量として、遮断周波数を通過域と減衰域の境目として、概略を示したほうが分かりやすい。図2.29～図2.32に各種フィルタの回路とそれぞれのフィルタの周波数特性を縦軸を減衰量で表示した概略を示す。f_c、f_{c1}、f_{c2} は遮断周波数である。

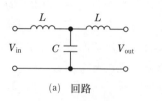
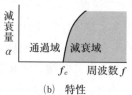

図2.29　低域通過フィルタ

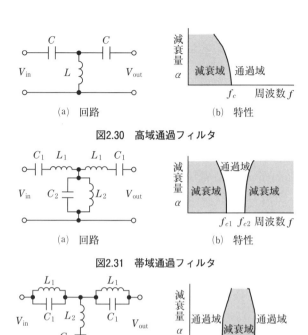

図2.30 高域通過フィルタ

図2.31 帯域通過フィルタ

図2.32 帯域消去フィルタ

2.4 抵抗減衰器

抵抗減衰器は入力した信号を減衰させて出力させる回路で、**T型減衰器**、**π型減衰器**、H型減衰器、L型減衰器などがあるが、ここでは、入力側と負荷（出力）側の特性抵抗（端子から内部を見た抵抗値）が等しいT型減衰器とπ型減衰器について述べる。

2.4.1 T型抵抗減衰器

入力側と負荷側の特性抵抗が等しいT型抵抗減衰器の回路を図2.33に示す。T型抵抗減衰器の未知の抵抗R_1とR_2を求めてみよう。

負荷抵抗R_Lに流れる電流を全電流Iの$1/k$倍にするためのR_1、

R_2 の値を求める。

全電流 I と、負荷抵抗を流れる電流 I_L の比率は、

$$\frac{I_L}{I} = \frac{1}{k}$$

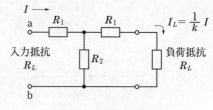

図2.33　T型抵抗減衰器

である。

負荷抵抗 R_L を流れる電流は I/k であり、I/k は全電流 I が R_2 と R_1+R_L とに分岐して流れる電流であるので、

$$\frac{I}{k} = \frac{R_2}{R_2+(R_1+R_L)} I$$

$$\therefore \quad \frac{1}{k} = \frac{R_2}{R_2+(R_1+R_L)} \qquad \cdots(2.81)$$

この式を変形すると、次式となる。

$$R_2 = \frac{R_1+R_L}{k-1} \qquad \cdots(2.82)$$

入力側と負荷側の特性抵抗が等しい条件なので、ab端子から右側を見た抵抗は R_L であるから、次式が成立する。

$$R_L = R_1 + \frac{R_2(R_1+R_L)}{R_2+(R_1+R_L)} \qquad \cdots(2.83)$$

上式に式 (2.82) を代入すると、次式となる。

$$R_L = R_1 + \frac{\dfrac{(R_1+R_L)}{(k-1)}(R_1+R_L)}{\dfrac{(R_1+R_L)}{(k-1)}+(R_1+R_L)} = R_1 + \frac{R_1+R_L}{k} \qquad \cdots(2.84)$$

この式より R_1 を求めると、次のようになる。

$$R_1 = \frac{k-1}{k+1}R_L \qquad \cdots (2.85)$$

上式を式 (2.82) に代入して R_2 を求めると、次式になる。

$$R_2 = \frac{\frac{k-1}{k+1}R_L + R_L}{k-1} = \frac{2k}{k^2-1}R_L \qquad \cdots (2.86)$$

2.4.2 π型抵抗減衰器

入力側と負荷側の特性抵抗が等しい π 型抵抗減衰器の回路を図2.34に示す。

負荷抵抗 R_L に流れる電流 I_L を全電流 I の $1/k$ 倍とする。R_1 及び R_2 と R_L の並列抵抗を一つの抵抗 R_3 と見なした場合の回路を図2.35に示す。

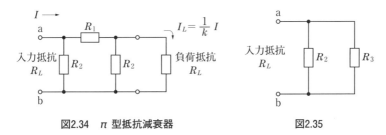

図2.34　π型抵抗減衰器　　　　図2.35

図2.34の π 型抵抗減衰器の未知の抵抗 R_1 と R_2 を求めてみよう。R_3 を求める式は次式のようになる。

$$R_3 = R_1 + \frac{R_2 R_L}{R_2 + R_L} \qquad \cdots (2.87)$$

ab 端子から右側を見た抵抗は R_L であるので、

$$R_L = \frac{R_2 R_3}{R_2 + R_3} \qquad \cdots (2.88)$$

$$\therefore \quad R_3 = \frac{R_2 R_L}{R_2 - R_L} \qquad \cdots (2.89)$$

図2.34においてR_1に流れる電流をI_1とし、抵抗R_Lに流れる電流I_Lを求めると、

$$I_L = \frac{R_2}{R_2 + R_L} I_1$$

$$\therefore \quad I_1 = \frac{R_2 + R_L}{R_2} I_L \qquad \cdots (2.90)$$

また、図2.35において、R_3に流れる電流がI_1であるので、

$$I_1 = \frac{R_2}{R_2 + R_3} I = \frac{R_2}{R_2 + R_3} k I_L \qquad \cdots (2.91)$$

式（2.90）と式（2.91）を等しいとおいて、式（2.89）を代入すると次のようにR_2を求めることができる。

$$R_2 = \frac{k+1}{k-1} R_L \qquad \cdots (2.92)$$

上式を式（2.89）に代入すると、次のようにR_3を求めることができる。

$$R_3 = \frac{k+1}{2} R_L \qquad \cdots (2.93)$$

これと式（2.92）を式（2.87）に代入すると、R_1を求めることができる。

$$R_1 = \frac{k^2 - 1}{2k} R_L \qquad \cdots (2.94)$$

図2.33のT型抵抗減衰器と図2.34のπ型抵抗減衰器の未知抵抗R_1、R_2の計算値は表2.3のようになる★[次頁]。

表2.3　抵抗減衰器の未知抵抗の計算値

抵抗	T型抵抗減衰器	π型抵抗減衰器
R_1	$\dfrac{k-1}{k+1}R_L$	$\dfrac{k^2-1}{2k}R_L$
R_2	$\dfrac{2k}{k^2-1}R_L$	$\dfrac{k+1}{k-1}R_L$

2.5　デシベル（dB）

デシベル〔dB〕は絶対的な大きさを示すものではなく、相対的な比率を表すものである。デシベルを使用すると、増幅器などの増幅度やアンテナの利得などを容易に計算することができる。

デシベルを計算するには、指数と対数の基本的な計算が必要になる。

2.5.1　指数関数

$a \times a = a^2$ であり、$a \times a \times a = a^3$ となる。すなわち、m と n を整数とするとき、$a^m \times a^n = a^{m+n}$ となる。同様に、$a^m \times a^{-n} = a^{m-n}$ になる。

また、$a^m \times a^{-m}\ (=a^m/a^m) = a^{m-m} = a^0 = 1$ となる。すなわち、a を0乗すると1になる。

$\sqrt{a} = a^{\frac{1}{2}}$ であり、また $(a^m)^n = a^{mn}$ が成り立つ。m と n を大きくすると、どのような大きな数も表すことが可能になる。

変数を x として $y = a^x$ を定義し、これを指数関数と呼ぶ。

2.5.2　対数関数

指数関数 $y = a^x$ で $a = 10$ とすれば、$x = 1$ のとき $y = 10$、$x = 5$ のとき $y = 100000$ になり、x の値が小さくても y の値は非常に大きくなる。これを小さな一枚のグラフ用紙に書くのは難しくなる。しかし、

★未知抵抗数が二つの抵抗減衰器は表2.3の式を使用して計算するが、未知数が一つの場合は特に使用する必要はない。

対数を導入すると、小さな数から大きな数までを小さな一枚のグラフ用紙に書くことができる。

対数は指数関数の逆関数で $x = \log_a y$ のように表す。a を**底**、y を**真数**（>0）という。底を10とする対数を**常用対数**、底を e とする対数を**自然対数**と呼び $\ln y$（$= \log_e y$）と表現する。

主な対数の公式を次に示す。

① $\log_a N = m \quad \Leftrightarrow \quad N = a^m$

② $\log_{10} AB = \log_{10} A + \log_{10} B$

③ $\log_{10} \dfrac{A}{B} = \log_{10} A - \log_{10} B$

④ $\log_{10} A^n = n\log_{10} A$

⑤ $\log_A B = \dfrac{\log_{10} B}{\log_{10} A}$

●対数の計算例

ただし、$\log_{10} 2 = 0.3010$、$\log_{10} 3 = 0.4771$ とする。

① $\log_{10} 10 = 1$

② $\log_{10} 1000 = \log_{10} 10^3 = 3 \times \log_{10} 10 = 3$

③ $\log_{10} 6 = \log_{10} 2 \times 3 = \log_{10} 2 + \log_{10} 3 = 0.3010 + 0.4771 = 0.7781$

④ $\log_{10} \dfrac{3}{2} = \log_{10} 3 - \log_{10} 2 = 0.4771 - 0.3010 = 0.1761$

⑤ $10 \log_{10} 300 = 10 \times (\log_{10} 3 \times 100) = 10 \times (\log_{10} 3 + \log_{10} 100)$
$= 10 \times (0.4771 + 2) = 24.771$

2.5.3 デシベルの定義

デシベル〔**dB**〕は次のように定義される。図2.36のように増幅器などの入力と出力を持った回路があるとする。基準になる入力電圧を V_1、比較対象である出力電圧を V_2、同じく入力電流を I_1、出力電流

を I_2 とする。

図2.36 任意回路（入力抵抗、出力抵抗はともに R とする）

　基準となる入力電力を P_1、比較対象となる出力電力を P_2 とすると、デシベルは次式で表される。

$$10 \log_{10} \frac{P_2}{P_1} \quad \text{(dB)} \qquad \cdots (2.95)$$

　例えば回路を増幅器とした場合、入力電力が 100 〔mW〕で出力電力が 100 〔W〕であれば、増幅器の利得 G を〔dB〕で表示すると、

$$G = 10 \log_{10} \frac{P_2}{P_1} = 10 \log_{10} \frac{100}{0.1} = 30 \quad \text{(dB)}$$

となる。

　電力の測定と比較すると電圧は測定しやすいので、デシベルを電圧で計算できれば便利である。電力 P を電圧 V で表すと、$P = VI = V^2/R = I^2R$ であるので、次式が成立する。

$$10 \log_{10} \frac{P_2}{P_1} = 10 \log_{10} \frac{V_2{}^2/R}{V_1{}^2/R} = 10 \log_{10} \frac{V_2{}^2}{V_1{}^2}$$
$$= 10 \log_{10} \left(\frac{V_2}{V_1} \right)^2 = 20 \log_{10} \frac{V_2}{V_1} \quad \text{(dB)}$$

ゆえに、

$$10 \log_{10} \frac{P_2}{P_1} = 20 \log_{10} \frac{V_2}{V_1} \quad \text{(dB)} \qquad \cdots (2.96)$$

同様に電流は次式で表すことができる。

$$10 \log_{10} \frac{P_2}{P_1} = 20 \log_{10} \frac{I_2}{I_1} \quad \text{(dB)} \qquad \cdots (2.97)$$

例えば、入力電圧が 0.1〔V〕で、出力電圧が 1〔V〕の電圧増幅器の利得をデシベルで求めると、$20 \log_{10} (1/0.1) = 20 \log_{10} 10 = 20$〔dB〕となる。

デシベルには高周波でよく使用されるもの、低周波でよく使用されるものなど多くの種類がある。高周波で使われる例として、電波時計の自動時刻修正にも使われている長波標準電波（コールサインは JJY、以下 JJY と記す）の場合を示そう。

JJY は、国立研究開発法人情報通信研究機構（NICT）が運用している電波で、周波数標準と日本標準時を決定して全国に供給されている。

「おおたかどや山標準電波送信所」から発射されている周波数 40〔kHz〕の JJY を、送信所から約 230〔km〕の距離にある横浜で受信したときの予測電界強度は、71〔dBμV/m〕となっている。この電界強度の値を〔V/m〕で表してみよう。

〔dBμV/m〕は、$20 \log_{10} x$ の式で真数 x に〔μV/m〕を単位とした値を代入して求める。$71 = 20 \log_{10} x$ であるので、これから x 求めると $x = 10^{\frac{71}{20}}$ となり、電卓を使用して x の値を求めると、電界強度の値は 3548〔μV/m〕となる。すなわち、3.548〔mV/m〕である。

例 題 2.6　$\log_{10} 2 = 0.3$ として★、それぞれの〔dB〕の値を求めよ。

(1)　1〔μV/m〕を 0〔dB〕とした場合、5〔mV/m〕の電界強度を〔dB〕で求めよ。

(2)　1〔μV〕を 0〔dB〕とした場合、1〔mV〕の電圧を〔dB〕で求めよ。

(3)　1〔mW〕を 0〔dB〕とした場合、1〔W〕の電力を求めよ。

(4)　電圧比で最大値から 6〔dB〕下がったところのレベルは何倍か。

- -

★国家試験で必要になる対数計算は、$\log_{10} 2 = 0.3$ でほとんどできる。$\log_{10} 2 = 0.3$ を指数表示すると、$10^{0.3} = 2$ である。この変換を知っていれば解ける問題も多い。

(5) 相対利得 6〔dB〕の八木アンテナの利得の真数を求めよ。

(6) 相対利得 17〔dB〕のアンテナの利得の真数を求めよ。

解答

(1) 5〔mV/m〕は 5000〔μV/m〕であるので、電界強度は、

$$20 \log_{10} 5000 = 20 \log_{10} \frac{10000}{2} = 20 \times (\log_{10} 10^4 - \log_{10} 2)$$

$$= 20 \times (4 - 0.3) = 74 \text{〔dB〕}$$

（74〔dBμV/m〕と書くこともある）

(2) 1〔mV〕は 1000〔μV〕であるので、

$$20 \log_{10} 1000 = 20 \log_{10} 10^3 = 60 \text{〔dB〕}$$

（60〔dBμV〕と書くこともある）

(3) 電力であるので、$10 \log_{10} x$ の式で真数 x に〔mW〕単位にした値を代入して計算する。

1〔W〕は 1000〔mW〕であるので、

$$10 \log_{10} 1000 = 10 \log_{10} 10^3 = 30 \text{〔dB〕}$$

（30〔dBm〕と書くこともある）

(4) 電圧の dB の式を使用して真数を求める。$-6 = 20 \log_{10} x$ であるので、

$$-\frac{6}{20} = -0.3 = \log_{10} x$$

$$\therefore \quad x = 10^{-0.3} = \frac{1}{10^{0.3}} = \frac{1}{2}$$

(5) 電力の式を使用して真数を求める。$6 = 10 \log_{10} x$ であるので、

$$x = 10^{0.6} = 10^{(0.3+0.3)} = 10^{0.3} \times 10^{0.3} = 2 \times 2 = 4$$

63

(6) 電力の式を使用して真数を求める。$17 = 10 \log_{10} x$ であるので、

$$x = 10^{1.7} = 10^{(2-0.3)} = \frac{10^2}{10^{0.3}} = \frac{100}{2} = 50$$

2.6 半導体及び半導体素子と回路

2.6.1 半導体

銅やアルミニウムのように金属は電気を通しやすい。これらを導体という。木材やプラスチックなど電気を通さないものを**絶縁体**という。導体と絶縁体の中間の物質を**半導体**といい、**ゲルマニウム**（以下 Ge という）や**シリコン**（以下 Si という）などが該当する。導体、絶縁体、半導体のいくつかの抵抗率を表2.4に示す。導体の**抵抗率**は 10^{-8}〔Ωm〕程度、絶縁体の抵抗率は $10^9 \sim 10^{20}$〔Ωm〕程度、半導体の抵抗率は $10^{-4} \sim 10^7$〔Ωm〕程度である。

表2.4 導体、絶縁体、半導体の抵抗率
（理科年表などを参考にして作成）

物　質	抵抗率〔Ωm〕
銅	2.23×10^{-8}
アルミニウム	3.55×10^{-8}
鉄	1.47×10^{-7}
ゲルマニウム	6.90×10^{-1}
シリコン	3.97×10^{3}
ガラス（ソーダ）	$10^9 \sim 10^{11}$
雲母（成形）	10^{13}
ポリエチレン	$> 10^{14}$
テフロン	$10^{15} \sim 10^{19}$

物質の導電性を図2.37に示すような、価電子で構成されている**価電子帯**、電子が存在することのできない**禁制帯**、電気伝導に寄与する**伝導帯**からなるエネルギー帯により表すこともできる。

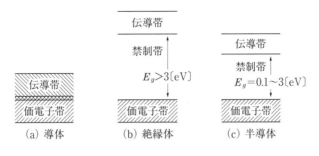

図2.37 物質のエネルギー帯

(a)は導体で、伝導帯が部分的に電子で満たされているか伝導帯が価電子帯と重なっている場合で、自由電子が多く存在し電気をよく通す物質である。絶縁体か半導体かは伝導帯と価電子帯の幅、すなわちエネルギーギャップ E_g に依存する。(b)はエネルギーギャップが大きい（3〔eV〕★以上）絶縁体である。絶縁体は原子間の結合力が強力で自由電子が非常に少ないので電気を通さない。(c)は半導体で、エネルギーギャップが 0.1〜3〔eV〕程度の物質をいう。半導体は原子間の結合力が弱く、熱または光エネルギーによって価電子帯の電子が伝導帯に移動し、導電性が出てくる物質である。

半導体のエネルギーギャップの例を表2.5に示す。

表2.5 半導体のエネルギーギャップの値

半導体	エネルギーギャップ〔eV〕★
Ge（ゲルマニウム）	0.66
Si（シリコン）	1.11
GaAs（ガリウム砒素）	1.43
GaP（ガリウム燐）	2.26

★eV（エレクトロンボルト）：1個の電子が電位差 1〔V〕の2点間で加速され、運動して得るエネルギーである。電子1個の電荷は $1.6×10^{-19}$〔C〕であるので、1〔eV〕は $1.6×10^{-19}×1 = 1.6×10^{-19}$〔J〕となる。

(1) 真性半導体

図2.38はSiの純度が高く不純物のない場合の原子構造である。Siは、原子番号が14、すなわち原子核に一番近いK殻に2個の電子、二番目のL殻に8個の電子が定員一杯入っており、最外殻のM殻に電子が4個存在する4価の物質である。この4個の電子が隣接する原子とお互いに共有することによって結晶を形成している。このような結合を共有結合という。この不純物を含まない半導体を**真性半導体**と呼んでいる。真性半導体は低温では電子が原子に拘束されるので抵抗率が大きく絶縁性が高くなる。

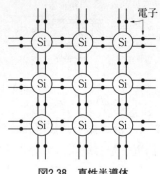

図2.38　真性半導体

(2) n形半導体とp形半導体

SiやGeのような4価の物質に、燐（P）や砒素（As）などの5価の物質を微量★加えると、図2.39(a)のように電子が余剰になりこれが自由電子となる。5価の物質を**ドナー**と呼び、このような半導体を**n形半導体**という。同じように4価の物質に、ホウ素（B）、アルミニ

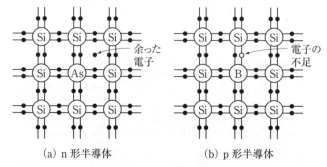

(a) n形半導体　　　　(b) p形半導体

図2.39　不純物半導体

★微量とはどの位か（不純物の濃度）：Siの結晶の原子密度は 5×10^{22} 〔個/cm³〕であり、それに対して注入する不純物は 10^{15} 〔個/cm³〕程度であるので、濃度は $2/10^8$ となり、1億分の2程度となる。

ウム（Al）、ガリウム（Ga）などの3価の物質を微量加えると、図2.39(b)のように電子が不足して電子のないところができる。これを正孔（ホール）という。3価の物質を**アクセプタ**と呼び、このような半導体を **p 形半導体** という。これらの半導体を**不純物半導体**という。

(3) 化合物半導体

複数の元素で作られた半導体を**化合物半導体**という。化合物半導体には、ガリウム砒素（GaAs）、ガリウム燐（GaP）、硫化カドミウム（CdS）などがある。GaAs や GaP は高周波用素子、CdS は受光素子などに適している。

2.6.2 ダイオード

図2.40(a)のように、n 形半導体と p 形半導体を接合させると接合面ではキャリアである電子と正孔が結合して中和し、電子と正孔のない**空乏層**が生じる。

この pn 接合に同図(b)に示すような方向に電圧を加えると、電子は左側に、正孔は右側に移動し、接合面を通って相手側に移り、電流が流れる。このような接続をダイオードの**順方向接続**という。ダイオードを図記号で表した順方向接続を同図(c)に示す。

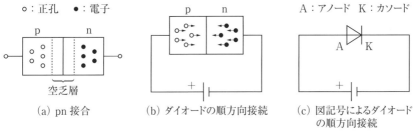

(a) pn 接合　　(b) ダイオードの順方向接続　　(c) 図記号によるダイオードの順方向接続

図2.40　pn 接合とダイオードの順方向接続

一方、図2.41(a)のような方向に電圧を加えると、電子は右側に、正孔は左側に移動するので、接合面に**障壁**ができて電流は流れない。このような接続をダイオードの**逆方向接続**という。ダイオードは電源の整流回路や受信機の検波回路などに用いられる。

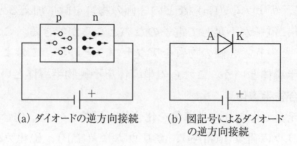

(a) ダイオードの逆方向接続　(b) 図記号によるダイオードの逆方向接続

図2.41　ダイオードの逆方向接続

ダイオードには、そのほかに次のような種類がある。
(1)　**定電圧ダイオード（ツェナーダイオード）**
逆方向に電圧を加えて電圧を上げていくと、ある電圧で急に大きな電流が流れるようになり、それ以上に電圧を上げられなくなり電圧が一定となる。電源回路などに使用される。
(2)　**ガンダイオード**
通常のダイオードはp形半導体とn形半導体で構成されるが、ガンダイオードはn形半導体のみで構成される。n形GaAs単結晶をある方向で切断した薄板の両端に、3000〔V/cm〕以上の電圧を加えるとマイクロ波帯の振動電流が得られる。
(3)　**インパッドダイオード**
ダイオードに逆方向電圧を加え、徐々に電圧を上昇させると電子なだれ現象を生じて**負性抵抗★**が発生し、マイクロ波を発生させることができる（雑音が多いが高出力）。
(4)　**発光ダイオード**
pn接合部のp側からn側に電流を流すと接合部分から発光する。発光色は使用する半導体の材料により決まる。

★負性抵抗：加える電圧を上げると流れる電流が小さくなる抵抗である。

(5) 可変容量ダイオード（バラクタダイオード）

逆バイアス電圧の大きさとともにダイオードの障壁容量が変化する。この性質を利用したダイオードが可変容量ダイオードである。

(6) フォトダイオード

光信号を電気信号に変換する特性を利用したダイオードである。

(7) トンネルダイオード（エサキダイオード）

不純物濃度を大きくしたPN接合では、順方向特性のトンネル効果による負性抵抗を生じる。マイクロ波の発生、高速スイッチング用などに用いられる。

2.6.3 トランジスタ

トランジスタは1948年にアメリカのショックレー、ブラッテン、バーディーンの3人により発明された**固体素子**である（1954年にノーベル賞を受賞）。トランジスタの出現でそれまでの真空管を使用した通信機器、電子機器を根本的に変化させることになった。1955年にはゲルマニウムトランンジスタを使用したラジオも東京通信工業株式会社（現在のSONY）から市販されている。トランジスタ（transistor）は造語である。

(1) トランジスタの構造

p形半導体とn形半導体を図2.42のように接続して電極を付けたものがトランジスタである。同図(a)を **pnp形トランジスタ**、図(b)を **npn形トランジスタ**という。電極は3本で、エミッタ、ベース、コレクタと呼ぶ。ベース領域は薄く作られている。

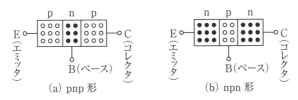

図2.42　トランジスタの構造

トランジスタの図記号を図2.43に示す。エミッタに付いている矢印の方向は真の電流の向きを表している。

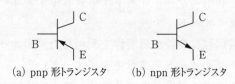

図2.43　トランジスタの図記号

(2) トランジスタの接地方式

トランジスタは3本の電極を持っているので、使用する場合はどれか1本の電極を共通にして使用する。このように共通にすることを接地という。接地方式には、**ベース接地、エミッタ接地、コレクタ接地**がある。これらの接地方式を図2.44に示す（図はnpnトランジスタで表しているが、pnp形トランジスタでも同じである）。

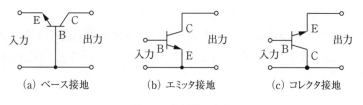

図2.44　各種接地方式

(3) トランジスタの電圧の加え方

トランジスタを動作させるためには各電極に適切な電圧を加える必要がある。例として、図2.45に示すnpn形トランジスタを使用したエミッタ接地の場合の電圧の加え方を考える。

このトランジスタを動作させるには、入力側を順方向に、出力側を逆方向になるように電圧を加える必要があるので、p形半導体であるベースにはプラスの電圧V_{BB}を加える必要がある。出力側のコレクタはn

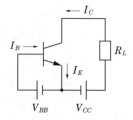

図2.45　エミッタ接地回路の電圧の加え方

形半導体であるので、逆方向接続をするにはコレクタにプラスの電圧 V_{CC} を加える必要がある。このときのベース電流を I_B、コレクタ電流を I_C、エミッタ電流を I_E とすると、$I_E = I_B + I_C$ の関係にある。通常、ベース電流 I_B は小さいので、エミッタ接地の電流増幅率 β は、$\beta = I_C/I_B$ となり、100〜300と大きくなる。

電流の流れる方向は図2.45の矢印の方向となる（pnp形トランジスタの場合は加える電圧の方向と電流の方向が逆になる）。

図2.44(a)から分かるように、ベース接地回路の入力電流は I_E、出力電流は I_C となる。ベース接地の電流増幅率を α とすると、$\alpha = I_C/I_E$ となる。$I_E = I_B + I_C$ であるので、α は1より小さくなることになる。また、エミッタ接地の電流増幅率 β と、ベース接地の電流増幅率 α との関係は、

$$\beta = \frac{I_C}{I_B} = \frac{I_C}{I_E - I_C} = \frac{\alpha}{1-\alpha}$$

となる。

例えば、$\alpha = 0.99$ の場合は $\beta = \alpha/(1-\alpha) = 0.99/(1-0.99) = 99$、$\alpha = 0.995$ の場合は $\beta = 199$ となる。

図2.45の場合は電源が二つ必要になるが、図2.46のように抵抗器を使用して電源を一つにすることができる。同図(a)を**固定バイアス**、図(b)を**自己バイアス**という。実際のトランジスタ回路では、図(c)に示す**電流帰還バイアス**が使われる。

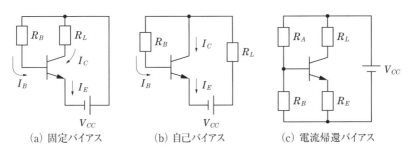

(a) 固定バイアス　　(b) 自己バイアス　　(c) 電流帰還バイアス

図2.46　トランジスタのバイアス

2.6.4 電界効果トランジスタ

トランジスタは**電流駆動素子**であり、入力に電流を流さないと動作しない。エミッタ接地の場合の入力電流はベース電流、ベース接地の場合の入力電流はエミッタ電流になる。入力側に電流を流すことは、入力抵抗が小さくなることを意味する。

電界効果トランジスタは**電圧駆動素子**で、入力に電流を流さなくても動作する素子である。したがって、入力抵抗は非常に大きくなる。電界効果トランジスタには**接合形電界効果トランジスタ**（**JFET**：Junction Field Effect Transistor）と **MOS形電界効果トランジスタ**（**MOSFET**：Metal Oxide Semiconductor Field Effect Transistor）がある。

(1) 接合形電界効果トランジスタ

接合形電界効果トランジスタの構造を図2.47に示す。n形半導体にp形半導体が図のように接合されている。ドレイン－ソース間に電圧V_{DS}を加えると、ドレイン電流I_Dが流れる。pn接合部に逆バイアス電圧V_{GS}を加えると、電子も正孔も存在しない**空乏層**ができる。V_{GS}を大きくすればするほど空乏層が広がりドレイン電流が減少する。

接合形電界効果トランジスタの図記号を図2.48に示す。

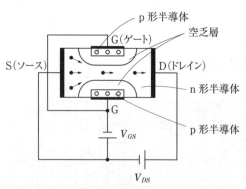

図2.47 接合形電界効果トランジスタの構造

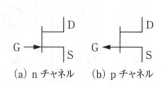

(a) nチャネル　(b) pチャネル

図2.48 接合形電界効果トランジスタの図記号

(2) **MOS 電界効果トランジスタ**

MOS 電界効果トランジスタ（以下 MOSFET という）は、エンハンスメント形 MOSFET とデプレッション形 MOSFET がある。

(a) **エンハンスメント形 MOSFET**

図2.49に示すように、p 形半導体基板の表面に SiO_2 の絶縁膜を作製する。絶縁膜を介してゲート電極（G）を取り付ける。また、二つの n 形領域を作り、それらに電極を取り付けてドレイン電極（D）、ソース電極（S）とする。ドレイン電極の電位がソース電極電位より高くなるようにドレイン-ソース間に電圧 V_{DS} を加える。ゲート-ソース間にも図の方向に電圧 V_{GS} を加える。$V_{GS}<0$ の場合はドレイン-ソース間にチャネルを形成しないが、$V_{GS}>0$ になるとゲート電極に電子が引き寄せられて、n チャネルを形成してドレイン電流が流れるようになる。V_{GS} を大きくすればするほどドレイン電流が多くなるのでエンハンスメント（enhancement）形という。**エンハンスメント形 MOSFET** は V_{GS} を加えないとドレイン電流が流れないので省電力となり、多くの素子を使用する集積回路に向いているといえる。

エンハンスメント形 MOSFET の図記号を図2.50に示す。

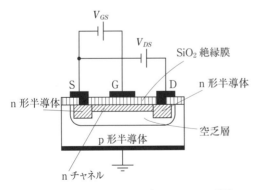

図2.49　エンハンスメント形 MOSFET の構造

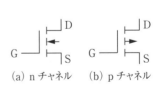

図2.50　エンハンスメント形 MOSFET の図記号

(b) **デプレッション形 MOSFET**

図2.51に示すように、p形半導体基板の表面にSiO₂の絶縁膜を作製する。絶縁膜を介してゲート電極（G）を取り付ける。また、二つのn形領域を作り、それらに電極を取り付けてドレイン電極（D）、ソース電極（S）とする。ドレイン電極の電位がソース電極の電位より高くなるようにドレイン-ソース間に電圧 V_{DS} を加える。ここまではエンハンスメント形と同じである。エンハンスメント形と相違するのは、ドレイン-ソース電極間に拡散などによってnチャネルを予め形成してあることである。こうすることにより、$V_{GS}=0$ の場合でもドレイン電流が流れることになる。$V_{GS}<0$ にするとゲート電極近くの電子がなくなり、空乏層が生じてドレイン電流が減少する。このようなMOSFETをデプレッション（depletion）形と呼ぶ。

デプレッション形 MOSFET の図記号を図2.52に示す。

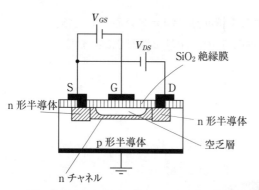

図2.51　デプレッション形 MOSFET の構造

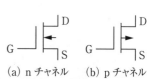

図2.52　デプレッション形 MOSFET の図記号

2.7 電子管

ダイオードやトランジスタなどの固体素子が出現するまでの**能動素子**は**電子管**であった。しかし、固体素子が出現すると、徐々にその活躍の場を失っていった。現在では、真空管はほとんど製造されていないが、マグネトロン、クライストロン、進行波管などの電子管は多く利用されている。

マグネトロンは、船舶用レーダなどには不可欠であるが、多くは電子レンジ用である。

クライストロンには、反射形クライストロンと直進形クライストロンがある。小電力の反射形クライストロンは局部発振用に使用されたが、ガンダイオードなどに固体化され使用されなくなっている。直進形のクライストロンは大電力の送信用、高周波加熱用、加速器のマイクロ波源などで使用されている。

マグネトロンとクライストロンは**空洞共振器**（図2.56参照）を有しており、周波数が固定であるが、進行波管は空洞共振器を使用しないので広い周波数帯域で使用できる。

国家試験で出題されるのは、例題で示したような主にマグネトロンと進行波管の各部の名称を問う問題で、正答は容易に得ることができる。ここでは、これらの電子管の動作原理について学ぶことにする。

2.7.1 マグネトロン

マグネトロンは**磁電管**ともいい、レーダ用、電子レンジ用など多くの用途がある。

(1) ハルのマグネトロン

マグネトロンは、1921年に米国のアルバート・ハル（A.W.Hull）により発明された。ハルのマグネトロンの構成を図2.53に示す。**陰極**（Cathode：カソード）と円筒形の**陽極**（Anode：アノード）からなる2極管である。

75

陰極を加熱しておいて陽極にプラスの電圧を加えると、陰極から電子が放出されて図2.53(a)のように真直ぐ陽極に到達する。軸方向（紙面に垂直に）に磁界をかけると、**ローレンツ力**★が働き、(b)のように電子の軌道が曲がる。さらに、加える磁界を強くすると、(c)に示すように電子が陽極に到達しないで陰極に戻ってくるようになる。このときの磁界を**臨界磁界**と呼び、磁束密度を**臨界磁束密度**（B_C）という。さらに加える磁界を強くすると、(d)に示すように小さな円を描くようになる。

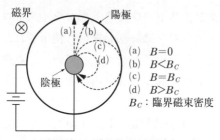

図2.53　マグネトロンの原理

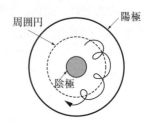

図2.54　電子のサイクロイド運動

　加える磁界の強さを調節することにより、図2.54に示すように電子がサイクロイド運動を続けるようになる。
　ハルのマグネトロンの発振の周期は電子がループを描く時間に等しくなる。また、その波長は磁界の強さに反比例する。

★ローレンツ力：図に示すように、磁束密度が B〔T〕の磁界の中に磁界と垂直に置いた長さ l〔m〕の導線に電流 I〔A〕を流したとき、導線が受ける力である。その方向はフレミングの左手の法則で、同図の F の方向になり、$F=BIl$〔N〕となる。ただし、電子の移動方向と電流の方向は逆であることに注意。

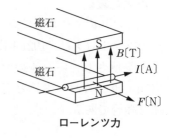

ローレンツ力

電子流の変化や電圧の微小変化などが原因で電気振動が発生し、その周期が電子の円運動の周期と同じになると、振動が持続する。このような振動をA形振動という。A形振動は出力が弱く、能率も悪いので実際には用いられない。

(2) 分割陽極マグネトロン

ハルがマグネトロンを発明して数年後の1927年、東北大学の岡部金次郎助教授が、陽極を2分割したマグネトロンを発振させることに成功し、さらに陽極を4分割にすると発振周波数が2倍になることを確認した。陽極を分割したときに得られる振動をB形振動という。以後、陽極を多数に分割したマグネトロンが主流となる。図2.55、図2.56に陽極を8分割したマグネトロンの例を示す。図2.55は梅鉢型、図2.56は橘型と呼ばれるものである。

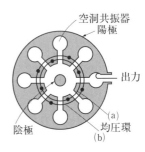

図2.55　梅鉢型

分割陽極マグネトロンは能率が高く、実用されているマグネトロンはこのB形振動のものである。図2.55中の(a)、(b)は陽極を一つおきに接続した導体である。この導体を**均圧環**と呼び、陽極を同電圧、同位相に保つことができるので発振が安定する。

図2.56　橘型

2.7.2　クライストロン

クライストロンは**反射形クライストロン**と**直進形クライストロン**の2種類がある。反射形クライストロンは小電力の発振用または局部発振器用に多く使われたが、これらは半導体化され姿を消していった。一方、直進形クライストロンはマイクロ波帯の大電力の送信用や加速器用などとして発展を遂げている。

(1) 反射形クライストロン

反射形クライストロンの構造を図2.57に示す。

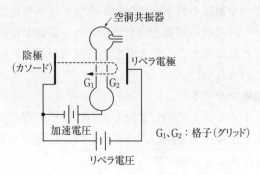

図2.57 反射形クライストロンの構造

　陰極から放出された電子は加速電圧で加速され、格子 G_1、G_2 を通過する。電子が G_1、G_2 を通過するとき、空洞共振器で生じる微小な電磁界振動により速度変調を受け、リペラ電極に加えられている負の電圧（**リペラ電圧**）によって向きを変える。適切なリペラ電圧を加えることによって向きを変えた電子流に**集群作用**★が働き、再び G_2、G_1 を通過するため、空洞共振器が電磁界の振動を持続させる。

(2) **直進形クライストロン**

　直進形クライストロンの構造を図2.58に示す。

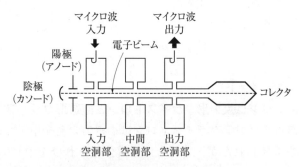

図2.58 直進形クライストロンの構造

★集群作用：電子流に電子密度の高い部分と低い部分が生じる現象（速度の速い電子は速度の遅い電子に追いつく）。

入力空洞共振器（バンチャ）、中間空洞共振器（複数の場合もある）、出力空洞共振器（キャッチャ）と電子ビームを発生させるビーム集束用磁石などからなる。

陰極から放出された電子は、陽極で加速され入力空洞共振器に入る。一方、入力されたマイクロ波の位相により電子が加速、または、減速される（**速度変調★**）。その間、加速電子と減速電子が集合し、集群され、中間空洞部を通過すると空洞共振器の Q が大変大きいので、電子はさらに集群される。その後、電子ビームが出力空洞部を通過するとき、電子ビームは減速してエネルギーを失うことになる。電子が失ったエネルギーはマイクロ波のエネルギーになり、大出力のマイクロ波となって出力される。相互作用した後の電子ビームはコレクタで捕捉され熱となる。これを減らすためにコレクタの電圧を空洞共振器の電位より低くする CPD（Collector Potential Depression）が採用されている。

2.7.3 進行波管（TWT：Traveling Wave Tube）

進行波管はマグネトロンやクライストロンと違い、共振器を使用しないので動作周波数帯域が広くなり、衛星放送やマイクロ波中継などに適している。

図2.59に進行波管の構造を示す。真空中ではマイクロ波は光と同じ速度で伝わる。電子の速度は光の速度と比べると遅い。入力されたマイクロ波の進行速度を**遅波回路（ヘリックス）**を使用して、電子の速度より少し遅くなる程度に遅くする。マイクロ波と電子の速度がほぼ同じであると相互作用を起こす。陰極から放出された電子は陽極で加速され、集束用の磁石でビームが絞られる。電子が進むにつれて集群し、**密度変調★★**される。電子の速度がマイクロ波の速度よりわずか

★速度変調：電子流のある部分は加速、ある部分は減速すること。
★★密度変調：速度変調の結果、電子流に疎密ができること。

79

に速いと、電子のエネルギーがマイクロ波に移動してマイクロ波が増幅されることになる。相互作用を終えた電子はコレクタで捕捉されて熱になるのは直進クライストロンと同じであるので、CPDを使用して効率を上昇させている。

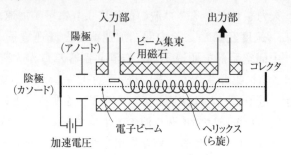

図2.59　進行波管の構造

2.8　電子回路

電子回路にはアナログ電子回路とデジタル電子回路がある。かつては、トランジスタ、抵抗、コンデンサ、コイルなどの個別部品で電子回路を構成していたが、最近ではほとんど集積回路化されている。ここでは、アナログ回路の代表であるオペアンプと、デジタル回路の組み合わせ論理回路を中心に述べる。

2.8.1　オペアンプ

アナログ電子回路によく使われるのは、**オペアンプ**（**演算増幅器**）である。オペアンプは直流信号の増幅が可能で、利得が極めて大きく、入力抵抗が高く、出力抵抗が低いという特徴がある。オペアンプは増幅器としてのほか、発振器、加算器、減算器、微分器、積分器などを容易に構成することができる。

オペアンプの記号は図2.60のように描く。図から分かるようにオペアンプを動作させるには直流電源が必要であるが、電源はしばしば省略されて図2.61のように描かれることも多い。図2.60の2番端子のマ

イナス（−）記号は**反転端子**、3番端子のプラス（＋）記号は**非反転端子**、1番端子は出力端子である。4番と8番端子は電源に接続する。

(1) 反転増幅器の増幅度

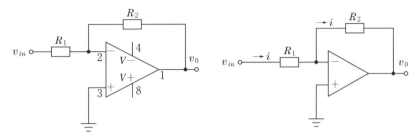

図2.60　反転増幅器（電源端子のある表現）　　図2.61　反転増幅器（電源省略）

オペアンプの入力抵抗は非常に高く、また非反転端子と反転端子の電位は 0 〔V〕である。図2.61の反転増幅器では、電流 i は抵抗 R_1 を左側から右側に流れ、抵抗 R_2 にも同じ電流 i が流れる。入力電力を v_{in}、出力電力を v_o とすれば、

抵抗 R_1 の両端では、$v_{in} - 0 = iR_1$　　　　　　　　　　…①

抵抗 R_2 の両端では、$0 - v_o = iR_2$　　　　　　　　　　…②

式①、式②から増幅度 A を求めると、次式になる。

$$A = \frac{v_o}{v_{in}} = \frac{-iR_2}{iR_1} = -\frac{R_2}{R_1} \quad \cdots(2.98)$$

増幅度がマイナスになるのは、入力電圧と出力電圧の位相が180°変化することを表している。増幅度 A の絶対値を求めると、

$$|A| = \frac{R_2}{R_1}$$

となる。

(2) 非反転増幅器

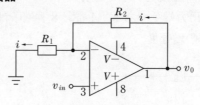

図2.62 非反転増幅器

非反転端子の電位は v_{in} であるので、反転端子も v_{in} となる。電流 i は抵抗 R_2 を右側から左側に流れ、抵抗 R_1 にも同じ電流が流れる。

抵抗 R_1 の両端では、$v_{in}-0=iR_1$ ……①

抵抗 R_2 の両端では、$v_o-v_{in}=iR_2$ ……②

式①、式②から非反転増幅器の増幅度 A を求めると、次式になる。

$$A=\frac{v_o}{v_{in}}=\frac{v_{in}+iR_2}{iR_1}=\frac{iR_1+iR_2}{iR_1}=1+\frac{R_2}{R_1}$$

ゆえに、

$$A=1+\frac{R_2}{R_1} \quad \cdots(2.99)$$

2.8.2 負帰還増幅器

図2.63に示す回路を**負帰還増幅器**という。増幅器の出力の一部を増幅度が小さくなるように、入力側に戻してやる。A は帰還がない場合の**増幅度**、β は**帰還率**とする。

$A=v_o/v_1$、負帰還増幅器は増幅度が小さくなるように動作するので、$v_1=v_{in}-\beta v_o$ である。負帰還増幅器の増幅度 G は次式で表される。

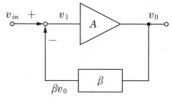

図2.63 負帰還増幅器

$$G=\frac{v_o}{v_{in}}=\frac{Av_1}{v_1+\beta v_o}=\frac{Av_1}{v_1+A\beta v_1}=\frac{A}{1+A\beta} \quad \cdots(2.100)$$

負帰還増幅器の特徴を次に示す。
① 増幅することのできる周波数帯域が拡大する。
② ひずみや雑音を減らすことができる。
③ 利得の変動を抑えることができる。
④ 増幅度がもとの増幅度より小さくなる。

|例 題| 2.7 図に示す演算増幅器（オペアンプ）を用いた負帰還増幅器において、帰還がないときの増幅度 A を250、帰還率 β を0.2としたとき、帰還をかけたときの電圧増幅度を求めよ。

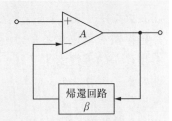

|解 答|
負帰還増幅器の増幅度は、$G = \dfrac{A}{1+A\beta}$ である。$A = 250$、$\beta = 0.2$ であるので、増幅度は、

$$G = \frac{A}{1+A\beta} = \frac{250}{1+250 \times 0.2} \fallingdotseq 4.9$$

2.8.3 発振器

図2.64のように、帰還信号の位相を入力信号と**同相**にし、増幅度が増加するようにしてやると**正帰還増幅器**になる。正帰還増幅器は**発振器**にすることができる。A は帰還がない場合の増幅度、β は帰還率とする。

$A = v_o/v_1$、$v_1 = v_{in} + \beta v_o$ であるから正帰還増幅器の増幅度 G は、次式で表される。

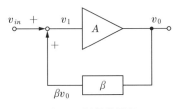

図2.64　正帰増幅器

$$G = \frac{v_o}{v_{in}} = \frac{Av_1}{v_1 - \beta v_o} = \frac{Av_1}{v_1 - A\beta v_1} = \frac{A}{1-A\beta} \quad \cdots(2.101)$$

いま、式 (2.101) の分母を0にすると、増幅度 G が無限大になり、回路は発振する。すなわち、$A\beta = 1$ にすれば、発振器とすることができる。

ただし、特定の周波数で発振させるためには、帰還回路は抵抗だけではなく、コンデンサやコイルのように周波数特性を有する素子である必要がある（現実には、$A\beta$ は複素数となるので、周波数を決める周波数条件、振幅条件を満たす必要がある）。

発振器を構成するには、図2.65において、A と C が誘導性素子（コイル）で B が容量性の素子（コンデンサ）とする必要がある。A と C が容量性素子（コンデンサ）であれば、B は誘導性素子（コイル）とする必要がある。

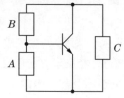

図2.65　発振器の構成

(1) **コルピッツ発振回路とハートレー発振回路**

図2.65において、A と C がコンデンサで、B をコイルにした図2.66の発振回路を**コルピッツ発振回路**という。A と C がコイルで、B をコンデンサにした図2.67の発振回路を**ハートレー発振回路**という。

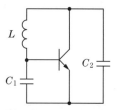

図2.66　コルピッツ発振回路

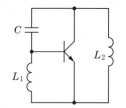

図2.67　ハートレー発振回路

(2) **水晶発振回路**

図2.68のように、コルピッツ発振回路のコイルの部分を水晶振動子（XTAL）に代えてやると、**水晶発振回路**になる。

水晶発振器は**周波数安定度**に優れているので、送信機の発振回路や時計の発振源などに使われている。携帯電話端末に使用さ

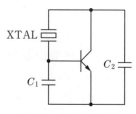

図2.68　水晶発振回路

れている水晶発振器は、**温度補償回路**が搭載されているものが使われている。水晶発振器には**水晶振動子**が使われる。

　水晶の単結晶から特定な角度で切り出した水晶片に電極をつけると、水晶の**圧電効果**のために固有の周波数で振動を持続させることができる。この振動は、実際に結晶が振動する機械的な振動であるが、普通はこれを電気的な等価回路で表し、図2.69に示すように、**直列等価インダクタンス** L_1、**直列等価抵抗** R_1、**直列等価容量** C_1 の直列共振回路に、**電極間容量**に相当する静電容量 C_0 が並列に接続されていると考える。このとき、共振周波数 f は直列共振部の L_1 と C_1 の共振条件で決まる。この回路のインピーダンスを計算すると、共振周波数の前後で周波数を変化させた時に、そのリアクタンスは図2.70のように変化する。

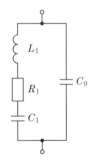
図2.69　水晶振動子の電気的等価回路

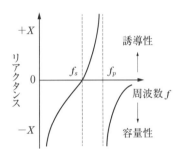
図2.70　水晶振動子のリアクタンス図

　f_s は L_1 と C_1 の直列共振点として決まり、f_p は並列共振点である。f_s と f_p の間ではリアクタンスがプラスとなっているが、これは誘導性リアクタンス（インダクタンス）を表している。この周波数範囲では、水晶振動子がコイルと同じ性質になるということを示す。実際の水晶発振器では、水晶がこの f_s と f_p の間で動作するようにコンデンサを挿入するが、$f_s \sim f_p$ 間は周波数間隔が非常に狭いので、発振周波数が変化しにくいことになる。これが安定な周波数を発生させることができる理由である。水晶の Q の値は LC 回路と比較すると非常に大きな値になる。

水晶振動子の図記号と等価回路を図2.71に示す。等価回路はインダクタンス L_e と抵抗 R_e の直列回路になる。すなわち、水晶振動子はインダクタンスということであるので、コルピッツ型発振回路のコイルに代えて水晶振動子を接続すれば、発振器になるわけである。

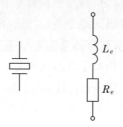

図2.71　水晶振動子の図記号と等価回路

電波の周波数安定度は、水晶発振器の安定度の改善に伴って向上してきた。水晶発振器は、透明な結晶水晶から切り出した水晶片とそれを動作させる電子回路から成り立っている。水晶は異方性結晶であるので、結晶面から切り出す時のわずかな角度の違いによって熱膨張や圧電性などの性質が異なる。長年にわたって様々な切り出し角度の水晶片が研究され、温度や衝撃など外囲条件の影響を受けにくい安定な水晶発振器が生まれ、現在、携帯電話機などには、なくてはならないものとなっている。

2.8.4　デジタル回路

デジタル電子回路を構成する**論理回路**は、**基本ゲート**をたくさん使用していろいろな動作をさせる。そのため多数の回路を集積する必要がある。集積回路は集積規模により、次のようなものがある。

① 　SSI　：基本ゲートが数個の小規模集積回路
② 　MSI　：基本ゲートが数十～数百の中規模集積回路
③ 　LSI　：基本ゲートが数千～数十万の大規模集積回路
④ 　VLSI ：基本ゲートが数百万以上からなる超大規模集積回路

これらの集積回路では、Nチャネル及びPチャネルのMOS FETで構成される**CMOS**が使われる。CMOSはインピーダンスが高く、消費電力も少なくて済む特徴がある。
　アナログ電子回路は連続した信号をすべて扱えるが、デジタル電子回路は、H（高）レベルとL（低）レベルの二つの状態だけであるので、これに対応した「1」と「0」の2種類の信号のみである。

(1) **組み合わせ論理回路**

　組み合わせ論理回路は、現在の入力によってのみ出力が決定される回路である。そのため、組み合わせ回路を表現するために、回路の入力の状態をすべて挙げて、それらに対応する出力を調べる方法が使われる。これらを表にしたものを**真理値表**という。

　図2.72は入力がA及びBの二つ、出力がMの一つの2入力1出力の基本ゲートである。この基本ゲートの真理値表は表2.6のようになる。これらの回路には**AND**回路、**OR**回路、**NAND**回路、**NOR**回路があり、それらの記号と真理値表を図2.74～図2.77及び表2.7～表2.10に示す。

表2.6　真理値表

A	B	M
0	0	回路により決まる
0	1	回路により決まる
1	0	回路により決まる
1	1	回路により決まる

図2.72　2入力1出力の基本ゲート

図2.73　1入力1出力の基本ゲート

表2.7　AND 回路の真理値表

A	B	M
0	0	0
0	1	0
1	0	0
1	1	1

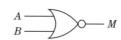

図2.74　AND 回路の記号
　　　　($M=A \cdot B$)

表2.8　OR 回路の真理値表

A	B	M
0	0	0
0	1	1
1	0	1
1	1	1

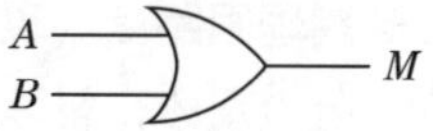

図2.75　OR 回路の記号
　　　　($M=A+B$)

表2.9　NAND 回路の真理値表

A	B	M
0	0	1
0	1	1
1	0	1
1	1	0

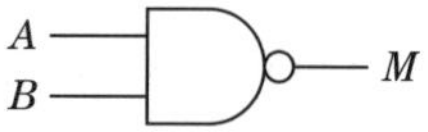

図2.76　NAND 回路の記号
　　　　($M=\overline{A \cdot B}$)

表2.10　NOR 回路の真理値表

A	B	M
0	0	1
0	1	0
1	0	0
1	1	0

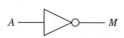

図2.77　NOR 回路の記号
　　　　($M=\overline{A+B}$)

そのほか図2.73のような、1入力、1出力の基本ゲートである**NOT回路**がある。NOT 回路の回路記号を図2.78に、その真理値表を表2.11に示す。

表2.11　NOT 回路の真理値表

A	M
0	1
1	0

図2.78　NOT 回路の記号
　　　　($M=\overline{A}$)

(2) 順序回路

順序回路は現在の入力と回路の状態により出力が決定される回路である。この回路の例として**フリップフロップ回路**（以下 FF 回路という）などがある。FF 回路はクロック（回路を動作させるパルス信号）が変化したとき、状態が変化するものとそうでないもの（ラッチと呼ぶ）がある。

NOR 回路 2 個を用いて構成された RS-FF 回路を図2.79に、その真理値表を表2.12に示す。

表2.12　RS-FF 回路の真理値表

入力信号		出力信号		動作状態
S	R	Q	$\overline{Q}$	動作状態
0	0	A	B	保持
0	1	0	1	リセット
1	0	1	0	セット
1	1	0	0	禁止

A、B は、$S=R=0$ になる直前の出力

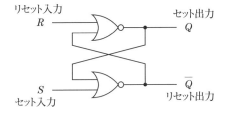

図2.79　RS-FF 回路

① $S=1$ の場合、NOR ゲートの出力 $\overline{Q}$ は R に関係なく 0 となる。このとき $R=0$ なら NOR ゲートの出力 Q は 1 になる。→セット
② $S=0$、$R=1$ の場合は、上記と逆で $Q=0$、$\overline{Q}=1$ になる。→リセット
③ $S=0$、$R=0$ の場合は、この状態になる直前の入力の状態により定まった出力が維持される。→保持
④ $S=1$、$R=1$ の場合は、Q と $\overline{Q}$ は 0 になり、互いに異なる論理値を持てないので入力をこの状態にすることは禁止。

例題 2.8 図に示す回路について真理値表を作成せよ。

入力：X、Y、Z
出力：M

解答 回路の入力の状態をすべて挙げて、それらに対応する出力を調べればよい。OR回路の出力をAとすると、$A=Y+Z$となる。AND回路の出力をBとすると、$B=X \cdot A$、$M=\overline{B}$となるので、真理値表は次のようになる。

X	Y	Z	$A=Y+Z$	$B=X \cdot A$	$M=\overline{B}$
0	0	0	0	0	1
0	0	1	1	0	1
0	1	0	1	0	1
0	1	1	1	0	1
1	0	0	0	0	1
1	0	1	1	1	0
1	1	0	1	1	0
1	1	1	1	1	0

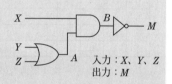

入力：X、Y、Z
出力：M

第3章

変調と復調

　音声や映像などの信号波はそのままでは伝送できないので搬送波と呼ばれる電波の助けを借りる必要がある。信号波を搬送波に乗せること（信号波で搬送波の振幅、周波数、位相のいずれかを変化させること）を変調、変調された電波から元の信号波を取り出すことを復調という。変調及び復調にはアナログ方式とデジタル方式がある。本章では、それぞれの変復調方式の概要を学ぶ。

3.1　変調の種類

搬送波は次式で表すことができる。

$$v_c = V_c \sin (\omega_c t + \phi) = V_c \sin (2\pi f_c t + \phi) \qquad \cdots (3.1)$$

（v_c：搬送波の瞬時値、V_c：搬送波の最大振幅、ω_c：搬送波の角周波数、f_c：搬送波の周波数、ϕ：位相、t：時間、$\omega_c = 2\pi f_c$）

　搬送波で変化できるものは、振幅、周波数、位相の三つであるので、変調するには少なくとも、このうちの一つを信号波で変化させる必要がある。振幅を変化させる変調を **AM**（Amplitude Modulation）、周波数を変化させる変調を **FM**（Frequency Modulation）、位相を変化させる変調を **PM**（Phase Modulation）といい、FM と PM を**角度変調**という。

　これらの**アナログ変調方式**に対して、「1」と「0」の2値デジタル信号（パルス信号）で搬送波を変調する方式があり、AM、FM、PM に対応し、それぞれ、**ASK**（Amplitude Shift Keying）、**FSK**（Frequency Shift Keying）、**PSK**（Phase Shift Keying）と呼

んでいる。また、振幅と位相を同時に変調する **APSK**（Amplitude Phase Shift Keying）方式があるが、これは、**QAM**（Quadrature Amplitude Modulation）ということが多い。

これらの関係を表したのが表3.1である。

受信機で受信した変調波から信号波を取り出すことを**復調**と呼ぶ。AM の復調を**検波**といい、FM の復調を**周波数弁別**ということもある。

表3.1　各種変調方式

アナログ変調	デジタル変調
AM	ASK
FM	FSK
PM	PSK
	APSK（QAM）

3.2　アナログ変調

3.2.1　振幅変調（AM）

説明を容易にするために搬送波の位相を 0 とすると、搬送波は次式になる。

$$v_c = V_c \sin 2\pi f_c t \qquad\qquad \cdots(3.2)$$

信号波として、正弦波のように一つの周波数だけの場合を考えると次式で表すことができる。

$$v_s = V_s \cos 2\pi f_s t \qquad\qquad \cdots(3.3)$$

（v_s：信号波の瞬時値、V_s：信号波の最大振幅、f_s：信号波の周波数、t：時間）

式（3.2）の中の振幅項である V_c に式（3.3）の信号波を加える場合が**振幅変調**である。したがって、**振幅変調波** v_{AM} は次式になる。

$$
\begin{aligned}
v_{AM} &= (V_c + V_s \cos 2\pi f_s t) \sin 2\pi f_c t \\
&= V_c (1 + m \cos 2\pi f_s t) \sin 2\pi f_c t \qquad \cdots(3.4)
\end{aligned}
$$

ただし、$m = V_s/V_c$ であり、これを**変調度**という。通常、$0<m<1$ であり、また、搬送波は信号波より周波数が非常に高い。

単一の正弦波で振幅変調すると、振幅が、$V_c + V_s \cos 2\pi f_s t$ に比例して変化することになる。変調度 m を0.6とした場合の波形を図3.1に示す。

式（3.4）を展開すると、次式になる。

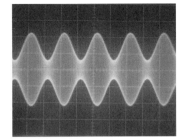

図3.1　単一周波数で変調度 $m=0.6$ で振幅変調したときのオシロスコープ波形

$$v_{AM} = V_c \sin 2\pi f_c t + \frac{m}{2} V_c \sin \{2\pi (f_c+f_s) t\}$$
$$+ \frac{m}{2} V_c \sin \{2\pi (f_c-f_s) t\} \quad \cdots (3.5)\star$$

式（3.5）の右辺の各項は、次のように名付けられている。

第1項：**搬送波**（**CW**：Carrier Wave）
第2項：**上側帯波**（**USB** wave：Upper Side Band wave）
第3項：**下側帯波**（**LSB** wave：Lower Side Band wave）

式（3.5）は図3.2に示すように、搬送波の周波数 f_c を中心に、上下の $\pm f_s$ のところに周波数成分があることを示している。このような振幅変調波は側帯波が二つあるので**両側波帯**（**DSB**：Doule Side Band）方式と呼び、電波型式はA3Eと表示する。

放送のようにアナウンサーが話している場合は、信号波の周波数が一定の周波数範囲 $f_1 \sim f_2$ の間で変化することになるので、変調波のスペクトルは図3.3のようになる。振幅

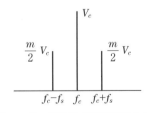

図3.2　単一周波数で振幅変調された変調波のスペクトル

★ $\sin A \times \cos B = \frac{1}{2} \{\sin (A+B) + \sin (A-B)\}$ を使用して式（3.4）を展開

変調波全体としては、f_c-f_2 から f_c+f_2 までの周波数が必要となる。この幅を**占有周波数帯幅**という。中波の標準ラジオ放送では、占有周波数帯幅は 15〔kHz〕と決められているので上側帯波及び下側帯波の周波数帯幅はそれぞれ 7.5〔kHz〕ということになる。

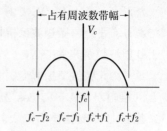

図3.3 音声で振幅変調された変調波のスペクトル

このように、振幅変調は最も基本的な変調方式であるが、現在でも中波ラジオ放送（531〔kHz〕～1602〔kHz〕の範囲で 9〔kHz〕おきに割り当てられている）や航空管制通信に使われている。

3.2.2 搬送波抑圧単側帯波振幅変調（SSB）

振幅変調では式（3.5）で示したように、音声などの情報を含んでいる側帯波の電力は搬送波の電力に比べて小さくなる。したがって、搬送波を使わず、いずれか一方の側帯波だけを使う通信方式にすれば電力も少なくて済み、占有周波数帯幅も半分に減るので周波数の利用効率も高くなる。このような振幅変調の方式を**搬送波抑圧単側帯波振幅変調**（**SSB**：Single Side Band）と呼ぶ。電波型式は J3E と表示する。

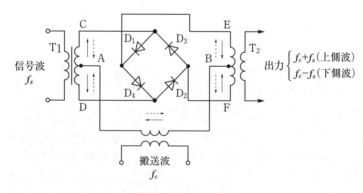

図3.4 リング変調器

94

SSB の電力は DSB の電力と比較して、変調度が100パーセントの
ときは 1/6 になる。単側帯波を発生させるには、図3.4に示すリング
変調器などで搬送波を除去した後、バンドパスフィルタで上側帯波の
みを取り出せば SSB 波を得ることができる。

3.2.3　周波数変調（FM）

搬送波の位相角を θ とすると、搬送波電圧は次式で表すことができる。

$$v_c = V_c \sin \theta = V_c \sin \omega_c t = V_c \sin 2\pi f_c t \qquad \cdots (3.6)$$

　周波数変調の場合は、信号波によって搬送波の周波数が時々刻々と
変化するので、位相角 θ は時間の関数となり、次式のように表す必要
がある。

$$\theta = \int_0^t \omega \, dt \qquad \cdots (3.7)$$

　ここで、信号波を $\cos pt$ とおく（信号波を $\sin pt$ と表現しても良い
が、$\sin pt$ を積分すると $-\cos pt/p$ となり、符号がマイナスになるの
で $\cos pt$ とした）。p は信号波の角周波数である。周波数変調された
電波の搬送波の角周波数 ω は信号波 $\cos pt$ によって、搬送波の中心
角周波数 ω_c を中心に最大 $\Delta\omega$ だけ変化するので、$\omega = \omega_c + \Delta\omega \cos pt$
と表現できる。$\Delta\omega$ を**最大角周波数偏移**と呼んでいる。したがって、
周波数変調波の位相角は次式のようになる。

$$\theta = \int_0^t \omega \, dt = \int_0^t (\omega_c + \Delta\omega \cos pt) \, dt = \omega_c t + \frac{\Delta\omega}{p} \sin pt \quad \cdots (3.8)$$

　よって、周波数変調された電圧 v_{FM} は、式（3.6）に式（3.8）を代
入して次式になる。

$$v_{FM} = V_c \sin \left(\omega_c t + \frac{\Delta\omega}{p} \sin pt \right) \qquad \cdots (3.9)$$

上式で、$\frac{\Delta\omega}{p} = m_f$ とおけば、周波数変調波は次式になる。

$$v_{FM} = V_c \sin(\omega_c t + m_f \sin pt) \quad \cdots(3.10)$$

m_f を**変調指数**と呼び、振幅変調の変調度と区別している。
周波数変調波の概略を図3.5に示す。

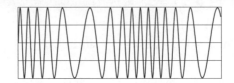

図3.5 周波数変調波（シミュレーション）

周波数変調には**直接 FM 方式**と**間接 FM 方式**がある。

直接 FM 方式は、変調信号でキャパシタンスが変化する可変容量ダイオードやインダクタンスが変化する可変リアクタンストランジスタなどを自励発振器に接続することによって、発振周波数を直接変化させる方式である。短所は周波数安定度が良くないことである。

一方、間接 FM 方式は搬送波の位相を信号波で変化させる方法で、水晶発振器などの周波数安定度の高い発振器を使用できる。しかし反面、位相偏移を大きく（変調指数を大きく）とることは不可能であるので、位相変調を行った後、周波数逓倍を重ねることによって位相偏移を大きくしている。

例題 3.1 FM 送信機において、最高変調周波数が 15〔kHz〕で、変調指数 $m_f = 5$ のときの占有周波数帯幅の値を求めよ。

解答 最大周波数偏移を Δf、最高変調周波数を f_p とすると、変調指数は $m_f = \Delta f / f_p$ となるので、$\Delta f = 5 \times 15 = 75$〔kHz〕となる。占有周波数帯幅 B は、実用上はカーソンの法則として、$B = 2(\Delta f + f_p)$ と与えられる。よって、

$$B = 2 \times (75 + 15) = 180 \; (\text{kHz})$$

参 考 周波数変調波の側波

周波数変調波の式（3.10）を展開すると次式のようになる。

$$
\begin{aligned}
v_{FM} &= V_c \sin (\omega_c t + m_f \sin pt) \\
&= V_c \{ \sin \omega_c t \cos (m_f \sin pt) \\
&\quad + \cos \omega_c t \sin (m_f \sin pt) \}
\end{aligned} \qquad \cdots ①
$$

式①の中の、$\cos (m_f \sin pt)$ や $\sin (m_f \sin pt)$ のように、sin や cos の角度の値として、さらに三角関数が含まれている場合は、次のように第1種のベッセル関数で展開できる。

$$
\begin{aligned}
\cos (m_f \sin pt) &= J_0 (m_f) + 2 J_2 (m_f) \cos 2pt \\
&\quad + 2 J_4 (m_f) \cos 4pt + \cdots
\end{aligned} \qquad \cdots ②
$$

$$
\begin{aligned}
\sin (m_f \sin pt) &= 2 J_1 (m_f) \sin pt + 2 J_3 (m_f) \sin 3pt \\
&\quad + 2 J_5 (m_f) \cos 5pt + \cdots
\end{aligned} \qquad \cdots ③
$$

式②、式③を式①に代入して整理すると、次式のように表すことができる。

$$
\begin{aligned}
v_{FM} &= V_c \, [\sin \omega_c t \, \{J_0 (m_f) + 2 J_2 (m_f) \cos 2 pt \\
&\quad + 2 J_4 (m_f) \cos 4 pt + \cdots \} \\
&\quad + \cos \omega_c t \, \{2 J_1 (m_f) \sin pt + 2 J_3 (m_f) \sin 3 pt \\
&\quad + 2 J_5 (m_f) \sin 5 pt + \cdots \}] \\
&= V_c \, [J_0 (m_f) \sin \omega_c t \\
&\quad + J_1 (m_f) \sin (\omega_c + p) \, t - J_1 (m_f) \sin (\omega_c - p) \, t \\
&\quad + J_2 (m_f) \sin (\omega_c + 2p) \, t + J_2 (m_f) \sin (\omega_c - 2p) \, t \\
&\quad + J_3 (m_f) \sin (\omega_c + 3p) \, t - J_3 (m_f) \sin (\omega_c - 3p) \, t \\
&\quad + J_4 (m_f) \sin (\omega_c + 4p) \, t + J_4 (m_f) \sin (\omega_c - 4p) \, t \\
&\quad + J_5 (m_f) \sin (\omega_c + 5p) \, t \\
&\quad \cdots \cdots
\end{aligned}
$$

第3章 変調と復調

$$-J_5(m_f)\sin(\omega_c-5p)t+\cdots] \quad\cdots ④$$

式④は、信号波の角周波数 p の間隔で搬送波の周波数 ω_c を中心にして上側と下側に無数の側帯波が生じることを表している。振幅変調波では、側帯波の広がりは信号の周波数成分で決められたが、周波数変調波では、厳密には無限の広がりを持つことになる。

ベッセル関数は表（省略）で与えられるので、それを参考にして周波数変調波の側帯波を描くことができる。変調指数 $m_f=5$ の場合の側帯波を示すと下図のようになる。

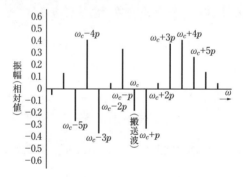

周波数変調波の側帯波の分布（m_f=5）

3.3 デジタル変調

2進デジタル信号で搬送波を変調するには、2進の「1」、「0」に対応する二つの状態を搬送波に与えてやればよい。二つの状態とは搬送波の振幅の大小でも、周波数の高低でも、位相の違いでもよい。

デジタル変調は誤り訂正機能を持たせることができるから雑音などにも強いが、原理的にアナログ変調と比較して必要な周波数帯幅が広くなる。このためデジタル変調ではQAMなどの多値変調や音声圧縮技術などが必要になってくる。

3.3.1 各種デジタル変調方式

図3.6に2値デジタル信号で変調されたASK、FSK、PSKの波形を示す。ASKは2進の「1」では電波が出ている状態、「0」では電波が出ていない状態で表現している。

ASK方式は、電波伝搬路や雑音の影響を受けやすいのであまり使用されていないが、移動体識別や時刻の自動修正を行うことができる電波時計に利用される長波標準電波JJYなどで使われている。図3.6に示すASK波形は、2進の「0」に相当するときには搬送波はないが、JJYでは、「0」に相当するときでも出力が最大出力時の10％の搬送波を送出している。これは周波数標準として利用できるように、「0」に相当するときでも信号が連続するようにしているためである。

FSK方式は、2進の「1」では周波数が低い状態、「0」では周波数の高い搬送波が送出されるようになっている。また、FSK方式は雑音の影響を受けにくく、能率の良いC級増幅器を使用できるという特徴を持っており、船舶通信などに使われている。

PSK方式は、多くの通信に使われており、例えば2進の「1」では位相が0から始まる搬送波、「0」では位相が180°遅れている搬送波を充てればよい。

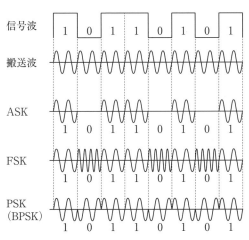

図3.6 2値のデジタル信号で変調されたASK、FSK、PSK波形例

アナログ通信では、通信の品質を決めるにはSN比を用いるが、デジタル通信では**ビット誤り率**（BER）（式（14.24）参照）の大小で通信の品質が決まる。同様にして、符号が誤る割合を定義でき、これを**符号誤り率**という。

3.3.2 PSK

図3.7はPSK変調波が取り得るベクトルを描いたものである。

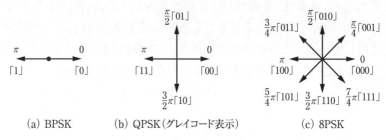

図3.7　BPSK、QPSK、8PSKの位相ベクトル図

　PSK方式は多くの通信に使われており、図3.7(a)に示すように、2進の「0」を位相がゼロから始まる搬送波、「1」を位相が180°遅れている搬送波を使用する。この方式を2PSKまたはBPSK（Binary Phase Shift Keying）という。しかし、これでは信号を1ビット単位で伝送することになるので、信号を送るのに多くの時間を要することになる。そこで同図(b)に示すように、位相がそれぞれ90°ずれている搬送波を使用すれば、「00」、「01」、「11」、「10」の四つの状態（2ビット）の一つを1回の変調で送ることができる。この方式を4PSKまたはQPSK（Quadrature Phase Shift Keying）という。さらに同図(c)のように、位相を8分割してやれば、「000」、「001」、「010」、「011」、「100」、「101」、「110」、「111」の八つの状態（3ビット）の一つを1回の変調で送ることが可能になる。この方式を8PSKという。原理的には、位相を細かく分割していけば、一度に多くの情報が送れるが、隣りのベクトルとの差が小さくなり符号誤り率が増加することになるので自ずと限界がある。

3.3.3 QPSK

PSK方式のうち、QPSK方式は携帯電話やPHSなどで使われている。QPSK変調器はいろいろな方式があるが、図3.8に示す並列形変調回路をもとにQPSKの原理について考えてみる。

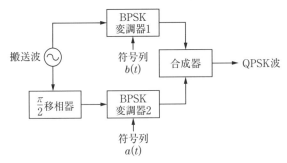

図3.8 並列形QPSK変調回路の構成例

この変調回路はBPSK変調回路を二つ並列にして構成したものであり、搬送波を2分岐し、一方はBPSK変調器1に、もう一方は移相器で位相を$\pi/2$変化させてBPSK変調器2に入力する。BPSK変調器1では、出力の搬送波の位相は0かπの2値になる。BPSK変調器2でも、出力の搬送波の位相は0かπになるが、入力の搬送波の位相が移相器で$\pi/2$変化しているので、出力の搬送波の位相は$\pi/2$と$3\pi/2$となる。BPSK変調器1とBPSK変調器2の出力を合成回路で合成するとQPSK波が得られる。BPSK変調器はリング変調器で実現できる。

BPSK変調器1の出力電圧v_1とBPSK変調器2の出力電圧v_2を次式で表す。

$$v_1 = V_c \sin\{\omega t + \pi b(t)\} \qquad \cdots (3.11)$$

$$v_2 = V_c \sin\{\omega t + \frac{\pi}{2} + \pi a(t)\} \qquad \cdots (3.12)$$

$a(t)$、$b(t)$ は符号列で、$a(t)$、$b(t)$ の組み合わせに対する QPSK の位相は表3.2のようになる★。したがって、この BPSK 変調器の出力を合成すると、$\pi/4$, $3\pi/4$, $5\pi/4$, $7\pi/4$ の4種類の位相を持つ図3.9のような QPSK 波が得られることになる。

表3.2 QPSK の位相角

$a(t)$	$b(t)$	QPSK の位相角
0	0	$\pi/4$
0	1	$3\pi/4$
1	1	$5\pi/4$
1	0	$7\pi/4$

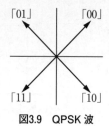

図3.9 QPSK 波

図3.9の QPSK 波の搬送波の位相関係を示すと図3.10になる。これから分かるように、図3.6の2進デジタル信号波「10110101」は、「10」「11」「01」「01」の2ビットずつ伝送することができることになる。

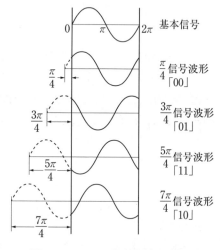

図3.10 QPSK の搬送波の位相関係

★表3.2の位相角の求め方
　例えば、$a(t)=1$、$b(t)=1$ の場合、
　　$v_1 = V_c \sin(\omega t + \pi)$
　　$v_2 = V_c \sin(\omega t + \frac{3\pi}{2})$
　であるので、図より位相角は $5\pi/4$ になる。

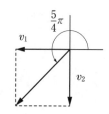

102

3.3.4 16QAM

PSKは位相を変化させる変調方式であるが、位相だけでなく振幅にも変化を加えると、伝送容量を増加させることができる。位相と振幅の両方に変化を加える変調方式を **QAM**（Quadrature Amplitude Modulation：**直交振幅変調**）という。例えば、図3.11に示すBPSKの場合では振幅が1で、位相が0の搬送波を2進数の「0」、位相がπだけ相違する搬送波を「1」とすると、二つ（1ビット）の情報を伝送することができる。

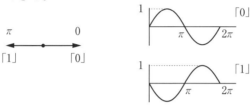

図3.11 振幅が1のBPSKの原理

QAMは図3.12に示すように、図3.11のBPSKの振幅を1と2の2種類に変化させると、「00」、「01」、「11」、「10」の4通り（2ビット）の情報を伝送することが可能になる。

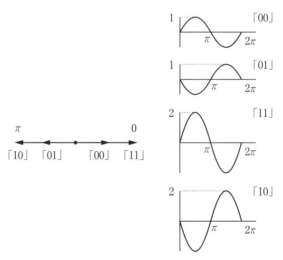

図3.12 振幅が1と2の2種類の値を持ったQAMの原理

位相と振幅を同時に変化させることは電子回路的には困難を伴うので、直交関係にある搬送波を使用することによって QAM 信号を発生させる★。

16QAM 変調回路の例を図3.13に示す。直交関係にある搬送波を4値で振幅変調し、それらを合成することにより 16QAM を得ようとする回路である。

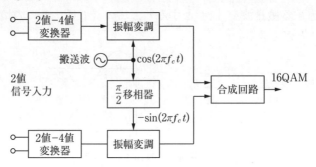

図3.13　16QAM 変調回路の例

搬送波を $\cos(2\pi f_c t)$ とする。この搬送波が $\pi/2$ 移相器を通ると、次式で表されるように位相が $\pi/2$ 変化する。

$$\cos\left(2\pi f_c t + \frac{\pi}{2}\right) = \cos(2\pi f_c t)\cos\frac{\pi}{2} - \sin(2\pi f_c t)\sin\frac{\pi}{2}$$
$$= -\sin(2\pi f_c t) \quad \cdots (3.13)$$

$\cos(2\pi f_c t)$ に対して、大きさが a_1、a_2、a_3、a_4 の4値の振幅変調を行う。また、$\cos(2\pi f_c t)$ と直交関係にある $-\sin(2\pi f_c t)$ に対しても、大きさが b_1、b_2、b_3、b_4 の4値の振幅変調を行うと図3.14に示すようになる。すなわち、a_1 と b_1 を合成した点が c_{11}、a_2 と b_1 を合成した点が c_{21}、a_1 と b_2 を合成した点が c_{12}、a_2 と b_2 を合成した点が c_{22} である。同様にほかの点も合成し、ベクトルの先端を・で表すと、図3.15

★直交関係にあれば、一つの搬送波でお互いに影響を与えることなく二つのデジタル信号を伝送できる

に示す 16QAM の信号空間ダイアグラム（信号点配置図ともいう）と呼ばれる図になる。また、この図における各点を信号点という。

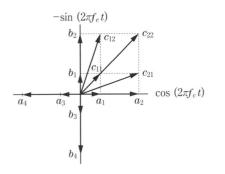
図3.14 16QAM の信号の作成

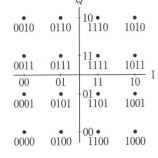
図3.15 16QAM 信号空間ダイアグラム

信号間の距離（図3.15における各点相互間の距離）が小さくなると、符号誤り率が大きくなる。2PSK は 2π の位相を2分割、4PSK は4分割、8PSK は8分割する。分割する数が多くなると、自ずから信号間の距離が小さくなっていくので符号誤り率が大きくなる。符号誤り率は 2PSK ＜ 4PSK ＜ 8PSK ＜ 16PSK となる。16PSK と 16QAM の符号誤り率を求めてみる。そのために 16PSK と 16QAM の場合について、それぞれの原点からの最大振幅 v_m、信号点間の最小距離 v_d を求め、その比 v_m/v_d を求める。

図3.16に示すように 16PSK の信号間距離 v_d は、$v_d = 2v_m \sin (\pi/16)$ ≒ $0.39\,v_m$ となる。したがって、$v_m/v_d = 2.56$ となる。

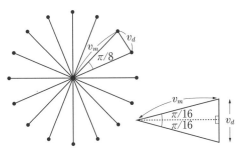
図3.16 16PSK の信号間距離

図3.17に示すように、16QAMの信号点間の最小距離v_dは、

$$v_d = \frac{2v_m/3}{\sqrt{2}} = \frac{2v_m}{3\sqrt{2}}$$

になる。したがって、$v_m/v_d = 2.12$となる。

v_m/v_dの値が大きいほど、信号対雑音比は小さくなる。信号対雑音比が小さいほど符号誤り率が大きくなる。したがって、16PSKは16QAMより符号誤り率が大きくなる。

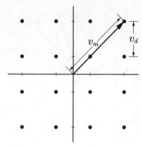

図3.17　16QAMの信号間距離

3.4　アナログ復調

3.4.1　AM復調器（DSB波）

AM復調のことをAM検波と呼ぶことも多い。AM波は、搬送波、上側帯波、下側帯波から成っており、情報は上側帯波と下側帯波に乗っているので、ダイオードを使用して上側帯波か下側帯波を取り出す。AM復調方式には、ダイオードの電圧電流特性の直線部分を用いる直線復調と二乗部分を用いる2乗復調がある。直線復調には、平均値復調、包絡線復調がある。ここでは包絡線復調についてのみ述べる。包絡線は変調波の尖頭電圧をつらねた線であり、信号波に比例する。包絡線復調回路は図3.18に示すように、出力側に抵抗と並列にコンデンサを挿入した回路である（コンデンサを取り外すと平均値復調になる）。抵抗にコンデンサを並列に接続すると、変調波の尖頭電圧までコンデンサが充電され、尖頭電圧と次の尖頭電圧の間では抵抗を通して放電されるので、包絡線電圧を得ることができる。包絡線復調回路の特徴は変調波に

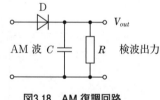

図3.18　AM復調回路
　　　　（包絡線復調回路）

106

含まれる信号波の振幅がほぼそのまま復調出力として得られるので、復調効率が良いことである。

3.4.2 FM 復調器

FM 復調のことを FM 検波と呼ぶこともある。また、FM 復調器を**周波数弁別器**と呼ぶこともある。FM 復調器は周波数の変化を振幅（電圧）の変化に変換する回路である。FM 復調器に、フォスター（Foster）氏とシーリー（Seeley）氏が考案した図3.19に示す**フォスター・シーリー周波数弁別器**がある。

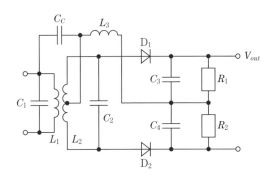

図3.19　フォスター・シーリー周波数弁別器

特性は図3.20に示すように、搬送波周波数では出力がゼロ、周波数が中心周波数から偏移していくと電圧が出力される。フォスター・シーリー周波数弁別器は入力波の振幅の変動の影響を受けやすい短所がある。この短所を改良したのが図3.21に示す比検波器である。比検波器の特徴は、一つのダイオードの向きが逆に接続され、出力側に容量の大きなコンデンサ C_5 が接続されていることである。

これらの FM 復調器は回路からも分かるように、コイル（インダクタ）が必要で集積回路化には適していない。

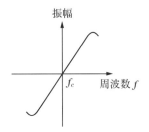

図3.20　フォスター・シーリー周波数弁別器の特性

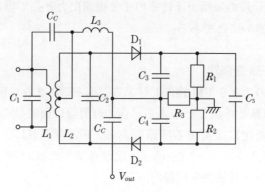

図3.21 比検波器

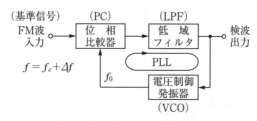

図3.22 PLL回路を使用したFM復調器

　そこで、コイルが不要で集積回路化も容易な図3.22に示す**PLL回路**を使用したFM復調器が使用されている。

　図3.22において**PLL**（Phase Locked Loop）**回路**を構成している**位相比較器**（**PC**：Phase Comparator）は基準信号と**電圧制御発振器**（**VCO**：Voltage Controlled Oscillator）からの信号の位相を比較して、同位相（周波数）になったとき出力電圧が0になるように動作する。もし二つの信号の位相が少しでも異なると、位相比較器の出力端子から位相差に比例した電圧が出力される。出力された電圧は、LPF（低域フィルタ）を通過して直流電圧となり、電圧制御発振器に加えられて発振周波数を変化させる。その出力が位相比較器に入力され、基準周波数と同じ周波数になるように動作する。基準周波数の代わりにFM波を入力すると、VCOの周波数がFM波の周波数変化に追従してい

くので、LPF から出力される電圧が復調出力となる。すなわち、FM 波の周波数偏移に比例した電圧が出力されることになり、周波数弁別器と同様の働きをするので FM 復調器となる。

3.5 デジタル復調

デジタル変調波を復調する方法に**同期検波**と**非同期検波**がある。

同期検波は、受信搬送波の周波数と位相に同期した搬送波を PLL 回路などを使って再生し、受信波と乗算することにより復調する方法である。

非同期検波は、搬送波再生回路が不要な復調方式で、ASK や FSK の復調では**包絡線検波**、PSK の復調では**遅延検波**がある。遅延検波は検波用基準波として 1 ビット遅らせた受信波を利用し、隣接するビットとの位相量を検出する。基準信号、受信信号とも雑音が含まれるため、ビット誤り率は同期検波と比較すると大きくなる。

3.5.1 QPSK 復調器

QPSK 復調器の例を図3.23に示す。

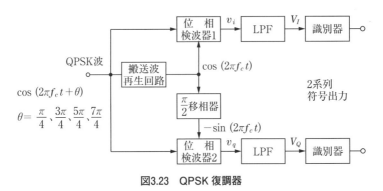

図3.23　QPSK 復調器

QPSK 復調器の動作原理について述べる。簡単にするために、入力する QPSK 波と搬送波の振幅を 1 とする。

QPSK 波は $\cos(2\pi f_c t + \theta)$ で与えられる。ただし、$\theta = \pi/4$、$3\pi/4$、$5\pi/4$、$7\pi/4$ である。

搬送波 $\cos(2\pi f_c t)$ を**移相器**で位相を $\pi/2$ 変化させると $-\sin(2\pi f_c t)$ になる。**位相検波器** 1 の出力 v_i は次式のようになる。

$$
\begin{aligned}
v_i &= \cos(2\pi f_c t + \theta) \times \cos(2\pi f_c t) \\
&= \frac{1}{2}\{\cos(4\pi f_c t + \theta) + \cos\theta\} \qquad \cdots(3.14)\star
\end{aligned}
$$

v_i が LPF（低域フィルタ）を通ると高い周波数は通過できないので、式（3.14）の $(1/2)\cos\theta$ のみが出力される。
これを次式で表す。

$$
V_I = \frac{1}{2}\cos\theta \qquad\qquad\qquad \cdots(3.15)
$$

上式を **I 信号**という（I は同相を意味する In-phase の頭文字）。
同様に、位相検波器 2 の出力 v_q は次式のようになる。

$$
\begin{aligned}
v_q &= \cos(2\pi f_c t + \theta) \times \{-\sin(2\pi f_c t)\} \\
&= \frac{1}{2}\{-\sin(4\pi f_c t + \theta) + \sin\theta\} \qquad \cdots(3.16)\star\star
\end{aligned}
$$

v_q が LPF を通ると同様に、$(1/2)\sin\theta$ のみが出力される。
これを次式で表す。

$$
V_Q = \frac{1}{2}\sin\theta \qquad\qquad\qquad \cdots(3.17)
$$

$\star$公式 $\cos A \cos B = (1/2)\{\cos(A+B) + \cos(A-B)\}$ を使用
$\star\star$ $\cos A \sin B = (1/2)\{\sin(A+B) - \sin(A-B)\}$ を使用して計算

上式を **Q信号**という（Qは直交を意味する Quadrature-phase の頭文字）。

入力された QPSK 波の位相が $\pi/4$ のとき、I信号は、

$$V_I = \frac{1}{2} \cos \theta = \frac{1}{2} \cos \frac{\pi}{4} = \frac{1}{2\sqrt{2}}$$

となる。同様に Q信号は、

$$V_Q = \frac{1}{2} \sin \theta = \frac{1}{2} \sin \frac{\pi}{4} = \frac{1}{2\sqrt{2}}$$

となる。識別器で「0」、「1」の判定が行われ符号が生成される。

同様な計算を位相が $3\pi/4$、$5\pi/4$、$7\pi/4$ のときについて行い、I信号とQ信号の判定が行われた符号（**グレイコード**★またはグレイ符号）を記したものを表3.3に示す。

表3.3　QPSK 復調の位相関係と復調符号

位相	I信号（$\cos \theta/2$）	Q信号（$\sin \theta/2$）	符号
$\pi/4$	$1/2\sqrt{2}$（＋）	$1/2\sqrt{2}$（＋）	00
$3\pi/4$	$-1/2\sqrt{2}$（－）	$1/2\sqrt{2}$（＋）	01
$5\pi/4$	$-1/2\sqrt{2}$（－）	$-1/2\sqrt{2}$（－）	11
$7\pi/4$	$1/2\sqrt{2}$（＋）	$-1/2\sqrt{2}$（－）	10

★グレイコード（Gray code、交番2進符号）

　10進数の 0 ～ 3 を 2 進数（自然2進数）で表すと、0→00、1→01、2→10、3→11 となる。

　グレイコードで表すと、0→00、1→01、2→11、3→10 となる。

　グレイコードは、隣り合う信号点が、1ビット違いとなるコードである。

　隣り合う信号間で誤りを生じたとき、グレイコードを使用すると信号間では1ビットの違いしかないので、ビット誤り率を小さくすることができる。

3.5.2 16QAM 復調器

16QAM 復調器の例を図3.24に示す。QPSK 復調器と同様に搬送波再生回路で再生された搬送波と、その搬送波の位相を $\pi/2$ 変化させた搬送波をそれぞれ位相検波器に加えた後、LPF を通した4値信号を4値−2値変換器を経て4系列の符号を出力する復調方式である。

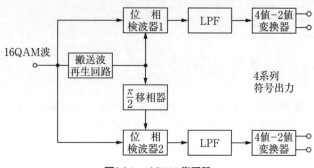

図3.24　16QAM 復調器

第4章

無線送受信機、雑音

送信機は、変調、符号化、多重化などの処理を行う電子機器である。受信機は送信機とは逆の、復調、復号化などの処理を行う電子機器で、その性質上雑音の有無が性能を左右する。本章では、最も基本的なアナログ方式のFM送信機（電波型式F3E）及びFM受信機の動作原理について学ぶ。

4.1 無線送信機

無線送信機にはアナログ方式の無線送信機、デジタル方式の無線送信機があり、それぞれにいろいろな変調方式がある。ここではアナログ方式のFM送信機についてのみ述べる。FM送信機には、変調方式により、発振器の周波数を信号波で直接変化させる直接FM方式と、発振周波数を一定にし、後段で周波数を変化させる間接FM方式がある。ここでは、周波数安定度が優れているため多く使われている間接FM方式について述べる。

4.1.1 FM送信機

間接FM方式のFM送信機の構成をブロック図にし、図4.1に示す。

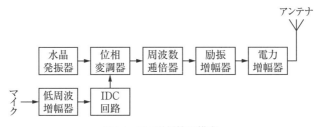

図4.1 FM送信機の構成

送信機には、「周波数の安定度が高いこと」「占有周波数帯幅が規定値内であること」「不要輻射が少ないこと」が要求される。

FM 送信機の各部の動作を簡単に説明すると次のようになる。

① **水晶発振器**は搬送波のもとになる周波数を発生させる回路であり、周波数安定度の良好な高周波を発生させることができる。水晶発振器は直接高い周波数を発生させるには限界がある★。水晶振動子の基本の共振周波数は水晶板の厚さに反比例する。したがって通常、水晶発振器では送信周波数の整数分の 1 の周波数を発生させる。

② **位相変調器**は音声信号で位相変調を行う。

③ **周波数逓倍器**は水晶発振器で発生した周波数を所定の送信周波数になるまで高くするとともに、所定の周波数偏移が得られるようにする。

④ **励振増幅器**は電力増幅器を動作させるのに十分な電力まで増幅する。

⑤ **電力増幅器**は所定の送信出力電力が得られるように増幅する。

⑥ **低周波増幅器**はマイクからの音声信号を増幅する。

⑦ **IDC**（Instantaneous Deviation Control）**回路**は最大周波数偏移が所定の値以下になるように制御する回路である。

4.2 無線受信機

受信機はアンテナで得られた高周波電圧を増幅、復調する電子機器である。その受信方式にはいろいろあり、ストレート受信方式、スーパヘテロダイン受信方式、ダイレクトコンバージョン受信方式などがある。

★例えば、水晶板の厚さ 1〔mm〕で 1.6〔MHz〕、厚さ 0.1〔mm〕で 16〔MHz〕、厚さ 0.01〔mm〕で 160〔MHz〕。

(1) ストレート受信方式

ストレート受信方式の構成のブロック図を図4.2に示す。

ストレート受信方式はアンテナで得られた信号から同調回路

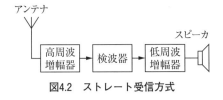

図4.2　ストレート受信方式

（共振回路）で、目的の周波数を取り出し高周波増幅器で増幅する。利得が不足する場合は高周波増幅器が複数段設けられることもある。増幅された信号を検波器で復調した後、スピーカやヘッドフォンを駆動できるレベルまで低周波増幅器で増幅する。これらの回路が中波AM用として小さなIC1個に収められているものが安価に市販されており、簡単にストレート受信機を製作することができる。電波時計で使われる長波標準電波受信用ICの回路にも採用されている。

(2) スーパヘテロダイン受信方式

スーパヘテロダイン受信方式の構成のブロック図を図4.3に示す。

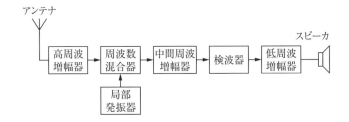

図4.3　スーパヘテロダイン受信方式

スーパヘテロダイン受信方式は1918年に考案された回路で、現在、多くの受信機に採用されている方式である。アンテナでとらえた信号から同調回路（共振回路）で目的の周波数を選択し**高周波増幅器**で増幅する。この高周波増幅器は**影像周波数妨害**（次頁参考参照）による混信を軽減できる。増幅された高周波信号と、**局部発振器**（中間周波数を発生させるための高周波発振器）の信号を**周波数混合器**で混合して、周波数が一定の中間周波数に変換する。中間周波数に変換された信号を高利得の**中間周波増幅器**で増幅する。中間周波増幅器で使用す

る帯域フィルタの通過帯域幅を変更することにより、複数の電波型式の電波を円滑に受信することができる。一般に中間周波数は受信電波の周波数より低く設定され、**近接周波数選択度**（目的周波数に近接している妨害波から目的波を分離することができる尺度）を向上させることができる。中間周波増幅器を出た信号は検波器で復調され、ヘッドホンやスピーカを動作させることができる程度まで低周波増幅器で増幅する。図4.3は振幅変調波（AM波）の受信機であるが、FM波を受信しようとする場合は、検波器の代わりに周波数弁別器を使用すればよい（実際のFM受信機では周波数弁別器の前に振幅変動成分を除去するため振幅制限器を付加する）。

　スーパヘテロダイン受信方式の長所は、感度、選択度などが良いことである。短所は影像周波数（イメージ周波数）妨害を受けることや周波数変換雑音が多いことである。

　参 考 混信妨害の種類と原因
　　1．影像周波数妨害
　スーパヘテロダイン受信方式では、受信周波数f_Rと局部発振周波数f_Lを混合して中間周波数f_{IF}を発生させる。

　いま、局部発振周波数f_Lを受信周波数f_Rより高く設定すると（上側ヘテロダインという）$f_{IF}＝f_L-f_R$となる。その場合、次図(a)に示すように、影像周波数f_Iがf_Lから中間周波数f_{IF}だけ高いところに発生する。影像周波数f_Iの周波数に信号があると、本来の受信信号と一緒に周波数変換されて受信されるので混信が起こる恐れがある。同様に、局部発振周波数f_Lを受信周波数f_Rより低く設定すると（下側ヘテロダインという）$f_{IF}＝f_R-f_L$となる。その場合、図(b)に示すように、影像周波数f_Iがf_Lから中間周波数f_{IF}だけ低いところに発生する。

　このようにして発生する混信を影像周波数妨害という。

116

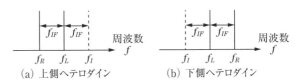

受信周波数と影像周波数

2．混変調

電波（希望波）を受信中、変調された強力な電波（妨害波）があるとき、妨害波を変調している信号波により希望波が変調されて生じる混信を混変調という。高周波増幅器、周波数変換器、中間周波増幅器などの入出力特性が非直線性のために生じる。

3．相互変調

電波（希望波）を受信中、二つ以上の強力な電波（妨害波）があるとき、妨害波相互の変調積が生じ、その周波数が希望波や中間周波数と同じになると妨害を受けることをいう。高周波増幅器、周波数変換器、中間周波増幅器などの入出力特性が非直線性のために生じる。

混変調、相互変調を軽減するには、高周波増幅器の選択度向上、高周波増幅器や中間周波増幅器に使用されている素子を直線性の良い範囲で動作させることなどが考えられる。

(3) ダイレクトコンバージョン受信方式

ダイレクトコンバージョン受信方式の構成のブロック図を図4.4に示す。

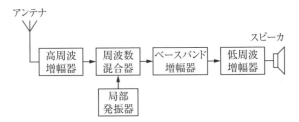

図4.4　ダイレクトコンバージョン受信方式

ダイレクトコンバージョン受信方式はスーパヘテロダイン受信方式の局部発振周波数を受信周波数に近づけて、ベースバンド周波数を直接取り出し増幅する方式である。ダイレクトコンバージョン受信方式の特徴はスーパヘテロダイン受信方式で発生した影像周波数が発生しないこと、受信信号が直接ベースバンド信号に変換されることである。この受信方式はデジタル変調波の受信に向いている。そのほかに入力信号をAD変換した後、復調などはすべて演算処理で行うソフトウエア受信機がある。今後ますます、ソフトウエア受信機が発展していくと思われる。

4.2.1　FM受信機
FM受信機の構成のブロック図を図4.5に示す。

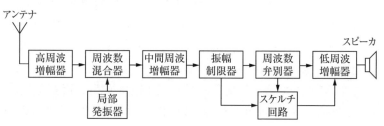

図4.5　FM受信機の構成

　受信機には、「感度が良いこと」「選択度が良いこと」「忠実度が良いこと」などが要求される。
　FM受信機の各部の動作を簡単に説明すると次のようになる。
① 　高周波増幅器は目的の周波数の電波を増幅する。同調回路のQを高くすることにより影像周波数妨害を防ぐことができる。
② 　局部発振器は中間周波数を発生させるために使用する高周波発振器で受信周波数の変化に追従して発振周波数を変化させる必要がある。高い周波数安定度も要求されるため、現在ではPLL回路が使われることが多い。
③ 　周波数混合器は受信する電波の周波数と局部発振器の周波数を混合して、一定の中間周波数を発生させる回路である。

④ 中間周波増幅器は中間周波数になった信号を増幅する回路である。この回路で近接周波数選択度を高めることができる。
⑤ **振幅制限器**は電波の伝搬途中で雑音が加わり電波の振幅成分が変化したような場合、FMではこの振幅成分は不要であり、これを除去する回路である。
⑥ **周波数弁別器**はAMの検波器に相当する回路であり、周波数の変化を振幅（電圧）の変化にすることによりFM波から音声を取り出す。
⑦ **スケルチ回路**は受信するFM電波の信号が極端に弱い場合、受信機内部で発生し増幅されて出力される大きな雑音を消すための回路である。
⑧ 低周波増幅器はスピーカを駆動するのに十分な電圧まで増幅する回路である。

4.3 エンファシス

FM受信機で出力される雑音出力電圧は、図4.6に示すように、信号の周波数が高くなるほど大きくなる性質がある（三角雑音と呼ぶ）。これは、信号周波数が高くなるとSN比が悪化することを表している。そこで、高い周波数におけるSN比を改善するため、送信側で信号周波数が高くなると増幅度が上がる回路を挿入する。これを**プリエンファシス**という。一方、受信側では送信側と逆に信号周波数が高くなると増幅度が下がる周波数特性を有する回路で周波数特性をもとに戻す。これを**デエンファシス**という。プリエンファシスとデエンファシスは図4.7に示すような回路が使われる。図4.7 (a)はプリエンファシス回路で、入力信号の周波数が高くなると出力電圧が増加するハイパスフィルタである。同図(b)はデエンファシス回路で、入力信号の周波数が高くなると出力電圧が減少す

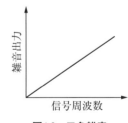

図4.6　三角雑音

る低域通過フィルタである。(a)回路、(b)回路のいずれの回路もコンデンサに並列に抵抗器が接続されることもある。

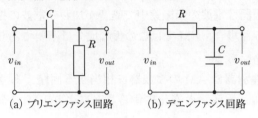

(a) プリエンファシス回路　　(b) デエンファシス回路

図4.7　エンファシス回路

例題 4.1 スーパヘテロダイン受信機において、受信電波の周波数が 154.2〔MHz〕であり、局部発振器の出力信号とともに周波数混合器に加えて、周波数が 10.7〔MHz〕の中間周波信号を作り出すとき、局部発振周波数及び影像周波数の組み合わせとして、正しいものを下の番号から選べ。

　　　　局部発振周波数　　影像周波数
　1　143.5〔MHz〕　　　143.5〔MHz〕
　2　143.5〔MHz〕　　　175.6〔MHz〕
　3　143.5〔MHz〕　　　145.0〔MHz〕
　4　164.9〔MHz〕　　　132.8〔MHz〕
　5　164.9〔MHz〕　　　175.6〔MHz〕

解答 5

受信電波の周波数 f_R が 154.2〔MHz〕、中間周波数 f_{IF} が 10.7〔MHz〕であるので、局部発振周波数 f_L は 2 種類の周波数が考えられる。次図(a)に示すように、f_L が f_R より高い（上側ヘテロダイン）場合の局部発振周波数 f_L は、$154.2+10.7=164.9$〔MHz〕となる。そのときの影像周波数 f_I は、$164.9+10.7=175.6$〔MHz〕になる。

同様に図(b)に示すように、f_L が f_R より低い（下側ヘテロダイン）場合の局部発振周波数 f_L は、$154.2-10.7=143.5$〔MHz〕となる。そのときの影像周波数 f_I は、$143.5-10.7=132.8$〔MHz〕になる。五つ

の選択肢のうち、この組み合わせがあるのは5である。

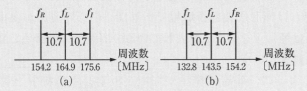

局部発振周波数と影像周波数の関係

4.4 雑音

雑音には自然雑音と人工雑音がある。自然雑音には宇宙雑音や熱雑音など、人工雑音には電車のモータから発する雑音や電子機器から発する雑音などがある。

無線通信においては通信システムの内部、外部に存在している雑音が問題になる。アナログ通信においては雑音の影響をいかに少なくしてもとの波形を再現するか、デジタル通信においては雑音による符号誤りをいかに少なくするかが問題となる。特に、受信機から出力される雑音は、長波帯～超短波帯の周波数では主に外部雑音が問題になり、マイクロ波など周波数が高い領域においては内部雑音が問題になる。内部雑音には熱雑音やフリッカ雑音などがあるが、ここでは熱雑音に限定して述べることにする。

4.4.1 熱雑音

熱せられた抵抗体は、電子の熱運動により雑音電圧を発生する。この雑音を熱雑音と呼ぶ。熱雑音は温度が絶対零度（−273℃）にならない限り発生する。熱雑音電圧の2乗平均値（$\overline{e_n^2}$ と表示）が次式で表されることをベル電話研究所のジョンソン氏によって測定され、ナイキストが理論的に証明した。

$$\overline{e_n^2} = 4kTBR \qquad \cdots(4.1)$$

ただし、k はボルツマン定数で、$k = 1.38 \times 10^{-23}$〔J/K〕、T は絶対温度〔K〕、B は周波数帯域幅〔Hz〕、R は抵抗値〔Ω〕である。

式 (4.1) は同じ周波数帯域幅であれば、中心周波数が変化しても雑音電圧は等しくなることを表している。周波数に無関係となる熱雑音を**白色雑音**という。

図4.8のように、雑音の発生がないと仮定した抵抗 R と雑音電圧 $\sqrt{\overline{e_n^2}} = \sqrt{4kTBR}$ で電圧源を表すことができる。

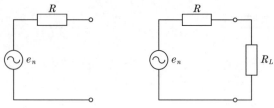

図4.8 抵抗 R の熱雑音等価回路　　図4.9 有能雑音電力

この雑音電圧源に図4.9に示すように負荷抵抗 R_L を接続し、負荷抵抗に供給される電力を最大にする条件は、2.1.8項で示したように、$R_L = R$ のときで、その値は $\overline{e_n^2}/4R$ となる。この雑音電圧源から取り出すことのできる最大電力のことを**有能雑音電力**または**固有雑音電力**という。有能雑音電力を P_n とすると、P_n は次式で表すことができる。

$$P_n = \frac{\overline{e_n^2}}{4R} = \frac{4kTBR}{4R} = kTB$$

ゆえに、

$$P_n = kTB \text{〔W〕} \qquad \cdots (4.2)$$

熱雑音を小さくするには、上式から温度を低くすることと、周波数帯域幅を狭くしなければならないことが分かる。

4.4.2 雑音指数

信号（Signal）には必ず雑音（Noise）が含まれる。信号電力と雑音電力の比を **SN 比**と呼ぶ。信号の大きさが雑音の大きさより大きくなければ信号を検出（受信）することはできない。増幅器の内部で雑音が発生しなければ、増幅器に入力された信号は劣化することなく増幅することができる。しかし、実際の増幅器においては内部で雑音を発生するので、入力側の SN 比と比較すると出力側の SN 比は悪化する。

入力側の信号電力を S_i、雑音電力を N_i、出力側の信号電力を S_o、雑音電力を N_o とすると、**雑音指数** F は次式で定義される。

$$F = \frac{S_i/N_i}{S_o/N_o} \qquad \cdots (4.3)$$

出力側の SN 比 S_o/N_o は、入力側の SN 比 S_i/N_i と比較すると悪化するので、雑音指数 F は 1 より大きくなる。

式（4.3）を変形すると次式になる。ただし、G は増幅度を表し、$G = S_o/S_i$、$N_i = kTB$、k はボルツマン定数である。

$$F = \frac{S_i/N_i}{S_o/N_o} = \frac{S_i}{S_o} \times \frac{N_o}{N_i} = \frac{N_o}{GkTB} \qquad \cdots (4.4)$$

上式の分母は入力の熱雑音が増幅されたもの、分子の N_o は出力雑音を表している。

式（4.4）を変形すると、次式になる。

$$N_o = kTBGF \qquad \cdots (4.5)$$

上式は次式のように書き換えることができる。

$$N_o = kTBGF = kTBG + (F-1)\,kTBG \qquad \cdots (4.6)$$

式（4.6）の第1項の $kTBG$ は kTB が G 倍されたもので、入力側の雑音電力が増幅されたもの、第2項の $(F-1)\,kTBG$ は増幅器内部で発生した雑音を示している。

$F=1$ の場合、第2項が0になる。これは現実にはありえないが、増幅器の内部で発生する雑音が全くないことを意味する。

4.4.3 等価雑音温度

増幅器の雑音を**等価雑音温度**で表すことがある。式（4.6）の第2項は増幅器の内部で発生した雑音電力である。増幅器の雑音を入力側に換算して温度 T_e で、第2項の $(F-1)\,kTBG$ に等しい雑音電力が得られたとすると、

$$(F-1)\,kTBG = kT_e BG$$

となる。

したがって、次式が成立する。

$$T_e = (F-1)\,T \ \text{〔K〕} \qquad\qquad \cdots(4.7)$$

T_e を等価雑音温度と呼ぶ。ただし、F は雑音指数（真数）、T は**絶対温度**（K）である。

例えば、温度が 27〔℃〕（300〔K〕）で雑音指数が4の場合の等価雑音温度 T_e は、

$$T_e = (F-1)\,T = (4-1)\times300 = 900 \ \text{〔K〕}$$

となる。

温度が 27〔℃〕（300〔K〕）で雑音指数が 9〔dB〕のように dB で与えられている場合、等価雑音温度 T_e を求めるときは雑音指数を必ず真数に直して計算する。9〔dB〕の真数は8であるので、

$$T_e = (F-1)\,T = (8-1) \times 300 = 2100 \ \text{〔K〕}$$

となる。

また、室温が 27〔℃〕（300〔K〕）で、雑音指数が 2 の場合の等価雑音温度 T_e は、

$$T_e = (F-1)\,T = (2-1) \times 300 = 300 \ \text{〔K〕}$$

雑音指数が 1 の場合の等価雑音温度 T_e は、

$$T_e = (F-1)\,T = (1-1) \times 300 = 0 \ \text{〔K〕}$$

となる。

すなわち、雑音指数が 2 の場合の等価雑音温度は室温に等しく、雑音指数が 1 の場合の等価雑音温度は絶対零度ということになる。雑音指数を小さくするためには、増幅器の温度を低くする必要があることが分かる。

4.4.4　2段増幅器の雑音

図4.10のような初段の利得が G_1、次段の利得が G_2、初段の雑音指数が F_1、次段の雑音指数が F_2 の 2 段増幅器の雑音指数は次のようにして求める。

式（4.6）を拡張すると、2段増幅器の出力雑音は次式のようになる。

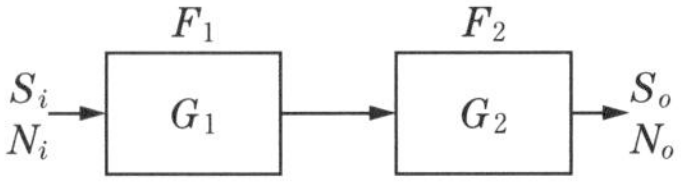

図4.10　2段増幅器の雑音指数

$$N_o = kTB\,G_1G_2 + (F_1-1)\,kTB\,G_1G_2 + (F_2-1)\,kTB\,G_2 \quad \cdots(4.8)$$

ただし、$G_1G_2 = G$ である。

式（4.8）を式（4.4）に代入して 2 段増幅器の雑音指数 F を求めると次式になる。

125

$$F = \frac{N_o}{GkTB}$$

$$= \frac{kTBG_1G_2 + (F_1-1)kTBG_1G_2 + (F_2-1)kTBG_2}{G_1G_2kTB}$$

$$= F_1 + \frac{F_2-1}{G_1}$$

ゆえに、

$$F = F_1 + \frac{F_2-1}{G_1} \qquad\qquad \cdots(4.9)$$

例題 4.2　2段に縦続接続された増幅器の雑音指数の値（真数）を求めなさい。ただし、初段の増幅器の雑音指数を 6〔dB〕、電力利得を 10〔dB〕とし、次段の増幅器の雑音指数を 13〔dB〕とする。

解答　2段増幅器の雑音指数は式（4.9）に代入すればよいが、式（4.9）中の雑音指数、増幅器の利得には真数を代入する必要がある。初段の雑音指数の真数を F_1 とすると、$6 = 10\log_{10}F_1$ であるので、

$$F_1 = 10^{0.6} = 10^{0.3+0.3} = 10^{0.3} \times 10^{0.3} = 2\times2 = 4$$

となる。同様に、2段目の雑音指数の真数を F_2 とすると、$13 = 10\log_{10}F_2$ であるので、

$$F_2 = 10^{1.3} = 10^{1+0.3} = 10^1 \times 10^{0.3} = 10\times2 = 20$$

となる。また、電力利得 10〔dB〕の増幅度は10倍であるので、2段増幅器の雑音指数は、次のようになる。

$$F = F_1 + \frac{F_2-1}{G_1} = 4 + \frac{20-1}{10} = 5.9$$

第5章

多重通信方式

　周波数は限りある資源のため、同時に同じ周波数を使用すること
のできる多重化が不可欠である。周波数分割多重（FDM）、PCM、
時分割多重（TDM）、符号分割多重（CDM）、直交周波数分割多重
（OFDM）の原理、デジタル通信の品質向上に不可欠な誤り制御方
式について学ぶ。

　多重通信方式には、周波数分割多重（FDM：Frequency Division
Multiplexing）、時分割多重（TDM：Time Division Multiplexing）、
符号分割多重（CDM：Code Division Multiplexing）、直交周波数分
割多重（OFDM：Orthogonal Frequency Division Multiplexing）が
ある。

　FDM は使用されなくなってきているが、多重通信の基礎を学習す
るのには適しているのでその原理を概観する。TDM 方式については
デジタル無線回線で使用されている PCM 方式を中心に述べる。
CDM は秘匿性にも優れている通信方式であり、もともとは軍用通信
用であったが、現在では GPS や第 3 ～3.5世代の携帯電話に使用され
ており、一つの周波数で多くの人が同時に通話することが可能な通信
方式である。OFDM は地上デジタル TV に採用されており、マルチ
パス（多重伝搬路）に強い方式である。

　FDM、TDM、CDM、OFDM に関連して、**FDMA**（Frequency
Division Multiple Access）、**TDMA**（Time Division Multiple
Access）、**CDMA**（Code Division Multiple Access）、**OFDMA**
（Orthogonal Frequency Division Multiple Access）という語句があ
る。例えば、FDMA は周波数分割多元接続と訳される。**多元接続**は、
基地局からの信号を多数の利用者に効率良く割り当てる方法を意味す
る。音声通話の場合はチャネルに分けるので多元接続であったが、

127

データ伝送の場合はチャネルに分けないので無線アクセスと呼ぶこともある。OFDMA は第3.9世代の LTE 携帯電話の下り回線にも使用されている。

5.1 周波数分割多重（FDM）

多重通信方式の基本的なものがアナログ方式の FDM である。情報を周波数軸上に並べて伝送するので周波数分割と呼ばれている。一つの搬送波を使用して三つの情報（3チャネル）を送受信する場合を考える。3チャネルの FDM 送受信装置の構成を図5.1に示す。

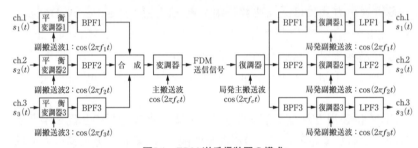

図5.1　FDM 送受信装置の構成

情報 $s_1(t)$ は 0.3〜3.4〔kHz〕に帯域制限された信号波とする。この信号を搬送波（この場合**副搬送波**（subcarrier）と呼ぶ）周波数 f_1 で平衡変調を施すと、搬送波が抑圧されて上側帯波と下側帯波のみが出力される。この様子を示したのが図5.2である。帯域フィルタで上側帯波のみを取り出すと、図5.3に示すような周波数分布を持つ信号になる。

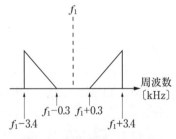

図5.2　搬送波が抑圧された信号

同様にして情報 $s_2(t)$ については、f_1 より 4〔kHz〕高い副搬送波の周波数 f_2 で**平衡変調**を施し、帯域フィルタで上側帯波を取り出す。情報 $s_3(t)$ については、f_2 より 4〔kHz〕高い副搬送波の周波数 f_3 で

平衡変調を施して帯域フィルタで上側帯波を取り出す。三つの上側帯波を合成すると図5.4のような三つの情報が周波数軸上に並んだ信号となる。この信号を一つの変調用信号として、副搬送波より周波数の高い搬送波（主搬送波という）をさらに平衡変調することによりFDM送信信号を発生できる。

平衡変調（SSB）したものをさらに平衡変調（SSB）するので、この方式を **SS−SS 方式** という。同様に図5.4の変調信号で副搬送波より高い周波数の搬送波（主搬送波）を周波数変調（FM）したものを **SS−FM 方式** と呼んでいる。

SSB を用いると使用する周波数帯幅が狭くて済むので、より多くの通話を多重化することができる。

受信側は帯域フィルタでそれぞれの信号の上側帯波を検出し、復調器で復調した後、低域フィルタを通せばもとの信号を復元することができる。

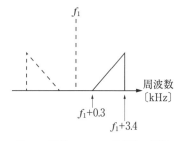

図5.3　帯域フィルタ通過後の信号　　図5.4　三つの情報が周波数軸上に並んだ信号

　固定電話の周波数範囲：人間の耳に聞こえる周波数は年齢などの個人差もあるが一般に 20～20000〔Hz〕程度、人間が発声できる周波数は 100～8000〔Hz〕程度といわれる。それに対して電話で送話、受話する周波数の範囲は、低域と高域周波数がカットされた 300～3400〔Hz〕となっている。広帯域の送話、受話は技術的にはもちろん可能であるが、周波数帯域の節約になることにもなり、固定電話網が開設された当時の規格がそのまま継承されている。

FDM方式においては、各チャネル間の間隔が 4〔kHz〕と狭く、理想的な特性を有するフィルタの実現も限度があることなどもあり漏話が生じることがある。**漏話**には次のようなものがある。

① **了解性漏話**：増幅器などの非線形性のため相互変調により起こる。通話路の信号がほかの通話路に現れる。通信の秘密確保という点で問題がある。

② **非了解性漏話**：帯域フィルタの分離特性が良くない場合に起きることがある。

FDM方式のマイクロ波回線で起こる雑音をまとめたものを表5.1に示す。

表5.1　無線回線で生じる雑音

熱雑音	(1) 標準伝搬状態における熱雑音 (2) フェージングによる熱雑音の増大
ひずみ雑音 （準漏話雑音）	(1) 非直線ひずみによるもの（変調器や復調器によるもの） (2) 直線ひずみによるもの（伝送路の遅延特性によるもの、伝送路の振幅特性によるもの、エコーによるもの）
干渉雑音	(1) 同一周波数チャネル干渉 (2) 異なる周波数チャネル干渉

FDMの具体例を示そう。副搬送波の周波数をそれぞれ、$f_1 = 12$〔kHz〕、$f_2 = 16$〔kHz〕、$f_3 = 20$〔kHz〕とし、これらの副搬送波を情報である三つの独立した音声でそれぞれを平衡変調し、上側帯波のみのSSB信号を発生させ合成する。電話の音声の周波数帯幅は 0.3〜3.4〔kHz〕であるので、副搬送波が$f_1 = 12$〔kHz〕の場合、上側帯波の周波数帯幅は 12〔kHz〕の副搬送波に音声の 0.3〜3.4〔kHz〕が加算されることになり、12.3〜15.4〔kHz〕となる。

同様に副搬送波が$f_2 = 16$〔kHz〕の場合の上側帯波の周波数帯幅は、16.3〜19.4〔kHz〕、副搬送波が$f_3 = 20$〔kHz〕の場合の上側帯波の周波数帯幅は、20.3〜23.4〔kHz〕になる。これらの関係を図示すると図5.5のようになる。

130

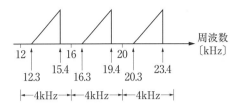

図5.5 三つの副搬送波を音声信号で変調し上側帯波を取り出したときの周波数配置

図5.5に示す3チャネル分を4組で合計12チャネル分を**基礎群**、この基礎群を5個並べた60チャネル分を**基礎超群**という。アナログ電話信号の周波数分割多重化における段階構成は、300チャネルを基礎主群、900チャネルを**基礎超主群**、3600チャネルを**基礎巨群**と呼んでいる。

5.2 時分割多重（TDM）

3チャネルの時分割多重の概念図を図5.6に示す。情報 $s_1(t)$ は低域フィルタ（LPF）で最高周波数 f_m に帯域が制限されているものとする。送信側の分配器でA、B、Cと順番に各チャネルに接続される。分配器が回転する速度は、情報信号の最高周波数の2倍の $2f_m$ に設定されている。接続時間間隔が $T = 1/(2f_m)$ となる。情報 $s_2(t)$、情報 $s_3(t)$ もお互いに情報 $s_1(t)$ と時間が重ならないように接続されるようになっているので、一つの伝送路で複数の通話をすることができる。実際の分配器は電子回路で構成されている。このような方式をTDMという。図5.6の3チャネルの時分割多重の時間経過を図示したのが図5.7である。TDMでは送信側と受信側で正確な時刻同期が必要になるので、同期信号が必要となる。

TDMはアナログ技術で実現するのは不可能でデジタル技術が必要である。各チャネルの接続時間を短くすると、多くの信号を多重化することが可能になる。**パルス符号変調**（**PCM**：Pulse Code Modulation）の原理を学習し、TDMの原理を学ぶことにする。

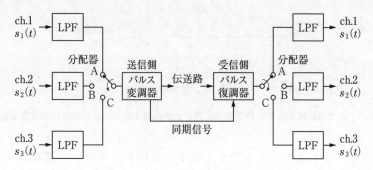

図5.6　3チャネルの時分割多重の概念図

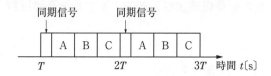

図5.7　3チャネルの時分割多重の時間経過

5.2.1 PCM

　PCMは1937年にフランスで発明されたが、実用化には半導体技術の発展を待つ必要があった。PCMの原理をブロック図で示したものが図5.8である。PCMの特徴を列挙すると、

① パルスを使用するので占有周波数帯幅が広くなるが、雑音に強い方式である。
② 再生中継でひずみや雑音が相加されないので劣化が少ない。
③ 熱雑音、準漏話雑音の影響が少ない。
④ FDM方式のような多くの帯域フィルタが不要。
⑤ 回線切り替えが容易である。

などである。各部の動作について以下に簡単に述べる。

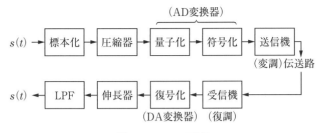

図5.8 PCMの原理

(1) 標本化

標本化は**サンプリング**と呼ばれることが多い。入力されたアナログ信号 $s(t)$ を時間軸方向に**離散化**を行う回路である。離散化は図5.9(a)に示すように連続的なアナログ信号を飛び飛びの値を持った信号に変換することである。デジタル化された信号からもとのアナログ信号を再生するには、アナログ信号の最高周波数 f_m の2倍の周波数 $2f_m$ で標本化すればよいことが分かっている（**シャノンの標本化定理**）。

電話の場合を考えてみよう。電話の音声の周波数帯幅は 0.3～3.4〔kHz〕である。すなわち、最高周波数は 3.4〔kHz〕であるので、その2倍の 6.8〔kHz〕で標本化すればよい。しかし、余裕をみて 4〔kHz〕で標本化すると、その2倍の 8〔kHz〕で標本化すればよいことになるので★、その標本化時間間隔は $T = 1/(2f_m) = 1/(8 \times 10^3) = 125$〔μs〕となる。離散的な信号だからこそ、時間軸上に複数の信号を並べることができる。

★電話の音声をデジタル化するのに最も基本的な方式は、8〔kHz〕で標本化し、8〔bit〕で量子化することである。そうすると、伝送速度は 8〔kHz〕× 8〔bit〕= 64〔kbps〕となる。第2世代の携帯電話の音声の伝送速度は 3.45〔kbps〕と低速で、しばしば音質が悪いと言われたが、第3世代の携帯電話では、4.75～12.2〔kbps〕の間で8段階で可変できる可変速度符号化が採り入れられて、音質が改善された（PHSの音声の伝送速度は 32〔kbps〕）。

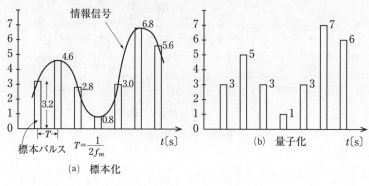

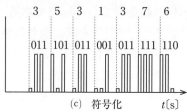

図5.9 標本化、量子化、符号化

(2) 圧縮器

量子化信号の変化幅を一定とすると、大振幅の信号ではSN比は大きくなるが、小振幅の信号ではSN比は悪化する。そこで、大振幅の信号に対してはステップ幅（変化幅）を大きく、小振幅の信号に対してはステップ幅を小さくすればSN比の悪化を防ぐことができる。大振幅の信号に対しては振幅を抑え、小振幅の信号に対しては振幅を拡大する特性を持たせた回路が**圧縮器**である。

(3) 量子化

標本値の離散化を行うのが量子化である。図5.9(b)は標本値を 3〔bit〕（$2^3 = 8$）で量子化を行った例である。0～7の8種類の値に一番近い値に離散化することになる。もし、8〔bit〕で量子化すると $2^8 = 256$ であるので、256個の標本値のいずれかに分類するということになる。いずれにしても近似を行うことになるので、誤差を生じることになる。この誤差を**量子化雑音**と呼んでいる。

134

⑷ 符号化

図5.9(c)のように、量子化された値を「0」「1」のパルスの組み合わせで置き換えるのが**符号化**である。符号化された信号は雑音に強い性質があるので、遠距離通信で雑音に埋もれている信号の検出も容易になる。符号化する際のパルス符号（ベースバンド信号）の形式には表5.2に示すようにいろいろな形状があるが、ベースバンドを扱う場合には直流分を含まない両極性の波形が適している。

表5.2　パルス符号形式（ベースバンド信号）

符号形式	波形の例	特　徴
単極性 NRZ符号	+ 0 1 0 0 1 0 1 0	・RZ方式より高調波成分が少なく周波数帯域が広がりにくいので無線系に適す。 ・パルス幅＝タイムスロット ・同期をとりにくい。
両極性 NRZ符号	+ 0 −	
単極性 RZ符号	+ 0	・パルス幅が狭いので周波数帯域が広がる。 ・パルス幅＜タイムスロット ・同期をとりやすい。
両極性 RZ符号	+ 0 −	
AMI符号	+ 0 −	・「High」レベルになるごとに極性が変わる。 ・同期をとりやすい。

※NRZ：Non Return to Zero　RZ：Return to Zero　AMI：Alternate Mark Inversion

⑸ 送信機

符号化された信号を変調し、無線周波数で送信する。

⑹ 受信機

希望の無線信号を受信して復調する。

⑺ 復号化

受信したパルス信号をアナログ値に変換するDA変換器である。

⑻ 伸長器

圧縮器と逆の特性を持った伸長器でもとの波形に復元する。

(9) **LPF**

DA変換器で得られた信号は階段状であるので、LPFを通すことによりもとの信号を再生する。

5.2.2 PCMの多重化

電話信号のPCMを24チャネル分多重化する場合を考える。図5.10に示すように電話信号は 8 [kHz] で標本化されているので、その標本間隔の時間は $T = 1/(8\times10^3) = 125$ [μs] となる。これが1フレームに相当する。1フレーム中に24チャネル分のPCM信号を配置することになる。各チャネルが 8 [bit] で量子化されているとすると、1フレーム中にある24チャネル分の信号は $24\times8 = 192$ [bit] と同期用パルスが 1 [bit] の合計 193 [bit] であり、1フレーム中に193個のパルスが存在することになる。

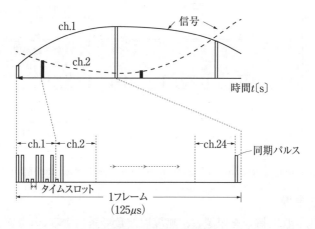

図5.10 PCMの多重化

ビットレート（1秒間に伝送する bit 数）は、$193/(125\times10^{-6}) = 1.544$ [Mbit/s] となる。パルスの繰り返し周波数で表すと、125 [μs] の期間に193のパルスがあるので、1秒間では $193/(125\times10^{-6}) = 1.544\times10^6$ 個のパルスがあることになり、1.544 [MHz] となる。

タイムスロット T_S は $125\times10^{-6}/193 \fallingdotseq 0.65\times10^{-6}$ [s] $= 0.65$ [μs]

となる。

TDM においては、FDM で問題になった、増幅器などの非線形性のために現れた相互変調が原因になる漏話は、起こらない。

5.2.3　TDM の同期

多重化されたデジタル信号は送受信間で同期がとれていなければならない。同期方法には、多重化が比較的小規模の回線で使用される「網同期方式」と呼ばれる方式がある。これは原子発振器や GPS の信号で制御された水晶発振器など、高安定度高確度の同期信号を供給するマスタ局を設け、同期信号を分配する方式である。

一方、多重度の大きな回線では**独立同期方式**と呼ばれる送信側、受信側それぞれ独立した高安定度高確度の発振器を有する同期回路が使われる。独立同期方式の一つに**スタッフ同期方式**がある。スタッフ同期方式は送信側のデジタル信号のパルス列に余分のスタッフパルスを挿入して送信する。受信側では、スタッフパルスが挿入されている情報を受け取るごとにスタッフパルスを除いてもとのパルス列を得る方式である。

5.3　符号分割多重（CDM）

FDM は周波数を、TDM は時間を分割して多重化する方式であるが、符号分割多重（CDM：Code Division Multiplexing）は、同じ周波数を使用し時間も分割することなく、**疑似雑音符号**（**疑似ランダム符号**、**拡散符号**、**PN**（Pseudo Noise）**符号**ともいう。以下 PN 符号という）を使用することにより多重化する方法である。その基礎は**スペクトル拡散**（SS：Spread Spectrum）技術による。

5.3.1　スペクトル拡散（SS）

図5.11(a)に示すように、デジタル信号（ベースバンド信号）を PN 符号で**拡散変調**（乗算）すると、出力は拡散される。その変調波形を

第 5 章　多重通信方式

図5.11(b)に示す。ただし、デジタル信号はパルス幅を T、振幅は ± 1 の NRZ 信号、PN 符号の最小のパルス幅を T_c とし、$T_c = T/n$（実際の n は数十～数千以上であるが、ここでは分かりやすくするため小さくしてある）の関係があり、その周期は T で、振幅は ± 1 の NRZ 信号であるとする。

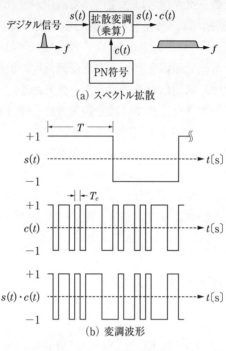

図5.11　スペクトル拡散

　図5.11(b)で分かるように、変調を行うとパルス幅が小さくなるので、当然のことながら周波数帯域幅が広がる。n の値が大きければ大きいほど PN 符号のパルス幅が小さくなることを意味するので、周波数がより拡散されることになる。

　スペクトルを拡散する技術には、**直接拡散**（**DS**：Direct Sequence または、Direct Spread、以下 DS という）**方式**や**周波数ホッピング**（**FH**：Frequency Hopping、以下 FH という）**方式**などがある。

5.3.2 直接拡散（DS：Direct Sequence）

DS方式の原理を図5.12に示す。同図(a)はデジタル信号を無線変調（PSKなどの変調）した後に拡散変調する方式、図(b)はデジタル信号を拡散変調した後に**無線変調**を行う方式である。スペクトル拡散に登場する変調について、無線変調を1次変調、PN符号で変調（乗算）するのを2次変調と呼ぶ。原理的には1次変調と2次変調をどちらを先に行っても同じではあるが、実際のシステムでは回路の構成のしやすさなどから2次変調を先に行う図(b)の方式が用いられることが多いようである。受信側では図(c)に示すように、送信側と同じPN符号で**逆拡散**（乗算）してやると目的の信号を得ることができる。送信側と異なるPN符号で逆拡散しても、目的とする信号を受信することはできない。

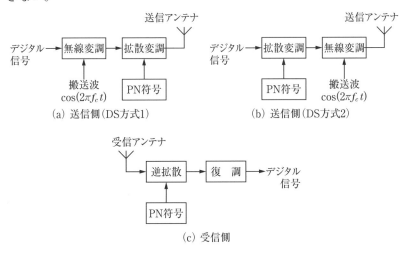

図5.12 DS方式の構成

DSの送信側と受信側の信号波形がどのようになるかを示したのが図5.13である。同図(a)は送信側の信号波形である。送信するデジタル信号を$s(t)$、PN符号を$c(t)$とし、それらを拡散変調すると$s(t)\cdot c(t)$で示す送信信号の波形になる。図(b)は受信側の波形である。受信側では受信信号を送信側と同じPN符号$c(t)$で逆拡散すると、送信側

と同じデジタル信号が得られる。

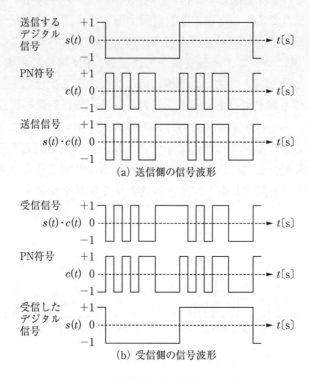

図5.13　送信側と受信側の信号波形

> **参考** ビットレートとチップレート
>
> 　送信するデータ信号の伝送速度を**ビットレート**（**bps**）と呼ぶ。それに対して、PN符号のビットレートを**チップレート**（**cps**）と呼んでいる。CDMではデータであるデジタル信号にPN符号を乗算する。チップレートはビットレートと比較して高速であるので、送信するデジタル信号の数は著しく増加する。例えば、チップレートがビットレートの30倍であれば、スペクトルが30倍に拡散されることになる。

5.3.3 周波数ホッピング（FH：Frequency Hopping）

FH方式の構成を図5.14に示す。同図(a)は送信側の構成、図(b)は受信側の構成である。FH方式は **Bluetooth★** などに使用されている。DS方式ではPN符号で拡散変調していたが、FH方式ではPN符号に代えて、周波数シンセサイザなどで構成される**ホッピングパターン発生器**で、図5.15(a)に示すような**ホッピングパターン**で周波数を予め定められている順番に切り換えていく方式である。ホッピング波形を同図(b)に示す。送信時間によって周波数が変化している。受信側では送信側と同じホッピングパターン信号を使用して逆拡散を行い送信したのと同じ信号を再生する。受信側は送信側と同期している必要がある。

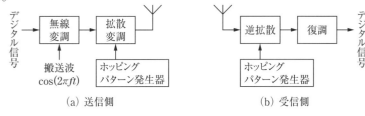

(a) 送信側　　　　　　　　　(b) 受信側

図5.14　FH方式の構成

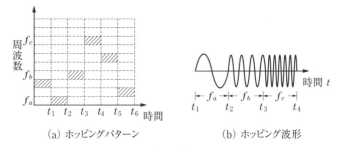

(a) ホッピングパターン　　　(b) ホッピング波形

図5.15　ホッピングパターンと波形

★Bluetooth：数m程度の距離に置かれた情報機器間で電波を使って簡単な情報のやりとりをする装置の名称

5.3.4 CDM

三つの信号を同じ周波数で伝送する CDM システム（同期式）の構成を図5.16に示す。信号 $s_1(t)$、$s_2(t)$、$s_3(t)$ はそれぞれ、PN 符号1、PN 符号2、PN 符号3で拡散変調が行われており、三つの信号を合成して無線変調して送信する。受信側で信号 $s_1(t)$ を受信するには、PN 符号1で逆拡散して信号を再生する。同様に $s_2(t)$ を受信するには、PN 符号2で逆拡散すれば信号を再生できる。受信しようとする信号を再生する場合、拡散されたのと同じ PN 符号で逆拡散しなければ信号を再生することはできない。

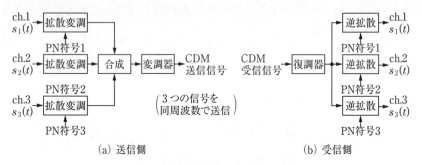

図5.16　CDM システム

5.3.5　CDMA と遠近問題

第3世代の携帯電話は符号分割多元接続（CDMA）が使用されている。PN 符号の種類を増やせば何人でも同時に通話ができそうであるが、限界がある。自分以外の人が使用している拡散信号は雑音となるので、使用することのできる携帯電話端末の数には限りがある。

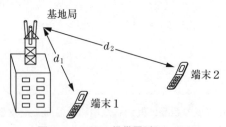

図5.17　CDMA 携帯電話システム

携帯電話システムのイメージを図5.17に示す。CDMA は同じ周波数を使用して混信することなく通信が可能である。しかし、携帯電話のように、同時に多くの端末が使われる場合は、**マルチパス★**電波の干渉などで通信の品質が低下する。基地局から遠い位置にある端末からの電波は、基地局から近い位置にある端末からの強い電波の妨害を受けて受信できないことがある。これが CDMA の遠近問題である。この遠近問題を次のような方法で解決している。

　受信しようとする電波と妨害電波の電界強度差が適切な値になるように、基地局側で携帯電話端末の送信電力を制御して、端末から基地局に到達する電波の電界強度が等しくなるようにしている。送信電力の制御は基地局での受信電界強度を端末に知らせることにより行っている。この制御は、ある会社のシステムでは毎秒1500回行われている。この図の場合、基地局に近い位置にある端末1の送信電力は弱く、基地局から遠い位置にある端末2の送信電力は強くなるように制御している。

| 参 考 | 秘匿性と秘話性 |

① **秘匿性**は電波が存在しているのかどうか分からない状態。拡散変調で電波が広く拡散しているような場合、シングルキャリアのように電波の存在をはっきり認識できない。

② **秘話性**は電波が出ているのは明らかに認識できるが、通話の内容が分からないようにする装置が付加される。したがって、通話の内容は解読できない。

★マルチパス：受信機のアンテナに到達する電波は、送信アンテナから直接到来する電波だけではなく、ビルなどで反射した電波も直接波より遅れて受信アンテナに到来する。電波が伝搬してくる経路は一つではなく、複数存在する。これがマルチパスである。

5.4 直交周波数分割多重 (OFDM)

　直交周波数分割多重 (OFDM：Orthogonal Frequency Division Multiplexing) は、低速のデジタル信号を多く集めて高速伝送を行う多重化法でFDMの一種である。図5.18(a)のように、FDMは混信を防ぐために隣同士の周波数の間に**ガードバンド**と呼ばれる周波数帯域幅を必要とするので、周波数の利用効率は悪くなる。一方、OFDMは同図(b)に示すように、隣接する周波数を半分重ねて配置された多くの搬送波を低速変調して、合成して伝送する方式である。OFDMは1960年代には理論が完成し、短波の軍用通信に使用されたようであるが、初めて放送に利用されたのは1987年で、普及するには高速演算処理の可能なIC技術の発展を待たねばならなかった。

　OFDMの特徴はマルチパス伝搬に強いことである。今では、地上波デジタルテレビジョンのほか、無線LANや第3.9世代のLTE携帯電話の下り回線に使用されており、第4世代の携帯電話でも使われる予定である。

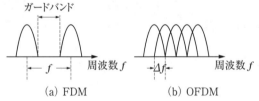

図5.18　FDMとOFDMの周波数配置

5.4.1　周波数の直交関係

　図5.19は搬送波 f_0 (実線) と $2f_0$ (点線) のスペクトルを示している。スペクトルが重なっていても、f_0 と $2f_0$ が**直交**★(次頁)関係にあれば周波数 f_0 においては、周波数 $2f_0$ のスペクトル成分はなくなるとともに、$2f_0$ でも f_0 の成分はなくなるので、互に混信を起こすことはない。

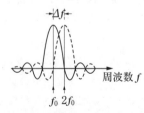

図5.19　搬送波 f_0 (実線) と $2f_0$ (点線) のスペクトル

5.4.2　マルチパスに強いOFDM

　反射波は時間が遅れて到達するので、平成23年7月で終了したアナログテレビジョンではゴーストという現象が発生し、特に移動する車内でテレビジョンを視聴するのは困難であった。地上波デジタルテレビジョンで採用されているOFDMは、マルチパス干渉に強い多重化法である。デジタル信号を高速で伝送する場合、通常、短いパルス幅のパルスを使用するので、広い周波数帯域幅を必要とする。テレビジョン1局の占有周波数帯幅は6〔MHz〕と決められているので、周波数帯幅は6〔MHz〕に収めなければならない。そこで、OFDMではデジタル信号をパルス幅の短いパルスを使用して高速伝送を行うのでなく、パルス幅の長い低速のデジタル信号を多数束ねることにより、高速伝送を行うものである。

　高速デジタル信号は、使用するパルス幅が短く、遅延して到来した反射波が加わりパルス幅が広がりビット誤りが起こるが、低速デジタル信号はパルス幅が長いので、反射波が加わってもパルス幅が広がる割合が小さいため、ビット誤りは起こらない。

　地上波デジタルテレビジョンで使用されているOFDM信号は**シンボル★★**（符号）区間が長いのでマルチパス波の影響を受けにくい。地上波デジタルテレビジョンのマルチパス干渉対策は、図5.20に示すように**ガードインターバル**期間を設けることによりなされている。シンボルの先頭にシンボルの後半部分をコピーして付加することにより、マルチパス干渉波の遅延時間がガードインターバル期間内であれば、マルチパス波の影響を受けない。シンボルの前後に同じ情報があるので同期にも利用できる。

　★直交：直交とは、この場合、搬送波の中で一番低い周波数 f_0 の正しく n 倍（$n \geq 2$）になっている状態をいう。

★★シンボル：意味を持たせたパルスの組み合せの最小単位のこと。1回の変調でBPSKで1ビット、QPSKで2ビット、16QAMで4ビットの伝送が可能。

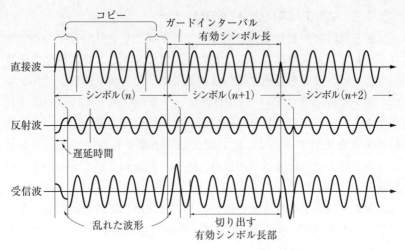

図5.20　ガードインターバルの使用原理

　現在、地上波デジタルテレビジョンは、ハイビジョン放送1チャネルまたはアナログ式標準テレビジョンと同じ画質の放送3チャネルの放送ができる。

　固定受信で用いられている規格は、周波数帯域幅 5.7〔MHz〕（エネルギーを99パーセント含む周波数帯域は 5.61〔MHz〕であるが、電波法では切り上げで 5.7〔MHz〕）、搬送波数は5617本、有効シンボル長 1.008〔ms〕、ガードインターバルはシンボル長の 1/8（時間に直すと 126〔μs〕）、データ伝送速度は 16.85〔Mbps〕、標本化周波数は 8.127〔MHz〕である。ガードインターバルが 126〔μs〕ということは 126〔μs〕で、電波は約 37.8〔km〕伝搬するので、伝搬経路差が最大 37.8〔km〕まで対応できることを意味する。

　そのほか、地上波デジタルテレビジョンの特徴には次のようなものがある。

① **SFN**（Single Frequency Network）：隣接する放送局に同じ周波数を割り当てることができ、周波数の有効利用が可能になる。
② 各搬送波の変調は QPSK、16QAM、64QAM など選択可能である。

一方、各搬送波は直交性が厳密に保たれていなくてはならない。

|参 考| 地上波デジタルテレビ放送で使用されている映像、音声符号化方式

　地上波デジタルテレビ放送では、**MPEG2** と H.264 と呼ばれる映像、音声符号化方式が使用されている。MPEG は動画の映像符号化方式で国際電気標準会議（IEC：International Electrotechnical Commission）で規格化している。H.264 は国際電気通信連合の下部組織の ITU-T（International Telecommunication Union – Telecommunication standardization sector）で規格化している。MPEG2 は1994年に規格化され、地上波デジタルテレビ放送、BSデジタル放送、DVD などの映像、音声の符号化に使われている現在の主流の方式である。H.264 は MPEG2 より効率が2倍高く、ワンセグ放送やブルーレイの映像の符号化に使われている。

5.4.3　OFDM の変調と復調

OFDM の変調と復調の基本的構成を図5.21に示す。

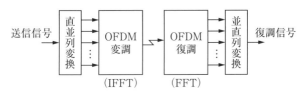

図5.21　OFDM の変復調

　OFDM の変調は送信するデジタル信号を直並列変換した後に、**高速逆フーリエ変換**（IFFT：Inverse Fast Fourier Transform）を行う。IFFT は周波数領域信号を時間領域信号に変換することである。

　OFDM 復調は、**高速フーリエ変換**（FFT：Fast Fourier Transform）を行った後、並直列変換を行い、送信側の信号を再生する。FFT は**時間領域信号を周波数領域信号**に変換することである。

参考 フーリエ変換

　周期性関数はフーリエ級数により表すことができ、ひずみ波の解析などに用いられる。一方、非周期性関数の波形の周波数スペクトルを求める場合はフーリエ変換を使用する。フーリエ変換を使用すると、時間波形を周波数形式に変換することができる。フーリエ逆変換を行うと周波数形式を時間波形にすることができる。

例 題 5.1 　　内に適切な字句を記入せよ。

(1) 地上波デジタルテレビジョンで使用する周波数帯幅は　A　である。この周波数帯幅にハイビジョン放送　B　チャネル、またはアナログ式標準テレビジョンと同じ画質の放送を　C　チャネル分の放送ができる。

(2) 地上波デジタルテレビジョンでは多数の搬送波を使う　D　伝送方式が用いられている。映像信号の符号化には　E　が用いられている。

(3) 送信データを n 本の搬送波に分散して送信することにより、シンボルの継続時間が単一搬送波方式の n 倍と長くなる。時間軸上に　F　を設けることによってマルチパスによる干渉が加っても特性の劣化が少ない。

解 答 　A：5.7MHz
　　　　B：1
　　　　C：3
　　　　D：OFDM または直交周波数分割多重
　　　　E：MPEG2
　　　　F：ガードインターバル

5.5 誤り制御方式と誤り訂正

通信の品質を評価するには、アナログ通信では信号と雑音の比で表すが、デジタル通信では符号誤り率を使う。有線でデジタル信号を伝送する場合、符号誤り率は 10^{-6} 以下になるが、電波を使用した伝送では、伝送路で生じる減衰や雑音などで符号誤り率は 10^{-3} 程度になることもある。音声通信の場合は問題とはならなくても、データ通信においては、文字バケなどが生じる原因になる。デジタル通信では、符号誤りを検出、訂正することにより正しいデータに戻すことができる。これを**誤り制御方式**という。誤り制御方式には、表5.3に示す**無帰還訂正方式**と**帰還訂正方式**がある。ここでは、無帰還訂正方式の **FEC**（Forward Error Correction）と帰還訂正方式の **ARQ**（Automatic Repeat and reQuest）について簡単に述べる。

表5.3　誤り制御方式

方式	符号型式	伝送路	特徴
無帰還訂正方式 (FEC)	誤り訂正符号	片方向伝送路	リアルタイム通信に適用可
帰還訂正方式 (ARQ)	誤り検出符号	双方向非対称伝送路	リアルタイム通信に適用不可

5.5.1　FEC

FEC は送信側のデータ信号を一定の長さに区切り、**誤り訂正符号**を追加して送信する。受信側では受信データから追加したビットを解析することにより誤り訂正を行うことができる。

誤り訂正符号のビット数は、符号誤り率が小さい場合は少なくて済むが、符号誤り率が大きい場合はビット数を大きくしないと誤り訂正ができなくなるので、伝送効率が悪化する。

5.5.2 ARQ

ARQ は**誤り検出符号**を用い、受信側で誤りの有無を検出し、誤りがある場合は再送を要求する方式である。受信側で誤りが検出されなければ ACK（acknowledgement）、誤りを検出すると NACK（negative acknowledgement）を送信側に返す。送信側は NACK に該当する信号を再送する。ARQ 方式は、再送に時間を要するため伝送効率が悪く、音声通話などの通信には不向きで、電子メールなどリアルタイムで通信する必要のない通信に向いている。

第6章

衛星通信

衛星通信は、地上系通信網では通信が困難になる山間部や離島など、広い範囲の地域と通信が可能な「広域性」、同時に多数の受信点に情報を伝送できる「同報性」、広帯域の中継器が搭載されているのでテレビジョン中継も容易な「広帯域性」、大地震などの災害時にもあまり影響を受けない「信頼性」などに優れており、多元接続も容易である。短所は、電波の遅延時間が大きいことや降雨などによる伝搬損失が大きいなどである。

6.1 人工衛星

6.1.1 人工衛星の軌道

人工衛星の運動は、図6.1に示すように地球と人工衛星の間に働く万有引力が衛星の公転による回転運動の力と釣り合うという関係から求めることができる。衛星の軌道を円軌道とし、衛星の周期、速度を求める（式の誘導は省略）。ただし、地球の半径：r（6370〔km〕）、衛星の高度：h、地球の中心と衛星の距離：d（円軌道では $d = r+h$）、地球表面上での重力加速度：g（$= GM/r^2$）、軌道上での衛星の速度：v（$= d\omega$）、衛星の回転運動の角速度：ω、衛星の回転周期：T（$= 2\pi/\omega$）とする。

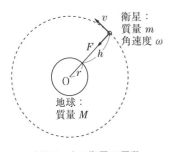

図6.1 人工衛星の運動

角速度　　$\omega = \dfrac{r}{d}\sqrt{\dfrac{g}{d}}$ 　　　　　　　　　　…(6.1)

速度　　　$v = \omega d = r\sqrt{\dfrac{g}{d}}$ 　　　　　　　　　　…(6.2)

周期　　　$T = \dfrac{2\pi}{\omega} = \dfrac{2\pi d}{r}\sqrt{\dfrac{d}{g}}$ 　　　　　　　　　…(6.3)

ただし、$g = 9.8$ 〔m/s^2〕である。

　重力加速度 g と地球の半径 r は定数であるので、人工衛星の角速度 ω、軌道上での速度 v、周期 T は地球の中心と衛星の間の距離 d だけで決まることになる。$d = r + h$ であるので、人工衛星の高さ h だけで、角速度、速度、周期が決まる。また、人工衛星の周期からその衛星の高度を求めることができる。

6.1.2　静止衛星の高度と位置

　地球の自転周期は23時間56分である（自転周期は1恒星日の時間であり、1太陽日の24時間より4分短い）。式（6.3）に、地球の自転周期23時間56分（＝86160秒）と、地球の半径 6370〔km〕を代入して、**静止衛星**の高度を計算すると 35760〔km〕になる★。

　静止衛星は春分と秋分の頃の夜間に地球の影（衛星の**食**という）に入るので、その間は太陽電池が発電不能になるため蓄電池を使用することになる。静止衛星は赤道上空に位置する。日本の衛星は、スカパーJSAT(株)が10数機を放送、通信分野で運用し、NTTドコモ(株)が2機のN-STARを運用し防災関連や船舶電話など多方面に利用されている。

6.1.3　静止衛星の配置とアンテナの仰角

　静止衛星を利用した通信は、図6.2に示すように三つの静止衛星で地球全体をカバーすることができる。しかし、北極周辺や南極周辺の極地方はカバーすることはできないので、極地方との通信や極地方の気象観測には周回衛星の助

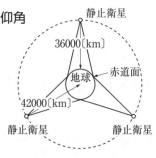

図6.2　静止衛星の配置と通信可能範囲

★国家試験では、静止衛星の高度は 36000〔km〕として考えれば十分である。

けが必要となる。

　静止衛星からの信号は伝搬距離が長いので、自由空間伝搬損失（13.5節参照）が大きく、パラボラアンテナなどの高利得アンテナが必要になる。静止衛星は赤道上空にあるので、図6.3、図6.4に示すように地球上の緯度βによって静止衛星を見る仰角αが異なる。例えば、東京ではアンテナは約45度上側を向けるが、低緯度地域ではアンテナはほぼ真上（天頂）、高緯度地方ではアンテナは水平に近い方向に向けて信号を受信する。伝搬距離は天頂に向いているアンテナで受信する場合が最短で、水平方向を向いているアンテナで受信する場合は長くなる。

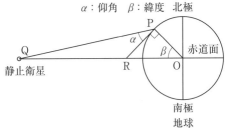

図6.3　静止衛星を見る仰角

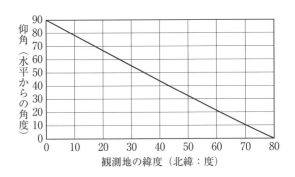

図6.4　地球上の緯度と静止衛星を見る仰角の関係

6.2　衛星通信の特徴

衛星通信は以下に示すような地上通信にはない特徴を持っている。

●長所
① 1機の静止衛星で地球の約 1/3 をカバーできる。広域性がある。
② 多数の地点に同時に同じ情報を伝送できる。同報性に優れている。
③ 災害の影響をほとんど受けない。高信頼性がある。
④ 広帯域中継器を搭載しているので、映像などの広帯域信号を伝送できる。広帯域性に優れている。
⑤ 一つの衛星を多くの地球局で共用可能である。

●短所
① 衛星までの距離が遠いので伝送遅延、伝搬損失が大きい。
② 使用周波数によっては、降雨や降雪で減衰が大きくなり通信不能になることがある。
③ 春分と秋分を中心に食（太陽と衛星の間に地球が入る現象）が発生し、衛星の太陽電池が動作しなくなる。
④ 衛星が故障しても修理できない。
⑤ 地上通信システムと比較すると衛星寿命が短く、定期的に衛星の打ち上げが必要になる。

6.3　衛星通信で使用される周波数

通信衛星は図6.5に示すように、地上の地球局から送られた電波を受信し、周波数変換及び増幅した後、地上局へ送信するものである。地球局と静止衛星間の距離は約 36000〔km〕と遠いので、伝搬損失が大きく、大気などの影響も受けやすい。そのため周波数の選定にはおのずと制約がある。

図6.5　通信衛星の中継器

衛星通信で使用される周波数は、電波の窓と呼ばれる 1〜10〔GHz〕
の周波数帯が適している。1〔GHz〕より低い周波数では雑音の問題、
10〔GHz〕より高い周波数では、降雨など気象条件による影響などが
顕著になり電波の減衰が大きくなる。

　衛星通信においては、送信用と受信用の周波数は別の周波数を使用
する。地球局から衛星方向への電波を**上り回線（アップリンク）**、衛
星から地球局方向への電波を**下り回線（ダウンリンク）**と呼ぶ。上り
回線の周波数は下り回線の周波数と比較して高い周波数を使用する。
なぜならば、低い周波数の方が自由空間伝搬損失が小さく、また、降
雨など気象の影響を受けることが少なく、送信電力を小さくでき通信
機器を小型にできるなどの理由による。

　衛星通信では、L バンドと呼ばれる 1.6/1.5〔GHz〕、C バンドの
6/4〔GHz〕、Ku バンドの 14/12〔GHz〕、Ka バンドの 30/20〔GHz〕
帯などが使われている★。

6.4　衛星通信の多元接続

　複数の地球局が一つの衛星にアクセスして通信することを多元接続
（Multiple Access）と呼ぶ。多元接続には周波数を分割する FDMA、
時間を分割する TDMA、符号を分割する CDMA などがあり、衛星
に搭載されている中継装置の回線を分割して多くの地球局で共用す
る。

　FDMA は、図6.6 (a)のように、複数の地球局に中継器の周波数を分
割して割り当てる方式であり、隣接局間の干渉を避けるためにガード
バンドが必要となる。一つの搬送波で一つの信号を送る **SCPC**
（Single Channel Per Carrier）と、一つの搬送波で複数の信号を多重
化して送る **MCPC**（Multiple Channel Per Carrier）がある。

★周波数は、「6/4〔GHz〕」のように、「上り回線の周波数/下り回線の周波数」
　の順番で表示する。

155

予め回線を割り当てる方式を**プリアサイメント**（pre assignment）と呼び、要求のあるごとに回線を割り当てる方式を**デマンドアサイメント**（demand assignment）方式と呼ぶ。プリアサイメント方式は通信容量の大きい地球局間の通信に用いられ、デマンドアサイメント方式は地球局の通信容量が小さく、衛星中継器を多くの地球局で共用する場合に用いられ、通信が終了すると割り当てられた回線は解消される。

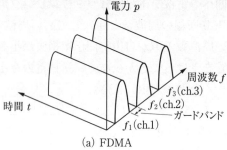

(a) FDMA

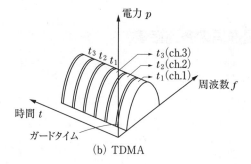

(b) TDMA

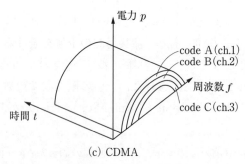

(c) CDMA

図6.6　FDMA、TDMA、CDMA のイメージ

FDMA は、同時に多数の局が使用すると中継器の入出力特性が非直線性のため通信品質が劣化することになり、中継器の増幅器の動作を飽和レベルから下げる必要があるため利用効率が低下する。

　TDMA は、図6.6(b)のように複数の地球局が同じ周波数を用いて、時間を分割して各々の信号が重複しないように衛星の中継器を使用する方式である。TDMA は厳密に時間同期をとる必要がある。各地球局の送信信号バースト（一連のパルス列）が、割り当てられた時間スロット内に収まるように、各地球局間の送信信号バーストの同期が必要である。また、TDMA 方式は各地球局の衛星上における電力が同じになるようにする必要がある。中継器を多数の局が使用すると、FDMA では中継器の利用効率が悪化するが、TDMA では一つの搬送波を複数の局が共用するので、中継器を飽和領域で使用でき、利用効率は悪化しない。

　CDMA は、図6.6(c)のようにスペクトル拡散技術により、疑似雑音符号（PN 符号）を使用することで同じ周波数を使い、時間も分割することなく一つの搬送波で多重通信ができる方式である。秘話性に富む長所があるが、広い帯域の周波数を必要とする。

6.5　VSAT システム

VSAT（Very Small Aperture Terminal）**システム**は、図6.7のように、静止衛星（中継装置をもつ宇宙局）、**ハブ局**（回線制御及び監視機能を持つ**制御地球局**）、多くの超小型地球局 VSAT で構成されている。

　ハブ局は大口径カセグレンアンテナ、VSAT には直径 1〜2〔m〕程度の小口径アンテナが使用される。使用周波数帯は Ku バンドと呼ばれる 14GHz/12GHz である。VSAT 相互では通信できないが、ハブ局を介せば通信が可能である。双方向通信が可能な衛星通信システムであり、装置が小型で可搬性が高いので、災害時の通信はもちろん、地上系通信設備が整備されていない地区との通信も容易である。海上

においても、船舶と会社間の通信や船舶乗組員と家族との通信などが容易にできる。

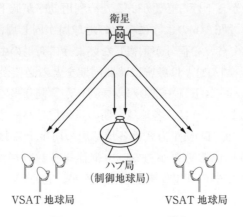

図6.7　VSATシステムの構成

> **参考** 周回衛星の軌道
>
> 　身近な周回衛星に、極軌道気象衛星「NOAA」や測位衛星「GPS」などがある。GPS衛星は地上高約 20000〔km〕の円軌道の衛星である。式(6.1)～式(6.3)に地球の半径 $r = 6370$〔km〕、地上高 $h = 20000$〔km〕、衛星の地球の中心からの距離 $d = 26370$〔km〕、重力加速度 $g = 9.8$〔m/s^2〕を代入すれば、周期、軌道上の速度の概略を次のように求めることができる。
>
> 　　周期 $T = 4.2667 \times 10^4$〔s〕= 11時間51分
> 　　速度 $v = 3.88$〔km/s〕
>
> 　厳密には、GPS衛星の周期は11時間58分で、地球の自転周期23時間56分の半分となっている。

第7章

中継方式

　長距離地上マイクロ波回線は、見通し内の直接波の電波を使用する。電波の伝搬損失、地球の曲面の影響などで、数 km～数十 km 間隔で中継局が必要になる。
　中継方式には、ヘテロダイン中継方式、検波（再生）中継方式、直接中継方式、無給電中継方式がある。

7.1　ヘテロダイン中継方式

　ヘテロダイン中継方式は図7.1に示すように、アンテナで受信したマイクロ波の信号を、増幅の容易な中間周波数に変換して増幅した後、再びマイクロ波に周波数変換して送信する方式である。回線単位で回線切換え、分岐、挿入が可能で、長距離通信用に用いられる。

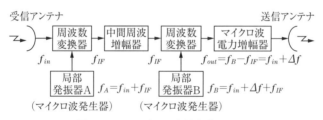

図7.1　ヘテロダイン中継方式の原理

　受信周波数と送信周波数が同じ場合は、図7.1における局部発振器AとBの周波数を同一にすればよいが、電波干渉が起きる可能性がある。
　送信周波数と受信周波数の間に Δf の周波数間隔をとるには、局部発振器Bの周波数を局部発振器Aの周波数より Δf だけ高くすると、送信周波数が受信周波数より Δf だけ高く設定され、Δf だけ低くすると送信周波数が受信周波数より Δf だけ低く設定される。

159

7.2　検波（再生）中継方式

検波（再生）中継方式は、図7.2に示すように、アンテナで受信した信号を**ベースバンド信号**★に復調し、再び変調して送信する方式である。アナログ回線においては、変調、復調のときに生じる非直線性ひずみが中継するたびに相加する。この方式は通話群の分岐や挿入が容易で、主に短距離通信に用いられる。

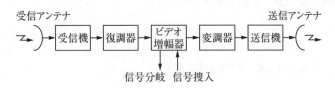

図7.2　検波（再生）中継方式の原理

デジタル変調された回線の中継では、各中継ごとにベースバンド信号に戻して、波形の整形、再生を行った後、再び変調して送信する。デジタル方式の長所は、パルス波形がひずんでも再生できることである。一方短所は、フェージングの影響を受けやすく、特に多値変調の場合は波形ひずみや雑音の影響を受けやすくなり、符号誤り率の増加につながる。

7.3　直接中継方式

直接中継方式は、受信したマイクロ波を低雑音増幅器で増幅し、受信周波数と同じ周波数、または少し周波数を変えて再送信する方式である。図7.3に示す直接中継方式は、周波数偏移局部発振器で送信周波数を変化させる形式のものである。

★ベースバンド信号：音声やパルス信号などのように、変調された信号になる前の元の信号

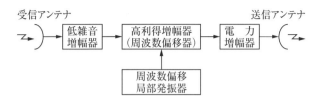

図7.3　直接中継方式の原理

7.4　無給電中継方式

無給電中継方式は、反射板を設置して電波を反射させるだけの中継方式である。電力損失は反射板が大きいほど小さくなり、反射板の大きさが一定の場合、反射板への電波の入射角（反射角）が小さいほど、及び電波の波長が短いほど、利得が大きくなる。また、中継距離をできるだけ短くすることが必要となる。反射板は大きな反射板を山頂に設置するような場合、風対策なども必要となる。

7.5　2周波中継方式

マイクロ波は波長が短いため、利得が高く指向性の鋭いパラボラアンテナのような立体形アンテナを使用することができる。そのため、送信波を目的とする方向にのみ放射することができる。受信用アンテナを、目的の送信局のアンテナの方向に向けることによって、目的とする電波のみを受信することができる。

2周波中継方式は、図7.4に示すように、各中継所の上り、下りの中継器に同一の送信周波数、同一の受信周波数を使う方式で、周波数を2波しか使用しないため周波数の有効利用が可能となる。

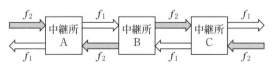

図7.4　2周波中継方式

2周波中継方式では、図7.5に示すように、中継所のアンテナ相互間で**オーバリーチ**などの**電波干渉**が起こることがある。

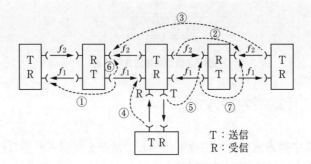

① 送信アンテナフロント−バック結合　⑤ 送信アンテナフロント−サイド結合
② 受信アンテナフロント−バック結合　⑥ アンテナサイド−サイド結合
③ オーバリーチ　　　　　　　　　　　⑦ アンテナバック−バック結合
④ 受信アンテナフロント−サイド結合

図7.5　2周波中継方式における電波干渉

第8章

レーダ

　レーダ（RADAR：RAdio Detection And Ranging）は、電波を物標（目標物）に向けて発射し、その反射波によって物標の存在、距離、方向などを知ることのできる無線機器で、1930代に実用化されている。レーダは、送信機、受信機、アンテナ、距離及び方位などを指示する指示装置などから構成されている。このようなレーダを1次レーダと呼び、パルスレーダ、CWレーダなどがある。それに対して、レーダ波を検知した後、電波を再放射するレーダを2次レーダと呼んでいる。本章では、パルスレーダと車などの速度を測定できるCWレーダについて学ぶ。

8.1　パルスレーダ

　パルスレーダは、一般にマイクロ波領域の周波数（例えば、9410〔MHz〕）を使用し、大電力を必要とするので、送信機にはマグネトロンが使用される。回転する高利得のアンテナから図8.1に示すようなマイクロ波のパルス波を放射する。

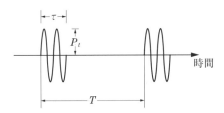

（P_t：せん頭電力、T：パルスの繰り返し周期、τ：パルス幅）

図8.1　パルスレーダの波形

　図8.1に示したパルスレーダの波形は、図8.2のようにも表現される。**せん頭電力** P_t〔W〕、**平均電力** P_m〔W〕、**パルス幅** τ〔s〕、**パルス繰り返し周期** T〔s〕の関係は次のようになる。

デューティサイクル（デューティファクタ、衝撃係数ともいう）を

$$D = \frac{\tau}{T}$$

とすると、$P_t \times \tau = P_m \times T$ であるので、

$$P_m = \frac{\tau}{T} P_t = DP_t$$

となる。

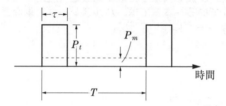

図8.2　パルスレーダの波形（せん頭電力と平均電力）

アンテナの向いている方向に物標があると、図8.3のように放射されたマイクロ波が反射して戻ってくる。反射波の強度は物標の大きさや電波の反射率によって相違する。

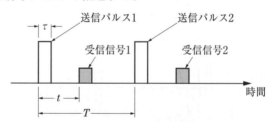

図8.3　パルスレーダの送受信信号の波形

物標までの距離を r [m]、電波の速度を c（$= 3 \times 10^8$ [m/s]）、送信パルスと受信パルス間の時間差を t [s] とすると、物標までの距離は次式で求まる。

$$r = \frac{ct}{2} \text{ [m]} \quad \cdots (8.1)$$

送信パルス1のパルスによる受信信号1が送信パルス2の送信前に受信されると距離測定ができるが、送信パルス2の送信後に受信されると距離の測定は不可能になる。したがって、パルス繰り返し周期Tの時間に相当する距離が探知可能な最大距離となる。

最大探知距離をR_{max}とすると、次式のようになる。

$$R_{max} = \frac{cT}{2} \ \text{〔m〕} \qquad\qquad \cdots(8.2)$$

周期Tと周波数fの関係は逆数の関係にあるので、式（8.2）は次のように書くことができる。

$$R_{max} = \frac{cT}{2} = \frac{c}{2f} \ \text{〔m〕} \qquad\qquad \cdots(8.3)$$

当然、パルス幅以下の距離は測定できないことになる。

実際の船舶用パルスレーダのパルス幅τは$0.1〜1$〔μs〕、パルス繰り返し周波数fは$500〜2500$〔Hz〕程度である。

8.1.1　レーダ方程式

一陸特の試験にレーダ方程式を求める問題は出題されないが、レーダを理解するには必要である。

パルスレーダの送信機の電力をP_t〔W〕とする。この送信機に利得が1の無指向性アンテナを使用して電波を発射したとすると、送信アンテナから距離R〔m〕の球面上（半径Rの球体の表面積は$4\pi R^2$となる）における単位面積当たりの電力w_0は、次式で表すことができる。

$$w_0 = \frac{P_t}{4\pi R^2} \ \text{〔W/m}^2\text{〕} \qquad\qquad \cdots(8.4)$$

同じ送信機を使用して、利得がGの送信アンテナから電波を発射したとすると、送信アンテナから距離Rの球面における単位面積当

たりの電力 w は、次式で表すことができる。

$$w = G \times \frac{P_t}{4\pi R^2} \ \text{〔W/m}^2\text{〕}$$ …(8.5)

レーダの電波が物標に当たると、物標の**実効反射面積**★σ〔m²〕に比例した電波を反射する。

電波の反射強度を p とすると、p は式（8.5）に実効反射面積を掛ければよいので、次式で表すことができる。

$$p = \sigma w = \sigma \times \frac{GP_t}{4\pi R^2} \ \text{〔W〕}$$ …(8.6)

式（8.6）の p が物標から再放射されると考え、それを送信アンテナと兼用の受信アンテナで受信するものとする。

アンテナの実効面積を A_e〔m²〕とすると、受信電力 P_r は次式で表すことができる。

$$P_r = A_e \times \frac{p}{4\pi R^2} = \frac{A_e \sigma G P_t}{(4\pi R^2)^2} \ \text{〔W〕}$$ …(8.7)

アンテナの利得 G、アンテナの実効面積 A_e、電波の波長 λ〔m〕の間には次式の関係にある。

$$G = \frac{4\pi A_e}{\lambda^2}$$ …(8.8)

上式より A_e を求めて、式（8.7）へ代入すると、受信電力 P_r は次式のように書き換えることができる。

$$P_r = \frac{A_e \sigma G P_t}{(4\pi R^2)^2} = \frac{\sigma G^2 \lambda^2 P_t}{(4\pi)^3 R^4} \ \text{〔W〕}$$ …(8.9)

★実効反射面積はコーナーレフレクタのように電波が反射しやすいように金属板などで構成されたものなどを除いて、反射面が複雑であるので、実効反射面積は大きく変動するのが普通である。

式 (8.9) を**レーダ方程式**と呼んでいる。この式から、距離 R を求めると次式になる。

$$R = \sqrt[4]{\frac{\sigma G^2 \lambda^2 P_t}{(4\pi)^3 P_r}} \ \text{(m)} \qquad \cdots (8.10)$$

8.1.2 最大探知距離

式 (8.10) において、レーダ受信機で受信可能な受信電力 P_r の最小値を P_{min} とし、そのときの距離を求めると、レーダで探知できる最大の距離(最大探知距離という)が求まる。**最大探知距離**を R_{max} とすると、R_{max} は次式で求めることができる。

$$R_{max} = \sqrt[4]{\frac{\sigma G^2 \lambda^2 P_t}{(4\pi)^3 P_{min}}} \ \text{(m)} \qquad \cdots (8.11)$$

最大探知距離を長くするには、式 (8.11) から次のようにすればよいことが分かる。

① アンテナの利得 G を大きくする。

② 波長 λ を長くする(ただし、波長を長くするとアンテナが大きくなるので自ずから限界がある)。

③ 送信電力 P_t を大きくする(パルス幅を広くすれば等価的に P_t が大きくなる。繰り返し周波数を低くする)。

④ レーダ受信機で受信できる最小受信電力 P_{min} を小さくする。そのためには受信機の感度を良く、受信機の内部雑音を小さくする必要がある。

⑤ アンテナの高さを高くする。これは式 (8.11) と関係ないが、実用的に必要なことである。

8.1.3 最小探知距離

物標を探知できる最小の距離のことである。送信パルス幅、アンテナのビームの死角(図8.4に示す)などによって決まる。送信パルスと受信パルスが重なると識別不能になる。

電波は 1 [s] で、3×10^8 [m] 進むので、1 [μs] に 300 [m] 進むことになる。レーダの電波のパルス幅を τ [μs] とすると、式 (8.1) より**最小探知距離**は、次式のようになる。

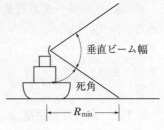

図8.4 アンテナビーム幅と死角

$$R_{min} = \frac{1}{2} \times 3\times 10^8 \times \tau \times 10^{-6} = 150\tau \text{ [m]}$$

レーダは電波を送信している間は受信することは不可能であるので、アンテナからの距離が 150τ [m] 以下の物標は探知不可能となる。

最小探知距離を小さくするためにパルス幅を短くすると、受信機の受信周波数帯幅を広くする必要があるので自ずから限度がある。

8.1.4 距離分解能

同一方向にある二つの物標を分離できる最小の距離をいう。パルス幅を τ [μs] とした場合、距離分解能は 150τ [m] となる。パルス幅が 0.1 [μs] のとき、距離分解能は 15 [m] 程度となる。

8.1.5 方位分解能

同一距離にある物標を見分けることのできる最小の角度をいう。アンテナの水平面の指向特性が狭いほど方位分解能が良くなる★。

8.1.6 レーダの表示形式

レーダの表示には多くの形式があるが、図8.5～図8.9に **A スコープ**、**B スコープ**、**E スコープ**、**PPI スコープ**、**RHI スコープ**を示す。

★船舶用レーダのアンテナのビーム幅は、水平方向が 1～1.2° 程度、垂直方向が 20° 程度である。

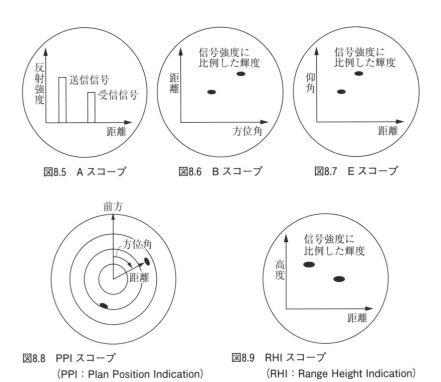

図8.5 A スコープ　　　図8.6 B スコープ　　　図8.7 E スコープ

図8.8 PPI スコープ　　　　　　　図8.9 RHI スコープ
（PPI：Plan Position Indication）　（RHI：Range Height Indication）

8.2 CW レーダ

　CW レーダは連続波を放射し、その反射波のドップラー効果を利用して、速度を計測するドップラーレーダと搬送波を周波数変調（FM）することにより速度に加えて距離も測定可能にした FM-CW レーダがある。一陸特の試験では、前者のドップラーレーダに関する問題がしばしば出題されるので、ドップラーレーダについてのみ述べる。
　ドップラーレーダはパルスレーダと比較して、送信電力は小さい。

8.2.1　ドップラー効果

　自分に近づいてくる救急車のサイレンの音は高く聞こえ、遠ざかって行くときは低く聞こえる。また、自分が乗っている電車が踏切に近

づくと、踏切の警報音の音が高く聞こえ、遠ざかる場合には低く聞こえる。

　救急車の例のように、自分に音源が近づいてくる場合も、踏切の警報音のように自分が音源に近づいていく場合も音が高く聞こえる。周波数が高くなることは波長が短くなることである。このような現象を**ドップラー効果**という。ドップラー効果は音だけでなく、電波や光でも起きる。

(1) **観測者に近づいてくる音源からの音の周波数**

　観測者に近づいてくる救急車のサイレンの音が高く聞こえるのはなぜか考えよう。図8.10において、救急車の速度を v [m/s]、サイレン音の周波数を f [Hz]、波長を λ [m]、速度を u [m/s] とする（$u>v$）。

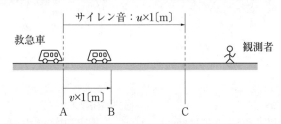

図8.10　ドップラー効果の例（救急車が観測者に近づいてくる場合）

　最初に救急車が A の位置にいるとする。1秒後に救急車は、サイレン音を鳴らしながら B の位置に移動している。その間に f 個の波を放出しているので、観測者が聞く音の波長 λ_a は次のようになる。

$$\lambda_a = \frac{u-v}{f} \qquad \cdots(8.12)$$

　$u = f\lambda$ を式 (8.12) に代入すると、波長 λ_a は次式のようになる。

$$\lambda_a = \frac{u-v}{f} = \lambda\left(1 - \frac{v}{u}\right) \qquad \cdots(8.13)$$

　上式は、観測者が聞く音の波長 λ_a は、救急車が発する音の波長 λ より短くなることを示している。したがって、観測者が聞く周波数を

f_a とすると、f_a は次式となり、サイレン音の周波数 f より高くなる。

$$f_a = \frac{u}{\lambda_a} = \frac{f\lambda}{\lambda\left(1-\dfrac{v}{u}\right)} = \frac{u}{u-v}f \qquad \cdots(8.14)$$

救急車が遠ざかる場合の観測者が聞く周波数 f_b は、救急車の速度 v の符号を逆にすれば求めることができ、次式になる。

$$f_b = \frac{u}{u+v}f \qquad \cdots(8.15)$$

(2) **音源が固定で観測者が音源に近づく場合**

音源が固定で観測者が音源に近づいて行く場合に観測者が聞く周波数を f_a'、観測者が音源から遠ざかっていく場合に観測者が聞く周波数を f_b' とすると、それらは次式のようになる。

$$f_a' = \frac{u+v}{u}f \qquad \cdots(8.16)$$

$$f_b' = \frac{u-v}{u}f \qquad \cdots(8.17)$$

8.2.2 ドップラーレーダ

自動車の速度を測定するレーダは、電波のドップラー効果を利用した**ドップラーレーダ**である。その構成図を図8.11に示す。

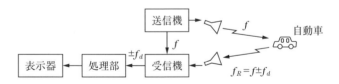

図8.11 速度測定用ドップラーレーダの構成

アンテナから発射する電波の周波数を f、自動車に電波が反射して受信される電波の周波数を f_R、**ドップラー周波数**を f_d とすると、自動車が近づいてくる場合は、$f_R = f + f_d$ となる。

図8.12のように、周波数fの電波を自動車で受けたときの周波数は、式（8.16）の音源の速度uを電波の速度cに代えて計算すればよいので、$f_a' = (c+v)f/c$になる。自動車で反射した電波をレーダ受信機で受信すると、その周波数f_Rは式（8.14）を利用して求めることができ、その値は次式となる。

$$f_R = \frac{c}{c-v} f_a' = \frac{c}{c-v} \times \frac{c+v}{c} f = \frac{c+v}{c-v} f$$

したがって、ドップラー周波数f_dは次式になる★。

$$f_d = f_R - f = \frac{c+v}{c-v} f - f = \frac{2v}{c-v} f \fallingdotseq \frac{2vf}{c} \ [\mathrm{Hz}] \quad \cdots (8.18)$$

（電波の速度cは、自動車の速度vに比べて非常に速いので、$c-v = c$として計算する）

図8.12 近づいてくる車のドップラー周波数の測定

式（8.18）から電波のドップラー周波数f_dは、自動車の走行速度に比例するので、ドップラー周波数を測定することによって、自動車の走行速度を測定することができる。

式（8.18）は自動車の正面から電波を放射する場合であるが、電波を車の進行方向と角度ϕで車に向けて放射した場合、ドップラー周波数は次式で求めることができる★★。

★式（8.18）の自動車の速度vは秒速で計算されるので、時速に直すには3600倍しなければならないので注意。

★★一陸特で出題されるのは、自動車の正面から電波を当てて測定する場合、$\cos 0° = 1$であるので、式（8.18）を使用すればよい。

$$f_d = \frac{2vf}{c} \cos\phi \ [\text{Hz}] \qquad \cdots(8.19)$$

例題 **8.1** 周波数 10〔GHz〕の電波を用いる速度測定用ドップラーレーダにより、走行する自動車の正面から測定して得られたドップラー周波数の値が 930〔Hz〕であった。このときの自動車の速度として、最も近いものを下の番号から選べ。

1 25 〔km/h〕 2 50 〔km/h〕 3 75 〔km/h〕
4 100〔km/h〕 5 125 〔km/h〕

解答 2
電波の速度を c、使用する電波の周波数を f、自動車の速度を v、ドップラー周波数を f_d とすると、$f_d = 2vf/c$ となる。

したがって、

$$v = \frac{f_d c}{2f} = \frac{930 \times 3 \times 10^8}{2 \times 10 \times 10^9} = \frac{2790}{200} = 13.95 \ [\text{m/s}]$$

1時間は3600秒であるので、時速を求めるには、13.95〔m/s〕を3600倍すればよい。

したがって、13.95 × 3600 = 50220〔m/h〕≒ 50〔km/h〕となる。

8.3 レーダ特有の電子回路

レーダで使用される特有の電子回路に STC 回路、FTC 回路、IAGC 回路などがある。

8.3.1 STC 回路

海面からの反射波が強いとレーダ画面中央部分が明るくなり過ぎて近距離にある物標が探知しにくくなる。**STC**（Sensitivity Time Control）**回路**は、レーダの近距離からの反射波に対してのみ増幅度

173

を下げる動作をさせ、映像を見やすくする回路で海面反射制御回路とも呼ばれる。

8.3.2 FTC回路

雨や雪などからの反射波により、物標が見えにくくなり識別が困難になることがある。これを防止する回路が **FTC**（Fast Time Constant）**回路**である。物標からの反射波の波形は立下りが早いが、雨や雪からの反射波はゆっくりと立ち下がる性質がある。そこで、図8.13に示すような、**時定数**★の小さい**微分回路**★★を使用することによって、雨や雪の反射波の振幅を減少させようとする回路である。

図8.13のFTC回路のスイッチをONにすると、図8.14に示すように、コンデンサの容量はC_1+C_2から容量の小さなC_1になり、抵抗の値は、抵抗値の大きなR_2から抵抗値の小さなR_1となり、応答の速い（時定数の小さな）微分回路★★★を構成する。

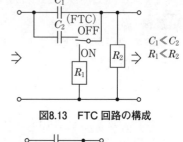

図8.13　FTC回路の構成

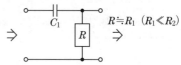

図8.14　FTC回路ONの場合の回路

8.3.3 IAGC回路

IAGC（Instantaneous Automatic Gain Control）**回路**は、瞬時自動利得制御回路と呼ばれる。大きな物標からの強い反射波が続く場合、中間周波増幅器が飽和して、微弱な信号が受信不能になることがあ

★時定数：この場合、時定数は静電容量と抵抗値の積であり、$(C_1+C_2)R_2$または$C_1 \cdot \dfrac{R_1 R}{R_1+R_2}$である。

★★微分回路：図8.13、8.14のようなコンデンサCと抵抗Rの直列回路、または図のCをRに、RをLに替えた回路。

★★★$R=R_1 R_2/(R_1+R_2)$となるが、$R_1 \ll R_2$の場合は、$R \fallingdotseq R_1$となる。

る。このようなことを防ぐために、中間周波増幅器の利得を制御する回路である。パルスレーダ受信機における IAGC 回路を図8.15に示す。

図8.15　IAGC 回路

8.4　FM−CW レーダ

CW レーダは移動体の速度測定はできるが、距離の測定はできない。CW レーダに変調をかけることにより距離の測定を可能にしたのが、FM−CW レーダである。

図8.16に FM−CW レーダの送受信信号の関係を示す。送信波を実線、受信波を点線で示す。送信波は高周波を三角波で FM（周波数変調）されている。三角波の周期を T〔s〕、最高値から最低値の値を Δf〔Hz〕とする。

レーダと物標の距離を R〔m〕、電波の速度を c〔m/s〕、送信波と受信波の時間差を t〔s〕とすると、次式が成り立つ。

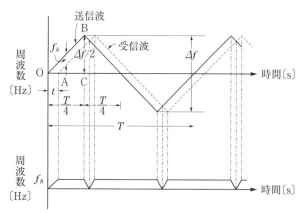

図8.16　FM−CW レーダの送受信信号（静止物標）

175

$$2R = ct \qquad\qquad\qquad \cdots(8.20)$$

A点からC点までの時間差に対して、送信波と受信波の周波数差
（**ビート周波数**）は等しくf_bとなる。

$t : f_b = T/4 : \Delta f/2$ であるので、これからtを求めると次式になる。

$$t = \frac{Tf_b}{2\Delta f} \qquad\qquad\qquad \cdots(8.21)$$

上式を式（8.20）に代入してRを求めると、次のようになる。

$$R = \frac{ct}{2} = \frac{cTf_b}{4\Delta f} \ \text{(m)} \qquad\qquad \cdots(8.22)$$

式（8.22）は、周期と振幅が既知の三角波で搬送波を周波数変調し
て、送信波と受信波のビート周波数を測定すれば、物標までの距離R
を求めることができることを示している。したがって、FM－CWレー
ダは電波高度計としても使用できる。

式（8.22）は物標が静止しているときであるが、物標が移動してい
る場合は反射信号にドップラー信号が加わることになる。

8.5　気象用レーダ

気象用レーダは、雨や雪の強さや位置、風速や風向などを観測でき
るレーダである。雨や雪の強さや位置を観測するにはマイクロ波レー
ダ、霧や雲の粒子を観測するにはミリ波レーダが使用される。

平成25年3月の気象庁の報道発表資料によると、全国20か所の気象
レーダがすべてドップラーレーダになったようである。気象ドップ
ラーレーダは、降水の強さや位置に加え雨粒や雪の動きを観測できる
ほか、竜巻などの予測もできる。また、旅客機には必ず搭載されてい
て前方の気象状態を把握して危険を回避するのに使われている。

第9章

電　源

電子機器、通信機器のほとんどは直流電源で動作するので、電池や蓄電池などの直流電源が必要となるが、電池や蓄電池を長期間連続して動作させたり、大きな容量の電池や蓄電池を容易に得ることは難しく、運用単価も高くなる。したがって、移動しないで使用する電子機器、通信機器などの電源は、交流の商用電源を直流に変換して使用する。本章では、交流を直流に変換する方法、各種電池の特徴、停電時の電源装置の概略を学ぶ。

9.1　整流回路

整流回路は、電圧を変圧器で昇圧または降圧した後、ダイオードなどの整流器を使用して交流を直流に変換する回路である。

9.1.1　変圧器

鉄心に二つのコイルを巻いたものを**変成器**と呼ぶ。変成器は電圧の変換、インピーダンスの変換などに用いられる。図9.1に示すような電圧の昇降用の変成器を**変圧器**、または**トランス**（transformer の略）という。

変圧器の1次側コイルの巻数を N_1、電圧を V_1、電流を I_1、2次側コイルの巻数を N_2、電圧を V_2、電流を I_2 とする。

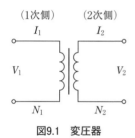

図9.1　変圧器

実際の変圧器は、コイルの巻線に使われる銅線の抵抗による損失などがあり、1次側から入力した電力が全て2次側に伝送されることはないが、ここでは損失のない理想的な変圧器であるとする。理想変圧器では、入力電力と出力電力は同じであるので、次式が成り立つ。

$$V_1 \times I_1 = V_2 \times I_2 \quad \cdots (9.1)$$

コイルの巻数と電圧及び電流の関係は次式で表すことができる。

$$V_1 : V_2 = N_1 : N_2 \quad \cdots (9.2)$$
$$I_1 : I_2 = N_2 : N_1 \quad \cdots (9.3)$$

式（9.2）と式（9.3）から次の二つの式が成立する。

$$V_2 = \frac{N_2}{N_1} V_1 \quad \cdots (9.4)$$

$$I_2 = \frac{N_1}{N_2} I_1 \quad \cdots (9.5)$$

すなわち、2次側の電圧は巻数比に比例し、電流は巻数比に反比例することになる。

9.1.2 半波整流回路

半波整流回路は図9.2に示すように、ダイオード1本で交流電圧を直流電圧に変換する回路である。変圧器の2次側の電圧を $v = V_m \sin \omega t$ とする。ダイオードが導通する期間だけ電流が流れるので、$V_m \sin \omega t$ の値が正のときだけ電流が流れ、負荷に電圧 v_L が発生する。半波整流回路の整流波形を図9.3に示した。直流分を V_d とすると、$V_d = V_m/\pi$ となる。

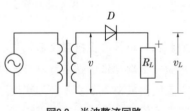
図9.2 半波整流回路

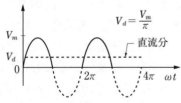
図9.3 半波整流回路の整流波形

9.1.3 全波整流回路

全波整流回路を図9.4と図9.5に示す。図9.4はダイオード2本で交流電圧を直流電圧に変換する回路である。この回路は変圧器の2次側の巻線が図9.2の半波整流回路の変圧器の2倍必要であるが、図9.5に示すようなダイオードを4本使用した回路（ブリッジ回路と呼ぶ）を使えば、図9.2の変圧器を使用して全波整流回路を構成することができる。全波整流回路の整流波形を図9.6に示す。変圧器の2次側の電圧を $v = V_m \sin \omega t$ とすると、直流分 V_d は、$V_d = 2V_m/\pi$ となり、半波整流回路の2倍になる。

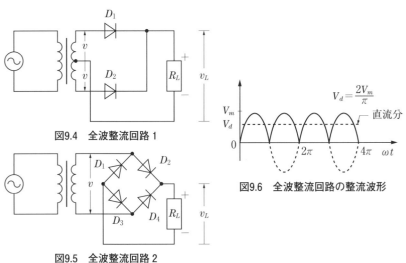

図9.4　全波整流回路 1

図9.5　全波整流回路 2

図9.6　全波整流回路の整流波形

9.1.4 平滑回路

整流回路で整流された電圧は交流成分が多く残っており、そのままでは電子機器などに使用できないので、できるだけ交流分を除去する必要がある。これを実現する回路が**平滑回路**である。平滑回路にはコンデンサ入力型とチョーク入力型がある。コンデンサ入力型の平滑回路を図9.7、その波形を図9.8に、チョーク入力型の平滑回路を図9.9に示す。コンデンサの容量 C 及びチョークコイルのインダクタンス L の値が大きいほど出力電圧が滑らかな直流になる。

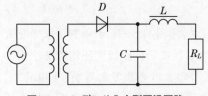
図9.7 コンデンサ入力型平滑回路

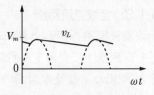
図9.8 コンデンサ入力型
平滑回路の出力波形

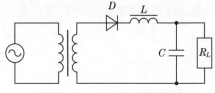
図9.9 チョーク入力型平滑回路

9.2 電池と蓄電池

　電池には、化学反応により電気を発生させる**化学電池**と、光や熱を電気に変換する**物理電池**がある。化学電池は、乾電池のように使い捨ての**1次電池**と、充放電を繰り返すことで何回も使用できる**2次電池**がある。1次電池には**マンガン乾電池やアルカリ乾電池**があり、2次電池には、**鉛蓄電池、ニッケルカドミウム蓄電池、ニッケル水素蓄電池、リチウムイオン蓄電池**などがある。これらはすべて、正極、負極、電解液で構成されている。

　物理電池には太陽電池や熱電池がある。

9.2.1 乾電池

　現在、使用されている代表的な乾電池には、マンガン乾電池とアルカリ乾電池、時計や電卓などに使用されているボタン形の**酸化銀電池**などがある。

　マンガン乾電池は正極に二酸化マンガン（MnO_2）、負極に亜鉛（Zn）、電解液に塩化亜鉛（$ZnCl_2$）水溶液を使用しており、公称電圧は 1.5〔V〕である。マンガン乾電池は間欠的に使用すると電力が回

復する性質があるので、リモコンなどのときどき使用する機器の電源に向いている。

アルカリ乾電池は正極に二酸化マンガン（MnO_2）、負極に亜鉛（Zn）、電解液に水酸化カリウム（KOH）水溶液が使用されており、公称電圧は 1.5〔V〕である。マンガン乾電池より大きな電流を流すことができるので、大きな電流を必要とするものに向いている。

酸化銀電池は、正極に酸化銀（Ag_2O）、負極に亜鉛（Zn）、電解液に水酸化カリウム（KOH）水溶液、または、水酸化ナトリウム（NaOH）水溶液を使用しており、公称電圧は 1.55〔V〕である。小型であるので、時計、電卓、体温計などに用いられる。大きな電流は取り出すことはできない。

乾電池の性能は容量 Ah（アンペア時）で評価される。

9.2.2　鉛蓄電池

正極に二酸化鉛（PbO_2）、負極に鉛（Pb）、電解液に希硫酸（H_2SO_4）を使用したものである。

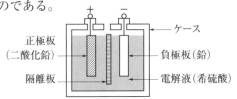

図9.10　鉛蓄電池の構造概念図

電圧はほかの蓄電池と比較して高く 2〔V〕であるが、これより高い電圧が必要な場合、例えば 12〔V〕が必要なときは、単体の電池（セル）を 6 個直列に接続して使用する。鉛蓄電池は大きな電流を取り出すことができ、**メモリ効果**★もない。短所としては、重くて、電解液に希硫酸（約30％）を使用しているので、破損した場合は危険なことがある。鉛蓄電池の劣化の原因は、主に電極の劣化である。

★メモリ効果：継ぎ足し充電（使いきらずに充電すること）を繰り返すと、以前より早く電圧が低下してしまい、使える容量が減ってくる現象のこと。

鉛蓄電池の容量は、Ah（アンペア時）★であるが、通常10時間率で表す。例えば、100〔Ah〕の容量を持つ鉛蓄電池の場合、10〔A〕の電流を10時間放電できるが、20〔A〕の電流を5時間放電することはできない。大電流で放電する場合は放電時間が短くなる。すなわち、容量が小さくなるので注意が必要である。

鉛蓄電池には、**ベント形鉛蓄電池**（**解放式鉛蓄電池**とも呼ぶ）と**制御弁式鉛蓄電池**がある。それぞれの特徴を次に示す。

① ベント形鉛蓄電池：充電中に水が蒸発し圧力が上昇するので、圧力を開放するためにベント（通気孔）が設けてある。電解液中の水分が失われるので、水を補給する必要がある。

② 制御弁式鉛蓄電池：充電中に水が電気分解されても、水素の発生を抑え、硫酸塩と水にして電解液の中に戻すので補水が不要になるためメンテナンスフリーの蓄電池として使える。**シール鉛蓄電池**とも呼ばれている。

9.2.3　ニッケルカドミウム蓄電池

正極にオキシ水酸化ニッケル（$NiO(OH)$）、負極にカドミウム（Cd）、電解液に水酸化カリウム水溶液（KOH）を使用したものである。

1セル当たりの電圧は 1.2〔V〕と鉛蓄電池の 2〔V〕と比較すると低いが、容量が大きく、大電流を流すことができるので電動工具の電源などに適している。自己放電があり、時計の電源のように消費電力が小さく長期間動作させるような用途には向かない。電圧が 0〔V〕になるまで放電しても、充電すれば回復するので過放電に強いといえる。メモリ効果が大きい。産業用のニッケルカドミウム蓄電池をアルカリ蓄電池と呼ぶこともあり、大出力放電、低温特性に優れている。

★容量を表すのに電流×時間（Ah）を用いる。Ah が同じ蓄電池でも、放電電流、または放電時間により値が異なる。通常、放電時間を指定し10時間率という言い方をし、この放電時間のことを時間率と呼んでいる。

9.2.4　ニッケル水素蓄電池

正極にオキシ水酸化ニッケル（NiO(OH)）、負極に水素吸蔵合金（MH）、電解液に水酸化カリウム（KOH）水溶液を使用したものである。

1セル当たりの電圧はニッケルカドミウム蓄電池と同じ 1.2〔V〕で、大電流を流すことができる。自己放電が大きく、時計の電源のように消費電力が小さく長期間動作させるような用途には向かない。電圧が 0〔V〕になるまで放電すると、充電しても回復しないが、過充電には強い。メモリ効果はニッケルカドミウム蓄電池より少ない。

9.2.5　リチウムイオン蓄電池

正極にコバルト酸リチウム（$LiCoO_2$）、負極に炭素（C）、電解液に有機電解液を使用したものである。

1セル当たりの電圧は 3.7〔V〕で、ほかの蓄電池と比べて高いが、大電流の放電には向かない。携帯電話端末の電源のように長期間動作させるような用途に向いている。自己放電が小さく、メモリ効果はない。過充電、過放電には弱いので保護回路が必要である。

各種電池の正極、負極、電解液などをまとめたものを表9.1に示す。

表9.1　各種電池の比較

	電池の種類	電圧	正極	負極	電解液
1次電池	マンガン乾電池	1.5〔V〕	二酸化マンガン	亜鉛	塩化亜鉛水溶液
	アルカリ乾電池	1.5〔V〕	二酸化マンガン	亜鉛	水酸化カリウム水溶液
	酸化銀電池	1.55〔V〕	酸化銀	亜鉛	水酸化カリウム水溶液又は水酸化ナトリウム水溶液
2次電池	鉛蓄電池	2〔V〕	二酸化鉛	鉛	希硫酸
	ニッカド蓄電池	1.2〔V〕	オキシ水酸化ニッケル	カドミウム	水酸化カリウム水溶液
	ニッケル水素蓄電池	1.2〔V〕	オキシ水酸化ニッケル	水素吸蔵合金	水酸化カリウム水溶液
	リチウムイオン蓄電池	3.7〔V〕	コバルト酸リチウム	炭素	非水系有機電解液

9.3 電力の変換

9.3.1 インバータ

9.1節で述べたように、交流電力を直流電力に変換するだけでなく、蓄電池などの直流電力から交流電力に変換したり、直流電力から電圧の異なる直流電力に変換する必要がある場合も多い。直流電力から交流電力に変換することを**インバータ**と呼んでいる。変換の方法として半導体を使用した静止型と電動機や発電機を使用した回転形がある。静止形の電力変換装置の電子スイッチにはトランジスタやサイリスタが用いられる。

図9.11にインバータの原理を示す。鉛蓄電池などの直流電源の電圧をスイッチング回路を使用してスイッチング（ON、OFF）する。直流電圧がスイッチングされるので、パルス状の脈流になり、これを変圧器に通すと交流に変換される。変圧器を使用することで交流電圧は昇降圧が可能になるので、ab 端子間から任意の交流電圧を得ることができる。さらに ab 端子に整流回路と平滑回路を付ければ直流電圧が得られるので、**DC－DC コンバータ**になる。

図9.11　インバータの原理

9.3.2 サイリスタ

サイリスタ（thyristor）は SCR（Silicon Controlled Rectifier）、またはシリコン整流制御素子ともいい、p 形半導体と n 形半導体を PNPN 接合させた構造のダイオードである。中間の p 形半導体にゲート電極を付けたもので、ゲートにマイナスまたはゼロボルトの電圧を加えると、ダイオードに電流は流れないが、ゲートにプラスの電圧を加えると、ダイオードのアノード（陽極）からカソード（陰極）に電

流が流れる。ある値以上の電流が流れれば、ゲート電圧を0またはマイナスにしても、ダイオードに電流は流れ続けるが、アノードの電圧が0かマイナスになれば電流が流れなくなる。サイリスタはわずかな電力で大きな電力を制御できるので、整流器のほか、スイッチング素子として用いられる。

9.4 無停電電源装置

地震や津波など、非常時に電力会社から供給されている商用電源がストップした場合、一時的に交流電力を確保するために**無停電電源装置**が必要になる。交流を出力する無停電電源装置を **UPS**（Uninterruptible Power Supply）、または **CVCF**（Constant Voltage Constant Frequency）という。これには次に示すような方式がある。

9.4.1 常時インバータ給電方式

図9.12に**常時インバータ給電方式**の原理を示す。商用電源が正常な場合は、商用電源を整流器で直流に変換し、蓄電池を浮動充電★するとともにインバータで交流に変換し、交流電力を供給する。商用電源が異常に陥った場合は、蓄電池の電力をインバータで交流に変換して交流電力を供給する。この方式は常時インバータが動作しているので損失が多い部分もあるが、電源の切り替えはスムーズに行える。

図9.12 常時インバータ給電方式

★浮動充電：蓄電池を負荷と並列に接続し、蓄電池の定格電圧より少し高い電圧で電池の放電を補う程度に充電しつつ負荷に電力供給する方法

9.4.2 常時商用給電方式

図9.13に**常時商用給電方式**の原理を示す。商用電源が正常な場合は商用電源を直接負荷に供給するとともに蓄電池も充電する。商用電源が停電したり異常事態に陥った場合は、スイッチを切り替えて蓄電池の電力をインバータで交流に変換して負荷に交流電力を供給する。この方式はインバータが動作するのは非常時のみであるので、損失は少ないが、電源の切り替え時に変動が生じることがある。

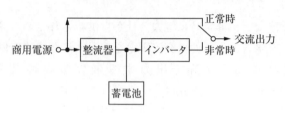

図9.13 常時商用給電方式

常時インバータ給電方式及び常時商用給電方式ともに、蓄電池からの電力供給能力には限りがあるので、長時間にわたって交流電力を負荷に供給するには無理がある。したがって、図9.14に示すような発動発電機を設備して商用電源と切り替えて使用する必要がある。ガソリンエンジンやディーゼルエンジンなどの内燃機関と**交流発電機**が直結されており、平常時においては停止しているが、商用電源の停止時や異常時には始動用蓄電池で**内燃機関**を作動させ、交流発電機で発電させた電力を商用電源の代わりに使用する。

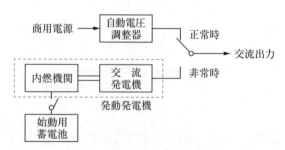

図9.14 発動発電機

第10章

電波と電磁波

　我々はテレビや携帯電話などで、毎日のように無意識に当然の如く電波を使用しているが、人間が電波を使い始めてから120年にもなっていない。1864年、イギリスのマックスウェルが電波の存在を理論的に示し、1888年にドイツのヘルツにより実験的に証明された。その後、1895年にイタリアのマルコーニが無線電信を発明し、電波を使用して通信を行った。

　その後、電波の利用分野は通信のみならず、放送、航法、測距分野などへ急速に拡がった。電波を発生させるための回路技術も飛躍的に向上し、水晶発振器の研究・製造技術の向上に伴って、利用される電波の周波数が高くなっただけでなく、周波数の確度、精度、安定度が極めて向上したことが新たな利用面を生み出すことになった。

10.1　電波

　電波法第二条に「電波とは、三百万メガヘルツ以下の周波数の電磁波をいう。」と規定されている。すなわち、電波は電磁波の一部であるということが分かる。電波の上限の周波数は定められているが、下限は定められていない。しかし、電波法第百条に、

　「左に掲げる設備を設置しようとする者は当該設備につき、総務大臣の許可を受けなければならない。

　一　電線路に十キロヘルツ以上の高周波電流を通ずる電信、電話その他の通信設備

　二　無線設備及び前号の設備以外の設備であって十キロヘルツ以上の高周波電流を利用するもののうち、総務省令で定めるもの」

とあるので、電波の下限の周波数は 10〔kHz〕程度と考えることができる。

10.1.1 電波の速度

電波の速度は光の速度★と同じで、光の速度を c とすると、光の速度は真空中では 2.99792458×10^8〔m/s〕であるが、一般に $c = 3 \times 10^8$〔m/s〕で計算すれば十分である場合が多い。

真空以外の場合の電波の速度 c は、媒質の**誘電率**を ε、**透磁率**を μ とすると、次式で表すことができる。

$$c = \frac{1}{\sqrt{\varepsilon\mu}} \qquad\qquad \cdots(10.1)$$

真空の誘電率 ε_0、透磁率 μ_0 は、それぞれ次に示す値になる。

$$\varepsilon_0 = 8.85 \times 10^{-12}\ \text{〔F/m〕} \qquad\qquad \cdots(10.2)$$
$$\mu_0 = 4\pi \times 10^{-7}\ \text{〔H/m〕} \qquad\qquad \cdots(10.3)$$

一般の媒質では、誘電率 ε と透磁率 μ の値は次式で表される。

$$\varepsilon = \varepsilon_r\,\varepsilon_0 \,、 \quad \mu = \mu_r\,\mu_0$$

ただし、$\varepsilon/\varepsilon_0$ と μ/μ_0 をそれぞれ**比誘電率** ε_r と**比透磁率** μ_r とする。磁性体でなければ $\mu_r = 1$ と考えてよいので、一般の媒質中における電波の速度 v は次式で表される。

$$v = \frac{c}{\sqrt{\varepsilon_r}} \qquad\qquad \cdots(10.4)$$

比誘電率 ε_r は 1 より大きいので、v は必ず真空中の速度より遅くなる。

★光の速度を語呂合わせで覚える方法の例として「憎くなく (29979)、二人寄れ (24) ば、いつもハッピー (58)」。

10.1.2　電波の周波数と波長

一つの波の繰り返しに要する時間を周期、1秒間に繰り返しが何回起きるかを周波数という。周期の単位は〔s〕（秒）である。周波数の次元は〔1/s〕であるが、これを〔Hz〕（ヘルツ）という単位で表す。

周期 T と周波数 f の関係は、次式で表すことができる。

$$T = \frac{1}{f} \text{ 〔s〕}　、　f = \frac{1}{T} \text{ 〔Hz〕}$$ …(10.5)

周波数に波長をかけると、1秒に波が進む距離、すなわち速度になる。これを式で表すと次のようになる。

$$c = f\lambda$$ …(10.6)

$$\therefore f = \frac{c}{\lambda} \text{ 〔Hz〕}　、　\lambda = \frac{c}{f} \text{ 〔m〕}$$ …(10.7)

上式を使用して、電波の上限の周波数の波長を求めてみると、三百万メガヘルツは 3×10^{12} 〔Hz〕であるので、波長 λ は次式のようになる。

$$\lambda = \frac{c}{f} = \frac{3 \times 10^8}{3 \times 10^{12}} = 10^{-4} \text{ 〔m〕}$$ …(10.8)

すなわち、電波の上限の周波数の波長は 10^{-4} 〔m〕であるから、0.1〔mm〕または100〔μm〕とも表現できる。同様に、電波法百条にある周波数 10〔kHz〕の電波の波長は 30〔km〕になる。電波法で電波として定義された周波数より高い周波数の電磁波を含めて電磁波を分類したものを図10.1に示す。図において、波長 1〔m〕の極超短波から上の周波数の電波を**マイクロ波**と呼ぶこともある。

第10章　電波と電磁波

189

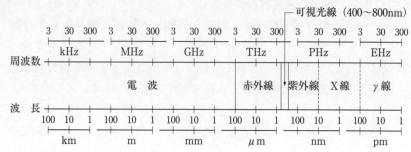

図10.1 電磁波の分類

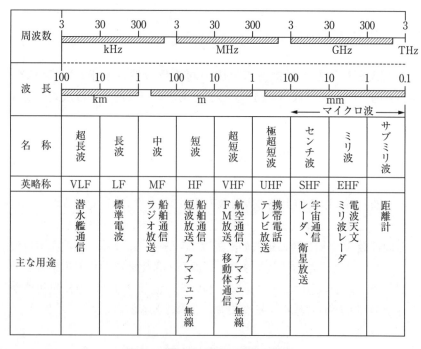

図10.2 電波の周波数と波長の範囲

10.1.3　電波の周波数と波長による名称と用途

電波は周波数（波長）によって性質が大きく変化し、それぞれの周波数に適した用途が決められている。電波の性質が周波数によって相違するのではなく、電波と媒質（大気、降雨、降雪、電離層など）との相互作用が周波数によって違うのである。

電波の周波数と波長の範囲とその名称をまとめたものを図10.2に示した。

10.1.4　縦波と横波

波が伝搬する方向を進行方向としたとき、変位（振動の方向）が進行方向と同じ向きに生じる場合を**縦波**、進行方向に直角の向きに生じる場合を**横波**という。音波の変位量は音圧であり、進行方向に変化するので縦波である。電磁波の変位量は電界と磁界で、どちらも変位の方向は電磁波の進行方向と直角になるので横波である。

10.1.5　電界と偏波面

電波の働きを考えるとき、電界、磁界という物理量を考える。電界は単位長さ当たりの電圧で表現する。すなわち、d〔m〕離れた電極の両端に V〔V〕の直流電圧が掛かったときの電極間における電界 E は、V/d〔V/m〕になる。

電磁波は電界と磁界が時間的に変化しながら伝搬する。普通は両者がともに存在し、真空中では光速度で伝わる。電界と磁界の振動方向はどちらもその進行方向に直交する面内にあり、お互いに垂直になっている。このとき電界の振動面を**偏波面**という。進行している電波のある瞬間を見た場合、電界は図10.3のように描くことができる。このように偏波面が、波の進行方向に対して一定である場合を**直線偏波**という。この偏波面が時間的に回転する場合を**円偏波**という。

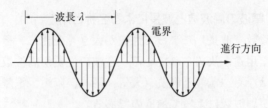

図10.3　ある瞬間の電波の電界の大きさ

　図10.4は水平面を地面とし、実線で電界の振動方向、破線で磁界の振動方向を示した。直線偏波の電波の場合、図10.4(a)に示すように電界が地面に対して垂直の場合を**垂直偏波**、図10.4(b)に示すように電界が地面に対して水平の場合を**水平偏波**という。

　偏波面は電波を受信するときに影響する。アンテナの向きを電界の振動方向に一致するように設置すると、電波の受信効率が良くなる。テレビ用のアンテナは地面に水平に据え付けることが多い。これは、多くのテレビでは放送局から水平偏波で電波が送信されていることによるからである。

　これに対して、携帯電話の基地局のアンテナは垂直に設置されている。基地局のアンテナの配置を見ると、携帯電話の電波が垂直偏波であることが分かる。なお、光の場合もこのような偏波面を考えるが、偏光と呼んでいる。

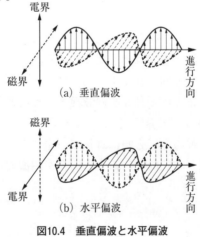

図10.4　垂直偏波と水平偏波

192

第11章

アンテナ

　アンテナは空中線とも呼ばれ、電波の送信、受信には必ず必要なものである。

　ヘルツが電波を発見したときに使用したのが超短波用のヘルツダイポールアンテナで、これが最初のアンテナである。

　多くの人々が電波を使用するようになると、混信などの対策として、指向性の強い数々のアンテナが考案されてきた。アンテナには、主に短波帯以下の周波数で使用されるダイポールアンテナ、モノポールアンテナなどの線状アンテナ、主に超短波帯〜極超短波帯で使用される八木アンテナ、2次元アレーアンテナなどのアレーアンテナ、主にマイクロ波領域で使用されるパラボラアンテナ、ホーンアンテナなどの開口面アンテナ、平面波アンテナがある。

　電波の波長が決まるとアンテナの長さが自ら決まり、波長が長ければ長いアンテナが必要になる。

　各々のアンテナに共通するのは、効率良く電波の送受信ができるようにすることである。そのためアンテナの指向性、利得、無線機器とアンテナとの整合が大きな要素になる。

11.1　アンテナの特性

　アンテナの特性を評価する項目として、入力インピーダンス、指向性、利得などがある。

11.1.1　入力インピーダンス

　送受信機とアンテナを接続するには同軸ケーブルなどの給電線や導波管などが必要である。図11.1に示すように給電点からアンテナを見たインピーダンスを**入力インピーダンス**、または、**給電点インピーダンス**という。

　入力インピーダンスを Z_i とすると、$Z_i = R + jX$ で表すことができる。ただし、Z_i の実数部の**入力抵抗** R は、アンテナの**放射抵抗** R_r と

アンテナの**損失抵抗** R_l の和、Z_i の虚数部の入力リアクタンス X は、**放射リアクタンス** X_r とアンテナ自身の持つリアクタンス X_l の和と考えることができる。

したがって、アンテナの入力インピーダンスは、次式で表すことができる。

$$Z_i = R + jX = (R_r + R_l) + j(X_r + X_l) \qquad \cdots(11.1)$$

アンテナの損失抵抗 R_l、アンテナ自身の持つリアクタンス X_l を無視すると、式（11.1）の入力インピーダンスは次式のようになる。

$$Z_i = R_r + jX_r \ [\Omega] \qquad \cdots(11.2)$$

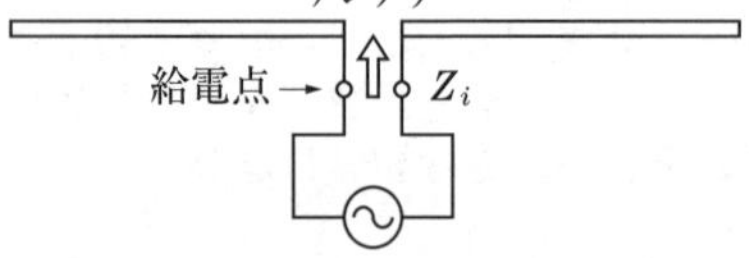

図11.1　アンテナの入力インピーダンス

11.1.2　指向性

放送局やタクシー無線の基地局などのアンテナから放射される電波のように、どの方向でも電波の強さが同じになるアンテナを**全方向性（無指向性）アンテナ**という。一方、八木アンテナやパラボラアンテナのように、放射される電波の強さが方向によって違うアンテナを**指向性アンテナ**という。

指向性はアンテナから放射される電波の電界強度が最大の点で正規化して（電界強度が最大の点を１と考える）、等距離のほかの方向での電界強度を相対的な値で示すと分かりやすい。

指向性には、アンテナ線に直角な面の指向性とアンテナ線を含む面の指向性がある。また、アンテナを地上に置いたとき、水平方向の指向性を**水平面指向性**、垂直方向の指向性を**垂直面指向性**という。

無指向性アンテナの特性（放射電波の強度が同じ点を線で表したもの）の概略を図11.2、指向性アンテナの特性の概略を図11.3に示す。θ はビーム幅または半値角と呼ばれ、主ローブ★の電界強度が、その最大値の $1/\sqrt{2}$ になる二つの方向で挟まれた角度である。E_f/E_b を前後比という。横方向のローブを**サイドローブ**、後方のローブを**バックローブ**という。

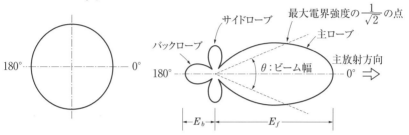

図11.2　無指向性アンテナの特性　　図11.3　指向性アンテナの特性

11.1.3　利得

アンテナの利得には、無指向性である**等方性アンテナ**（isotropic antenna）を基準とした**絶対利得**と半波長ダイポールアンテナ（11.2項参照）を基準とした**相対利得**がある。

基準アンテナ（等方性アンテナまたは半波長ダイポールアンテナ）と被測定アンテナに同じ電力を加えた場合、その利得は同じ受信点における電力の比で表される。受信点における、基準アンテナからの電力を W_0、被測定アンテナからの電力を W とすると、アンテナの利得 G は次式で表すことができる。

$$G = \frac{W}{W_0} \quad \cdots(11.3)$$

★ローブ：丸みを帯びた突出部の意

受信点における、基準アンテナからの電界強度を E_0、被測定アンテナからの電界強度を E とすると、受信電力は電界強度の2乗に比例するので、式 (11.3) は次式のようにも表現できる。

$$G = \left(\frac{E}{E_0} \right)^2 \qquad \cdots (11.4)$$

利得は以下のようにも考えることができる。

二つのアンテナの指向性が最大の方向で等距離の点における電界強度が等しいとき、基準アンテナに加えられた電力 P_0 と、被測定アンテナに加えられた電力 P の比と考えられるので、利得 G は次式で表すことができる。

$$G = \frac{P_0}{P} \qquad \cdots (11.5)$$

上式をデシベルで表すと次のようになる。

$$G = 10 \log_{10} \frac{P_0}{P} \ \text{〔dB〕} \qquad \cdots (11.6)$$

絶対利得を G_a、相対利得を G_b とすると、$G_a = 1.64 \ G_b$ の関係がある。この関係をデシベルで表すと、$10 \log_{10} 1.64 = 2.15$〔dB〕であるので次式となる。

$$G_a = G_b + 2.15 \ \text{〔dB〕} \qquad \cdots (11.7)$$

11.2 半波長ダイポールアンテナ

図11.4に示すアンテナを**半波長ダイポールアンテナ**という。このアンテナに波長 λ の電流を給電したとき、アンテナ線上には図11.5に示すような**電流分布**ができる。

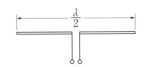
図11.4 半波長ダイポールアンテナ

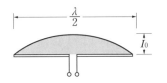
図11.5 半波長ダイポールアンテナの電流分布

11.2.1 半波長ダイポールアンテナの入力インピーダンス

半波長ダイポールアンテナの入力インピーダンスは、式 (11.2) から次のようになる。

$$Z_i = R_r + jX_r = 73.13 + j42.55 \ [\Omega] \qquad \cdots (11.8)$$

給電線を通して電力をアンテナへ効率良く送り込むには、アンテナの入力インピーダンスと給電線のインピーダンスを等しくしなければならない。給電線のインピーダンスは純抵抗であるので、アンテナのリアクタンス X_r を 0 にすることが必要になる。

放射リアクタンス X_r を 0 にするには、半波長ダイポールアンテナの長さを半波長より少し短くすれば良い（アンテナ素子の太さにより相違するが、概ね数パーセント程度短縮する）。素子を短くすることにより 42.55 $[\Omega]$ を 0 とすることができる。

11.2.2 半波長ダイポールアンテナの指向特性

半波長ダイポールアンテナのアンテナ線を含む面内の指向特性は図11.6に示すような**8字特性**になることが知られている。また、アンテナ線に直角面内の指向性は、図11.2のように円形になる。

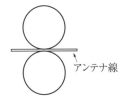
図11.6 半波長ダイポールアンテナの指向特性

11.2.3 半波長ダイポールアンテナの実効長

図11.7(a)において、斜線部分の面積 S を求めると $S = I_0 \lambda/\pi$ になる。これが同図(b)のように I_0 と面積が等しいときの h_e を**実効長**★という。したがって、$h_e I_0 = I_0 \lambda/\pi$ となるので、半波長ダイポールアンテナの実効長は次式になる。

$$h_e = \frac{\lambda}{\pi} \quad \cdots (11.9)$$

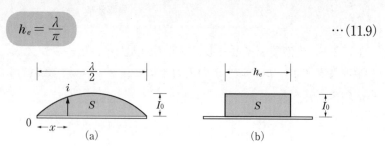

図11.7 半波長ダイポールアンテナの実効長

★一陸特の試験では、必ずしも積分を使って実効長を求めることは要求していないようである。積分を使用して実効長を求めるには次のようにすればよい。

図11.7(a)において、アンテナの0点から右側の距離 x の点の電流は、$i = I_0 \sin(2\pi x/\lambda)$ となる。

図11.7(a)の電流分布を式で表すと、$i = I_0 \sin\theta$ となる。$\lambda/2$ が π ラジアンであるので、任意の点 x における角度を θ とすると、$\lambda/2 : \pi = x : \theta$ が成立する。

したがって、$\theta = \pi x/(\lambda/2) = 2\pi x/\lambda$ となる。よって、任意の点 x における電流は、$i = I_0 \sin(2\pi x/\lambda)$ となる。

図11.7(a)の斜線部分の面積 S は次のように求める。

$$S = \int_0^{x=\frac{\lambda}{2}} i\, dx = I_0 \int_0^{x=\frac{\lambda}{2}} \sin\frac{2\pi x}{\lambda} dx = I_0 \left[-\frac{\lambda}{2\pi}\cos\left(\frac{2\pi x}{\lambda}\right) \right]_0^{\frac{\lambda}{2}}$$
$$= I_0 \left\{ \left(-\frac{\lambda}{2\pi}\cos\pi \right) - \left(-\frac{\lambda}{2\pi}\cos 0 \right) \right\} = I_0 \left(\frac{\lambda}{2\pi} + \frac{\lambda}{2\pi} \right) = \frac{I_0 \lambda}{\pi}$$

実効長を h_e とすると、定義から $h_e I_0 = I_0 \lambda/\pi$ となる。
したがって、半波長ダイポールアンテナの実効長は $h_e = \lambda/\pi$ となる。

11.3　1/4 波長垂直接地アンテナ

1/4 波長垂直接地アンテナは、半波長ダイポールアンテナの一方の素子が接地（アース）されたものであり、その電流分布を図11.8に示す。

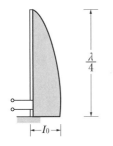

図11.8　1/4 波長垂直接地アンテナと電流分布

11.3.1　1/4 波長垂直接地アンテナの入力抵抗
1/4 波長垂直接地アンテナの入力インピーダンスは半波長ダイポールアンテナの 1/2 となるので、放射抵抗は 36.57〔Ω〕になる。

11.3.2　1/4 波長垂直接地アンテナの指向特性
1/4 波長垂直接地アンテナの指向特性は水平面内で無指向性であり、垂直面内で半楕円形である。

11.3.3　1/4 波長垂直接地アンテナの実効高
1/4 波長垂直接地アンテナの実効高 h_e は半波長ダイポールアンテナの実効長の 1/2 であるので、$h_e = \lambda/(2\pi)$ となる。

11.4　実際のアンテナ

実際のアンテナは多くの種類が存在するので、すべてを網羅することはできない。ここでは、中波（MF）、短波（HF）、超短波（VHF）、極超短波（UHF）、センチ波（SHF）、ミリ波（EHF）の周波数でよく使われているアンテナで、国家試験でしばしば出題されるアンテナを中心に述べる。

11.4.1 各周波数帯で使用されるアンテナ

図11.9に各周波数帯で使用されるアンテナの例を示す。各アンテナの上限及び下限の周波数が決まっているわけではなく、おおよその値を示している。

低い周波数で使用されるアンテナは線状アンテナが、高い周波数で使用されるアンテナは立体構造のアンテナが、主体になることが分かる。

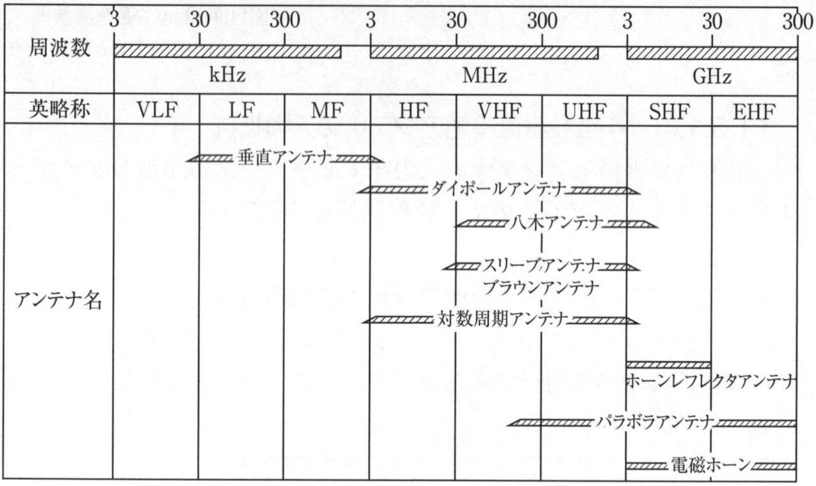

図11.9 各周波数帯で使用されるアンテナ

11.4.2 中波放送用垂直アンテナ

中波 AM 放送用のアンテナは試験で出題されることはないが、基本的な身近なアンテナであるので概略を紹介する。中波 AM 放送のアンテナは図11.10に示す**頂部負荷型垂直アンテナ**が多く使われている。このアンテナは接地された垂直アンテナ（垂直接地アンテナ）の頂上部に導線で作られた**容量環**と呼ばれるものを付

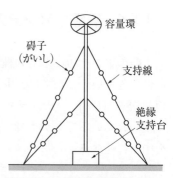

図11.10 頂部負荷型垂直アンテナ

けることによって、アンテナの実効高を高くしている。

　中波放送では、アンテナから電波を高仰角で発射すると、地上波と電離層反射波が干渉してフェージング現象を起こすことがあり、送信所から遠い地域では放送が聴きづらくなることがある。アンテナの高さを波長の0.53倍とすると、電波は低い仰角で発射され、サービスエリアを広くすることができる。このようなアンテナを**フェージング防止アンテナ**と呼んでいる。水平方向の指向性は無指向性となる。垂直アンテナの高さに対する垂直方向の放射特性の概略を図11.11に示す。

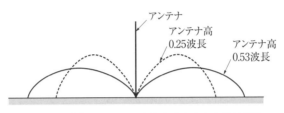

図11.11　垂直アンテナの高さと垂直方向の放射特性

11.4.3　スリーブアンテナ

　図11.12のように、同軸ケーブルの内導体を 1/4 波長だけ残して切り去ると、内導体から電波は放射されるが、外導体の内側から外側に回り込む電流があり、同軸ケーブルからも電波の一部が放射される。

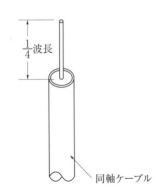 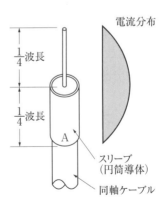

図11.12　同軸ケーブルの内導体を 1/4 波長だけ出した状態

図11.13　スリーブアンテナと電流分布

そこで図11.13に示すように、長さが 1/4 波長の**スリーブ**（套管、袖という意味）と呼ばれる銅や真鍮などで作られた円筒を取り付け、同軸ケーブルの外導体に接続する。そうするとスリーブに定在波が立ち、スリーブの先端 A で電流の定在波分布が 0 となり、半波長ダイポールアンテナと同様の電流分布になる。これを**スリーブアンテナ**と呼ぶ。スリーブアンテナの放射抵抗は半波長ダイポールアンテナと同じ約 73 〔Ω〕、水平方向の指向特性は無指向性、垂直方向の指向特性は 8 字特性となる。

11.4.4　コリニアアンテナ

スリーブアンテナを図11.14のように多段に配置したアンテナを**コリニアアンテナ**と呼び、配置した各アンテナ素子の電流が同位相になるように交互に接続してある。水平方向の指向特性は無指向性、垂直方向の指向特性はスリーブアンテナより半値幅の小さい 8 字特性となる。高利得の垂直偏波のアンテナで、防災、消防などの移動体無線向けの基地局などのアンテナとして使われている。利得（絶対利得）は 2 段コリニアアンテナで 4.15 〔dB〕、3 段コリニアアンテナで 6.15 〔dB〕ほどである。

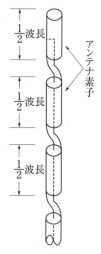

図11.14　コリニアアンテナ

11.4.5　ブラウンアンテナ

スリーブアンテナの金属円筒部の代わりに導線を使用しても同じ動作が得られる。その導線（地線といい、ここでは 4 本とする）を水平方向に開くと、図11.15 に示すようなアンテナになる。

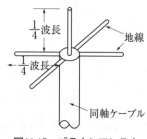

図11.15　ブラウンアンテナ

このアンテナを**ブラウンアンテナ**と呼ぶ。水平方向の指向特性は無指向性で、放射抵抗は約 20〔Ω〕であるので★、特性インピーダンスが 50〔Ω〕の同軸ケーブルを接続すると不整合を生じる。これは図11.16 に示すような方法で整合させることができるので、通常の 50〔Ω〕の同軸ケーブルを使うことができる。同図(a)は給電点を d だけずらす方法、図(b)は放射素子を折り返す方法であり、いずれも放射抵抗が高くなる。

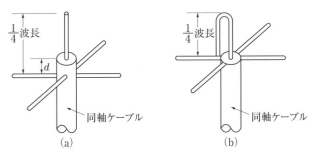

図11.16 給電線のインピーダンスと整合させたブラウンアンテナの例

11.4.6 グランドプレーンアンテナ

ブラウンアンテナの地線の代わりに、図11.17 に示すように直径が 1/2 波長より大きな導体板（地板）を取り付けると地線と同じ働きをする。すなわち、地板は大地と同様の効果があり、接地アンテナとして動作する。例えば、車の屋根は良い導体板になるので大地の代わりとなる。このようなアンテナを**グランドプレーンアンテナ**、または**ホイップアンテ**

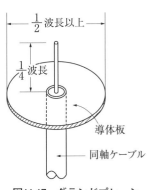

図11.17 グランドプレーンアンテナ

★放射抵抗を R_r とすると、$R_r = 80\pi^2(h_e/\lambda)^2$ で表すことができる。ただし、h_e はアンテナの実効高、λ は電波の波長とする。ブラウンアンテナの実効高 h_e は $h_e = \lambda/(2\pi)$ であるので、$R_r = 80\pi^2/(2\pi)^2 = 20$〔Ω〕となる。

ナ、もしくは**地板アンテナ**と呼び、VHF～UHF帯の移動体アンテナとして重宝されている。放射抵抗はブラウンアンテナと同じ約20〔Ω〕であるので、特性インピーダンスが50〔Ω〕の同軸ケーブルを接続するには整合させる必要がある。その例を図11.18に示す。

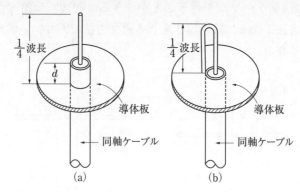

図11.18　給電線のインピーダンスに整合させたグランドプレーンアンテナの例

11.4.7　八木・宇田アンテナ

　高利得（鋭い指向性）で、超短波帯から極超短波帯まで広く使用されているアンテナの一つに**八木・宇田アンテナ**（八木アンテナ）がある。八木・宇田アンテナは東北大学の八木秀次と宇田新太郎両氏により開発されたアンテナで、テレビジョン用のアンテナとして有名であるが、通信用としても多く使われている。

　図11.19に3素子の八木・宇田アンテナの外観、図11.20に水平面内方向の指向特性を示す。電波の放射または到来方向に近い一番短い素子を**導波器**(D)、送受信機に接続する$\lambda/2$の素子を**放射器**(A)、放射器より長い素子を**反射器**(R)という。指向性を鋭くするには導波器の数を増加させればよい。テレビジョンの受信などで広い周波数帯を受信する場合は放射器に折り返しダイポールアンテナが使われる。

　八木・宇田アンテナで電波が強められる理由を図11.21を使用して説明する。

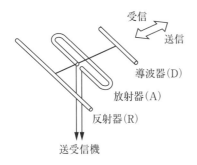

図11.19 3素子八木・宇田アンテナの外観

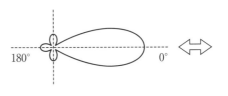

図11.20 八木・宇田アンテナの指向特性（水平面内）

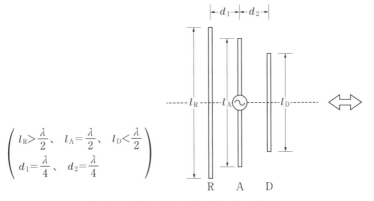

$$\begin{pmatrix} l_R > \dfrac{\lambda}{2}、 & l_A = \dfrac{\lambda}{2}、 & l_D < \dfrac{\lambda}{2} \\ d_1 = \dfrac{\lambda}{4}、 & d_2 = \dfrac{\lambda}{4} & \end{pmatrix}$$

図11.21 3素子八木・宇田アンテナの構成

　放射器(A)の長さ l_A は 1/2 波長、導波器(D)の長さ l_D は 1/2 波長より少し短く（容量性）、反射器(R)の長さ l_R は 1/2 波長より少し長く（誘導性）、放射器と反射器の間隔 d_1、放射器と導波器の間隔 d_2 はそれぞれ 1/4 波長とした3素子のアンテナとする。

　放射器から発射された電波は左右に拡がり、反射器及び導波器に電圧を誘起させる。

(1) **反射器で再放射され左側に向かう電波**

　放射器Aから左側にある反射器Rに向かう電波は、反射器に電圧を誘起させる。反射器の長さが放射器より少し長くなっており誘導性であるため、反射器に流れる電流は位相が90度遅れる。この電流

によって再放射される電波はさらに位相が90度遅れるので、合計180度遅れることになり、放射器から来た電波と逆相で打ち消し合うので反射器の左側に進む電波は弱くなる。

(2) **反射器で再放射され右側へ向かう電波**

　放射器から発射された電波は 1/4 波長離れた反射器に到達すると、(1/4 波長は90度であるので) 位相が90度遅れる。反射器の中に流れる電流は、(1)で述べたように位相が合計180度遅れることになる。反射器から再放射され、さらに90度遅れて右側に進む電波は再び 1/4 波長 (90度) 離れた放射器に到達することになるので、合計で360度 (反射器の中で180°、放射器と反射器間の電波の往復で180°) 位相が遅れることになり、放射器から右側に発射される電波と同位相になるので、電波が強められる。

(3) **導波器で再放射され右側に向かう電波**

　導波器に到達した電波は電圧を誘起させる。導波器の長さは放射器より少し短くなっており容量性であるため、導波器に流れる電流は位相が90度進む。再放射される電波の位相は導波器に流れる電流より90度位相が遅れるので、位相遅れの合計は 0 になり、再放射された電波が放射器からの電波と合成され、右側に進む電波は強められる。

(4) **導波器で再放射され左側へ向かう電波**

　放射器から 1/4 波長離れた導波器に到達した電波は位相が90度遅れるが、導波器は容量性になっているので、流れる電流の位相は90度進むことになり、この時点で位相遅れは 0 になる。導波器に流れる電流で電波を再放射するとき、位相が90度遅れ、さらに放射器に到達するのに90度遅れるので、位相遅れは180度となる。したがって、再放射の電波と放射器からの電波は逆相で打ち消し合い、導波器の左側に進む電波は弱くなる。

以上の理由で、図11.21の 3 素子八木・宇田アンテナから放射される電波は右側に向かう成分が強められ、左側には電波はほとんど出なくなる。

11.4.8 コーナレフレクタアンテナ

VHF 帯や UHF 帯の周波数のように周波数の高い電波は光に近い振る舞いをするようになる。図11.22に示すように、半波長ダイポールアンテナの後側に反射板を設置したアンテナを**コーナレフレクタアンテナ**という。通常、反射板は金属製であるが、強風が吹く環境に設置する必要があるような場合は、ダイポールアンテナに平行に $\lambda/10$ (λ は電波の波長) より小さな間隔で、導線などで、すだれ状に構成することもある。反

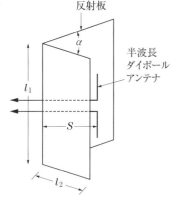

α：開き角
S：反射板の折目とダイポール
　　アンテナ間の長さ

図11.22　コーナレフレクタアンテナ

射板の大きさは波長を λ とすると、$l_1 \geq 0.6\lambda$、$l_2 \geq 2S$ 程度とされている。反射板の折り目とダイポールアンテナ間の距離 S の値を大きくすると、利得は増加するがサイドローブが増えてくる。通常 S の値は、$\lambda/4 \sim 3\lambda/4$ 程度に選ばれる。指向特性の概略を図11.23に示す。

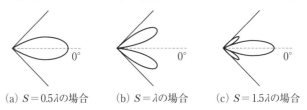

(a) $S = 0.5\lambda$ の場合　　(b) $S = \lambda$ の場合　　(c) $S = 1.5\lambda$ の場合

図11.23　コーナレフレクタアンテナの指向特性

11.4.9 対数周期アンテナ

通常のアンテナは周波数に依存する。低い周波数は波長が長くなるので送受信するには長いアンテナ、高い周波数を送受信するには短いアンテナが必要である。周波数の異なる電波を送受信しようとすると、送受信周波数に適した多くのアンテナが必要になる。周波数に対して定インピーダンスのアンテナがあれば、一本のアンテナで周波数

の異なる多くの電波を能率良く送受信することができるようになる。このようなアンテナの一つに**対数周期アンテナ**（ログペリオディックアンテナ）やディスコーンアンテナなどがある。ここでは対数周期アンテナを紹介する。図11.24に対数周期アンテナの原理図を示す。

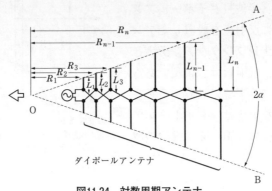

図11.24 対数周期アンテナ

図11.24において、O点からそれぞれのダイポールアンテナまでの距離を、R_1、R_2、R_3…、R_{n-1}、R_nとし、ダイポールアンテナの長さの半分をL_1、L_2、L_3…、L_{n-1}、L_nとする。

また、∠AOBを2αとする。

対数周期アンテナは、次式を満足するように素子を配置して製作する。

$$\frac{R_1}{R_2} = \frac{R_2}{R_3} \cdots \frac{R_{n-1}}{R_n} = \frac{L_1}{L_2} = \frac{L_2}{L_3} \cdots \frac{L_{n-1}}{L_n} = \tau$$

$$\left(\tan \alpha = \frac{L_n}{R_n} \right)$$

ただし、τは対数周期比と呼び、通常0.7～0.9程度とされる。

対数周期アンテナで使用できる周波数の上限はダイポールアンテナの最短の素子の長さ、周波数の下限はダイポールアンテナの最長の素子の長さに依存する。使用できる周波数帯域は最低周波数の10倍程度（例えば、100～1000〔MHz〕）までは可能である。入力インピーダンスは50～100〔Ω〕程度にすることができるので、50〔Ω〕の同軸ケー

ブルを直接接続できる。

対数周期アンテナは通信用のほか、広い帯域の周波数帯で使用可能なので、スペクトルアナライザなどの測定器用、広帯域の周波数の受信用アンテナとしても使用される。

対数周期アンテナの具体的な使用例としては、飛行機の計器着陸装置 ILS（Instrument Landing System）の一部で、滑走路への進入コースを指示する着陸援助用のローカライザ用のアンテナなどがある。また、南極観測船「ふじ」や「しらせ」に、黒色の大きな短波の回転型の対数周期アンテナが設置されていたのを記憶しておられる方も多いのではないかと思う。

11.4.10 開口面アンテナ

太陽光線を虫メガネで集めれば、容易に紙を燃やすことができるのと同じように、放物面反射鏡を利用することにより、鋭い指向性と大きな利得を持ったアンテナを実現できる。このようなアンテナが開口面アンテナで、その代表的なものにパラボラアンテナやカセグレンアンテナなどがある。

ニュートンが製作した反射望遠鏡は、図11.25に示すように、主鏡（凹面鏡）で反射させた光を、光軸上の前方に45度の角度で設置した副鏡（平面鏡）を使い望遠鏡の横から観測する方式の望遠鏡である。フランスのカセグレンは、図11.26に示すように、主鏡（凹面鏡）の光軸上の前方に副鏡（双曲面の凸面鏡）を設置し、主鏡の中央部から観測する方式の望遠鏡を製作した。

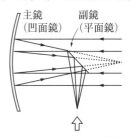

図11.25　ニュートン式反射望遠鏡

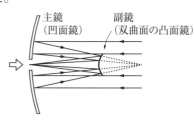

図11.26　カセグレン式反射望遠鏡

また、イギリスのグレゴリーが主鏡（凹面鏡）の光軸上の前方に副鏡（楕円面の凹面鏡）を設置し、主鏡の中央部から観測する方式の望遠鏡を製作した。これをグレゴリー式望遠鏡という。グレゴリー式望遠鏡は正立像になるので、地上用望遠鏡に適している。

パラボラアンテナやカセグレンアンテナは、これら望遠鏡の原理と同じと考えることができる。

11.4.11 パラボラアンテナ

パラボラ（parabola）は放物線という意味で、放物線を軸の周りに回転させて作った面を**放物面**と呼ぶ。**パラボラアンテナ**は図11.27に示すように、**放物面反射鏡**と**1次放射器**★から構成されるアンテナである。放物面は電波を一つの焦点に集めることができるので波長の短いマイクロ波の送受信用に適している。

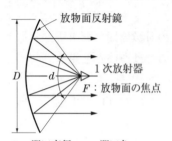

D：開口直径、d：開口角

図11.27　パラボラアンテナ

(1) 原理

パラボラアンテナは3次元のアンテナであるが、理解を容易にするため、右図のように2次元で考える。

$F(f, 0)$点を放物面反射鏡の焦点とし、焦点Fに1次放射器を設置して電波を放射するとする。

F点からパラボラアンテナの中心$O(0, 0)$点に向かい、反射して再び

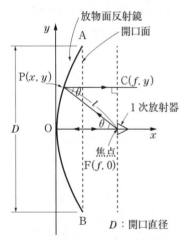

パラボラアンテナの2次元表現

★1次放射器：電波の放出や受信を行う元となるアンテナで、ダイポールアンテナやホーンアンテナである。

F点に向かう電波の通路長は $2f$ となる。

同様に、F点から P (x, y) 点に向かい、反射して C (f, y) 点に向かう電波の通路長を d、$\overline{\mathrm{FP}} = l$、$\angle\mathrm{PFO} = \theta$ とすると、d は次式で表すことができる。

$$d = \overline{\mathrm{FP}} + \overline{\mathrm{PC}} = l + l\cos\theta \qquad \cdots①$$

d と $2f$ の長さが同じになれば、電波の位相がそろい平面波として放射される。これを式で示すと次式になる。

$$d = l + l\cos\theta = 2f \qquad \cdots②$$

P $(x、y)$ 点では、$x = f - l\cos\theta$ であり、変形すると次式になる。

$$l\cos\theta = f - x \qquad \cdots③$$

また、$y = l\sin\theta$ であるからこれを変形すると、次式になる。

$$\sin\theta = \frac{y}{l} \qquad \cdots④$$

式②より、

$$l = 2f - l\cos\theta \qquad \cdots⑤$$

式⑤の両辺を2乗すると次式になる。

$$\begin{aligned}
l^2 &= (2f - l\cos\theta)^2 \\
&= 4f^2 - 4fl\cos\theta + l^2\cos^2\theta \\
&= 4f^2 - 4fl\cos\theta + l^2(1 - \sin^2\theta) \qquad \cdots⑥
\end{aligned}$$

式③と④を式⑥に代入すると、

211

$$l^2 = 4f^2 - 4f(f-x) + l^2\left(1 - \frac{y^2}{l^2}\right) \qquad \cdots ⑦$$

式⑦を整理すると、

$$l^2 = 4fx + l^2 - y^2$$
$$\therefore \quad y^2 = 4fx \qquad \cdots ⑧$$

上式は、$\mathrm{F}(f, 0)$ を焦点とする放物線を表している。

(2) 指向性

パラボラアンテナのような開口面アンテナの指向性の良否を表す
ビーム幅 θ は、電波の波長を λ 〔m〕、開口直径を D 〔m〕とすると、
近似的に次式で表すことができる。

$$\theta \fallingdotseq 70\frac{\lambda}{D} \quad 〔度〕 \qquad \cdots(11.10)$$

ビーム幅 θ は、電界強度が最大方向の $1/\sqrt{2}$（電力密度の場合は
$1/2$）になる二つの方向が挟む角度を表している（図11.3参照）。式
(11.10) は、開口直径 D を大きくするか、波長 λ が短くなれば（周波
数が高くなれば）指向性が鋭くなることを表している。

(3) 利得

パラボラアンテナの利得は絶対利得（等方性アンテナを基準とした
利得）で表されることが多く、電波の波長を λ 〔m〕、開口部の面積
を S 〔m²〕、**開口効率**を η とすると、利得 G_a は次式で表される。

$$G_a = \frac{4\pi S}{\lambda^2}\eta \qquad \cdots(11.11)$$

上式の利得をデシベル表示すると、利得 G は次のようになる。

$$G = 10\log_{10}\left(\frac{4\pi S}{\lambda^2}\eta\right) \text{〔dB〕} \qquad \cdots(11.12)$$

上式の開口部の面積 S〔m²〕を**開口直径 D**〔m〕で表すと、次のようになる。

$$S = \pi\left(\frac{D}{2}\right)^2$$

したがって、式（11.12）のかっこ内は $\pi^2 D^2 \eta/\lambda^2$ となるので、式（11.12）は次式になる。

$$G = 10\log_{10}\left(\frac{\pi^2 D^2}{\lambda^2}\eta\right) \text{〔dB〕} \quad \cdots(11.13)$$

開口効率は0.6程度である。

11.4.12　オフセットパラボラアンテナ

図11.28に示すように、パラボラアンテナの放物面の中心軸から離れた一部分を使用するアンテナを**オフセットパラボラアンテナ**（オフセットアンテナとも呼ぶ）という。パラボラアンテナでは１次放射器が放物面反射鏡の正面に設置されるので、電波の一部がブロックされるが、オフセットパラボラアンテナはこれらの欠点を解消できる。また、パラボラアンテナと比較して、１次放射器が電波をブロックしないので電波の散乱を防止できてサイドローブも少なくなり、アンテナ効率も良くなる等の特徴がある。図11.29のように、開口面を地上と

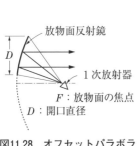

図11.28　オフセットパラボラアンテナ

図11.29　オフセットパラボラアンテナの設置

ほぼ垂直に設置することができるので、降雪にも強く、家庭用の衛星放送受信用として多く用いられている。

11.4.13 カセグレンアンテナ

図11.30に示すように、主反射鏡（放物面）とその軸上に副反射鏡（双曲面）を設置する方式のアンテナを**カセグレンアンテナ**という。カセグレンアンテナはカセグレン式反射望遠鏡を製作したフランス人のカセグレンからきている。双曲面の二つある焦点の一方 F_1 に1次放射器、他方の焦点 F_2 に主反射鏡の焦点を合わせる。

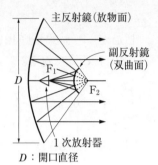

図11.30　カセグレンアンテナ

カセグレンアンテナの1次放射器の位置とパラボラアンテナの1次放射器の位置を比べると、1次放射器を放物面反射鏡に近づけることができるので給電線（導波管）を短くすることができる。開口部の大きな1次放射器を使えるので、広い周波数特性を得ることができる。電波望遠鏡や衛星通信用の大型アンテナとして用いられる。

11.4.14 グレゴリアンアンテナ

図11.31に示すように、主反射鏡（放物面）とその軸上に副反射鏡（楕円面）を設置する方式のアンテナを**グレゴリアンアンテナ**という。副反射鏡で反射した電波は主反射鏡の焦点に一度集まる。アンテナの特徴はカセグレンアンテナと似ている。

カセグレンアンテナ、グレゴリアンアンテナともに、主反射鏡の開口直径は使用する電波の波長の100倍程度で絶対利得 50～70〔dB〕、副反射鏡の

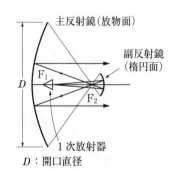

図11.31　グレゴリアンアンテナ

大きさは主反射鏡の10分1程度、開口効率 η は0.6～0.8程である。

11.4.15　ホーンレフレクタアンテナ

図11.32に示すアンテナを**ホーンレフレクタアンテナ**という。放物面反射鏡の一部を使用するので、オフセットパラボラアンテナの一種とも考えられる。1次放射器のホーンを放物面反射鏡面まで広げた構造である。

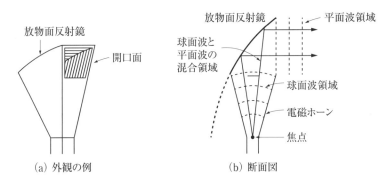

図11.32　ホーンレフレクタアンテナ

電磁ホーン（11.4.17項参照）から放射された電波は球面波であるが、放物面反射鏡で反射されて開口部から放射される電波は平面波となる。開口部以外は閉じられているので、開口部以外から電波の放射はない。開口部の形によって、角錐ホーンレフレクタアンテナ、円錐ホーンレフレクタアンテナなどがある。サイドローブが少なく、広い周波数特性を有する。ホーンの長さが長いため開口部付近のインピーダンスは空中のインピーダンスに近くなるので反射が小さくなる。直交する二つの偏波の共用が可能である。大容量の公衆通信用などに使用されている。

11.4.16　スロットアレーアンテナ

図11.33に示す方形導波管の管壁に多数のスロット（溝）を切ったアンテナを、**スロットアレーアンテナ**という。導波管の E 面（電界面）

管壁に、$\lambda_g/2$（λ_gは管内波長）間隔で、y軸との角度 $\pm\theta$で交互にスロットを切り、導波管の一方からマイクロ波を給電し、電波をスロットから漏えいさせるアンテナである。

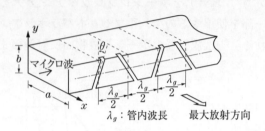

図11.33　スロットアレーアンテナ

　方形導波管の内壁の長辺をa、短辺をbとする。図11.34(a)は方形導波管の一方からマイクロ波を給電したとき、管壁に電流が流れる様子を示した図であり、$\lambda_g/2$おきに電流の向きが変わる。

　同図(b)は$\lambda_g/2$間隔でスロットを切った様子を示している。スロットの縁には図で示したようにプラスとマイナスの電荷が現れる。

　同図(c)は各スロットから放射される電波の電界の大きさとその方向を示している。電界Eは、水平方向の電界成分E_Hと垂直方向の電界成分E_Vに分けることができる。垂直方向の電界成分E_Vは$\lambda_g/2$間隔で互いに逆方向になるので相殺されるが、水平方向の電界成分E_Hは同位相になるので強められて、アンテナ全体から放射される電波は水平偏波となる。水平方向の指向性はスロット数が多いほど鋭くなる（ビーム幅が狭くなる）。垂直方向の指向性は水平方向と比べ広くなる。このような指向性を**ファンビーム**と呼ぶ。実際のアンテナのビーム幅は、水平方向が1度程度、垂直方向が10数度〜20数度程度★となり、耐風圧性もあるので船舶用のレーダアンテナなどに適している。

★スロットの角度$\theta = 0$〔度〕のときは、管壁を流れる電流がスロットを切らないので電波を放射しない。スロットの角度$\theta = 90$〔度〕のときは、隣り合うスロットからの電界は逆方向になる。通常、$\theta \leq 15$〔度〕程度で用いる。

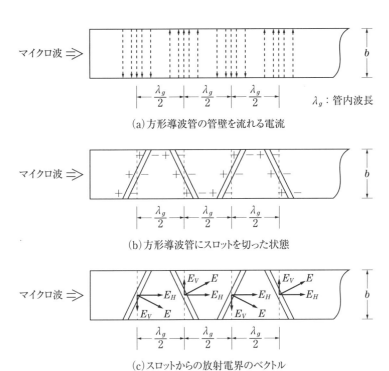

図11.34 スロットアレーアンテナ

> **例題** 11.1 次の記述は開口面アンテナのサイドローブ特性を改善する方法について述べたものである。このうち誤っているものを下の番号から選べ。
> 1 反射鏡アンテナでは、照度分布を調整して開口周辺部の照射レベルを高くする。
> 2 1次放射器から反射鏡までの電波通路が遮へい板で覆われているホーンレフレクタアンテナを採用する。
> 3 ブロッキングの要素が少ないオフセットパラボラアンテナを採用する。
> 4 反射鏡アンテナでは、鏡面精度の向上を図る。
> 5 電波吸収材を1次放射器の外周部及び支持柱に取り付ける。

解 答 1

1 反射鏡アンテナでは、照度分布を調整して、開口周辺部の照射レベルを**低く**する。

11.4.17 ホーンアンテナ（電磁ホーン）

ホーンアンテナは**電磁ホーン**とも呼ばれ、図11.35に示すように、角錐電磁ホーン、円錐電磁ホーンなどがあり、方形や円形導波管を少しずつ広げた形をしている。導波管と空間とを整合させている変成器ともいえる。開口面における波面は球面波となるため、波面と開口面との間に位相を生じ利得が低下する。利得を上げるためにはホーンの開き角を大きくできないが、空間と整合させるには開口面を大きくする必要がある。そのためホーンの長さが必然的に長くなる。ホーンアンテナは反射鏡アンテナなどの1次放射器などに使われる。

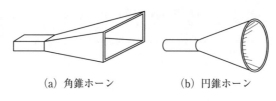

(a) 角錐ホーン　　(b) 円錐ホーン

図11.35　ホーンアンテナ

第12章

伝送線路

　送信機や受信機とアンテナを接続する線路を給電線（フィーダ）
という。給電線には以前、テレビ受像機とアンテナを接続するのに
よく使われた平行2線式線路、現在、最もよく使われている同軸
ケーブル、マイクロ波領域など高い周波数で使用される導波管など
がある。
　平行2線式線路と同軸ケーブルを伝わる電磁波は、空中を伝送す
る電波と同じTEMモードと呼ばれるモード（形態）である。導波
管は、円形や方形の金属管で作られており、導波管内を伝わる電磁
波は伝送方向に磁界成分のみを持つTEモード、または、伝送方向
に電界成分のみを持つTMモードと呼ばれるモードがある。

12.1　給電線

12.1.1　分布定数回路

　電子回路などの寸法に対して使用電波の波長が十分長い場合は、抵
抗、キャパシタ、インダクタなどは一点に集中していると考える集中
定数回路（抵抗、コンデンサ、コイルなどが目に見える部品として存
在する回路）で考えればよいが、使用電波の波長が回路の寸法と同程
度以下になる場合は、**分布定数回路**で扱われる。分布定数回路は抵抗
R、インダクタンスL、コンダクタンスG、キャパシタンスCが回路
や線路に広く分布していると考える（抵抗、コンデンサ、コイルが必
ずしも目に見えない）。分布定数回路は線路の位置によって、電圧や
電流の振幅や位相が変化する。

　図12.1は平行2線式線路の単位長当たりに、抵抗R、インダクタン
スL、コンダクタンスG、キャパシタンスCが分布している様子を示
した図である。

219

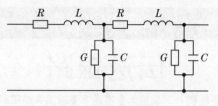

図12.1 平行2線式線路

単位長当たりのインピーダンス Z は、使用する電波の角周波数を ω とすると $Z = R + j\omega L$、アドミタンス Y は $Y = G + j\omega C$ となる。

図12.1の線路が無限に長いとすると、**特性インピーダンス**（線路が持つ固有のインピーダンスである）Z_0 は、

$$Z_0 = \sqrt{\frac{R + j\omega L}{G + j\omega C}}$$

となる。R と G が極めて小さいとすると、Z_0 は次式で表すことができる。

$$Z_0 = \sqrt{\frac{L}{C}} \ [\Omega] \qquad \cdots (12.1)$$

特性インピーダンス Z_0 は純抵抗になり、線路の長さには関係しない。

損失のない線路において、図12.2に示すように受端から l の場所のインピーダンス（ab から右側を見たインピーダンス）を Z とすると、Z は次式で表すことができる。

$$Z = Z_0 \frac{Z_r + jZ_0 \tan\beta l}{Z_0 + jZ_r \tan\beta l} \qquad \cdots (12.2)$$

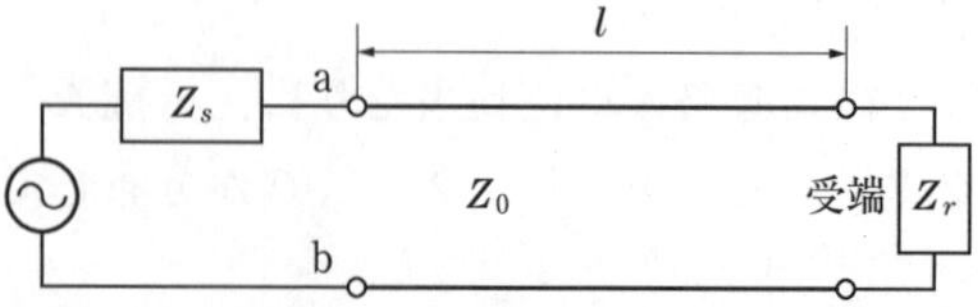

図12.2 無損失線路

ただし、Z_0 は線路の特性インピーダンス、Z_r は負荷インピーダンスとし、β は位相定数で、$\beta = 2\pi/\lambda$ である★。

図12.3に示すような受端が短絡された無損失平行2線式線路において、線路の特性インピーダンスを Z_0、入射波の波長を λ〔m〕及び線路の長さを l〔m〕としたときの送端から見たインピーダンスを考えよう。

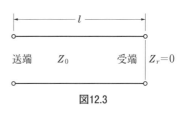

図12.3

受端が短絡されているので、$Z_r = 0$ として計算する。

(1) $l = \lambda/4$ のときのインピーダンス Z は、$\tan \beta l = \infty$★★であるので、

$$Z = Z_0 \frac{Z_r + jZ_0 \tan \beta l}{Z_0 + jZ_r \tan \beta l} = Z_0 \frac{0 + jZ_0 \tan \frac{\pi}{2}}{Z_0 + 0} = \infty$$

すなわち、受端が短絡しているとき、受端から $l = \lambda/4$ の場所のインピーダンスは無限大になる。

(2) 線路の長さが、$l = \lambda/6$ は、$0 < l < \lambda/4$ 内にあり、計算が容易な $l = \lambda/6$ の位置におけるインピーダンス Z を求めると、$\tan \beta l = \sqrt{3}$★★★であるので、

★図のように ab 間が一波長 λ〔m〕であれば 2π〔rad〕である。任意の長さ l のときの角度を θ とすると、次の式が成立する。
$\lambda : 2\pi = l : \theta$　よって、

$$\theta = \frac{2\pi}{\lambda} l$$

となる。

★★ $\tan \beta l = \tan\left(\frac{2\pi}{\lambda} \times \frac{\lambda}{4}\right) = \tan \frac{\pi}{2} = \infty$

★★★ $\tan \beta l = \tan\left(\frac{2\pi}{\lambda} \times \frac{\lambda}{6}\right) = \tan \frac{\pi}{3} = \sqrt{3}$

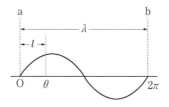

$$Z = Z_0 \frac{Z_r + jZ_0 \tan\beta l}{Z_0 + jZ_r \tan\beta l} = Z_0 \frac{0 + jZ_0 \tan\frac{\pi}{3}}{Z_0 + 0} = j\sqrt{3}\,Z_0$$

すなわち、$0 < l < \lambda/4$ の範囲では、誘導性のリアクタンスになることを表している。

(3) $\lambda/4 < l < \lambda/2$ 内で計算が容易な $l = \lambda/3$ の位置におけるインピーダンス Z を求めると、$\tan\beta l = -\sqrt{3}$ であるので、

$$Z = Z_0 \frac{Z_r + jZ_0 \tan\beta l}{Z_0 + jZ_r \tan\beta l} = Z_0 \frac{0 + jZ_0 \tan\frac{2\pi}{3}}{Z_0 + 0} = -j\sqrt{3}\,Z_0$$

すなわち、$\lambda/4 < l < \lambda/2$ の範囲では、容量性のリアクタンスになることを表している。

(4) $l = \lambda/2$ の位置のインピーダンス Z を求めると、$\tan\beta l = 0$ であるので、

$$Z = Z_0 \frac{Z_r + jZ_0 \tan\beta l}{Z_0 + jZ_r \tan\beta l} = Z_0 \frac{0 + jZ_0 \tan\pi}{Z_0 + 0} = 0$$

すなわち、受端が短絡しているとき、受端から $\lambda/2$ の場所のインピーダンスはゼロになる。

12.1.2　平行2線式線路

平行2線式線路は図12.4に示すように、2本の導線が平行に位置している伝送線路である。

導線の直径を d 〔m〕、中心間距離を D 〔m〕、空気の比誘電率 ε_s を $\varepsilon_s = 1$ とすると、その特性インピーダンス Z_0 は次式で表される。

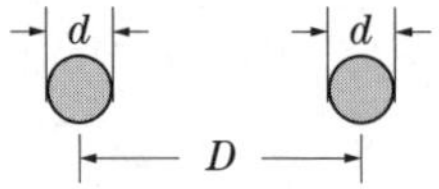

図12.4　平行2線式線路

$$Z_0 = 277 \log_{10} \frac{2D}{d} \ [\Omega]$$ ···(12.3)

この式は、平行2線式線路の単位長さ当たりのインダクタンス L とキャパシタンス C をそれぞれ、

$$L = \frac{\mu_0}{\pi} \log_e \frac{2D}{d} \ [\text{H/m}], \quad C = \frac{\pi \varepsilon_0 \varepsilon_s}{\log_e(2D/d)} \ [\text{F/m}]$$

として、これを式 (12.1) に代入すれば求めることができる。ただし、μ_0 は真空中の透磁率、ε_0 は真空中の誘電率である。また、自然対数 $\log_e$ を常用対数 $\log_{10}$ に変換する必要がある。

12.1.3 同軸ケーブル

同軸ケーブルは図12.5のように、銅線の内導体、ポリエチレンなどの誘電体(絶縁物)、銅の網線などでできた外導体で構成されている。

外導体の内径を D [m]、内導体の外径を d [m] とし、内導体と外導体間に充填されている誘電体の比誘電率を ε_s とすると、同軸ケーブルの特性インピーダンス Z_0 は次式で表される。

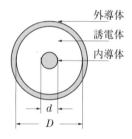

図12.5 同軸ケーブル

$$Z_0 = \frac{138}{\sqrt{\varepsilon_s}} \log_{10} \frac{D}{d} \ [\Omega]$$ ···(12.4)

上式は、同軸ケーブルの単位長さ当たりのインダクタンス L とキャパシタンス C を、

$$L = \frac{\mu_0}{2\pi} \log_e \frac{D}{d} \ [\text{H/m}], \quad C = \frac{2\pi \varepsilon_0 \varepsilon_s}{\log_e(D/d)} \ [\text{F/m}]$$

として式 (12.1) に代入すれば求めることができる。ただし、μ_0 は真空中の透磁率、ε_0 は真空中の誘電率とする。

　実際の同軸ケーブルの特性インピーダンスを計算してみよう。ある電線メーカの同軸ケーブル 5D2V と 5C2V の内導体の外径と外導体の内径は表12.1のとおりである。

表12.1　同軸ケーブルの内導体外径と外導体の内径

同軸 ケーブル名	特性イン ピーダンス	内導体 外径 d	外導体 内径 D
5D2V	50〔Ω〕	1.4mm	4.8mm
5C2V	75〔Ω〕	0.8mm	4.9mm

　誘電体のポリエチレンの比誘電率を仮に $\varepsilon_s = 2.2$ として、特性インピーダンス Z_0 を計算してみると、

5D2V では、

$$Z_0 = \frac{138}{\sqrt{\varepsilon_s}} \log_{10} \frac{D}{d} = \frac{138}{\sqrt{2.2}} \log_{10} \frac{4.8}{1.4} = 49.8 \,〔Ω〕$$

5C2V では、

$$Z_0 = \frac{138}{\sqrt{\varepsilon_s}} \log_{10} \frac{D}{d} = \frac{138}{\sqrt{2.2}} \log_{10} \frac{4.9}{0.8} = 73.2 \,〔Ω〕$$

となる。

　同軸ケーブルの外導体の内径 D と内導体の外径 d の比 (D/d) が変化すると特性インピーダンスがどの程度変化するかを示したのが図12.6である。D/d が大きくなると、特性インピーダンスも増加する。同じ太さの同軸ケーブルならば、インピーダンスの大きなケーブルは内導体が細くなることを示している。

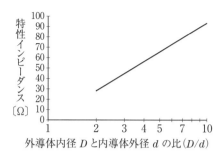

図12.6 同軸ケーブルの外導体内径と内導体外径の比と特性インピーダンス

同軸ケーブルを伝わる電波は、空中を伝わる電波と同じモード（形態）で、伝送方向に電界成分も磁界成分も持たない **TEM**（Transverse Electric and Magnetic wave）モードと呼ばれるモードである。

同軸ケーブルは**不平衡形★**の給電線で、図12.7のような構造になっている。

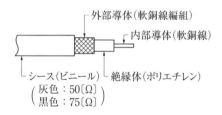

図12.7 同軸ケーブルの構造

同軸ケーブルは日本工業規格（JIS）表示による型番が付けられている。例えば、5D2V という型番の同軸ケーブルの数字及びアルファベットの意味するものを示したのが表12.2である。

★不平衡形：同軸ケーブルは外部導体をアース（接地）して使用する。すなわち、0〔V〕の電位が一方の導体に偏っている。これに対して 0〔V〕の電位が両導体の中央にある場合を平衡形といい、平行2線式給電線などがある。

表12.2　5D2V の数字及びアルファベットの意味

英数字	意　味
5	外部導体の内径（＝絶縁体の外径）の概略を〔mm〕単位で表す
D	特性インピーダンスを表す：Dは 50〔Ω〕、Cは 75〔Ω〕
2	絶縁体の材料を表す：2はポリエチレン、Fは発泡ポリエチレン
V	Vは一重導体編組、Wは二重導体編組、Bは両面アルミ箔貼付プラスチックテープを表す

　表12.2から、5D2V は外部導体の内径が約 5〔mm〕、特性インピーダンス 50〔Ω〕、絶縁体がポリエチレン製で、図12.7の一重シールド構造の同軸ケーブルであることが分かる。

　同軸ケーブルは不平衡形で、平衡形の半波長ダイポールアンテナにそのまま接続すると、不要放射などの原因になる。これを避けるため平衡－不平衡変換器**バラン**★を挿入する。

12.2　給電線と整合

　送信機（または受信機）とアンテナを接続するのが給電線（フィーダ）である。給電線には、平行 2 線式ケーブル、現在、最もよく使われている同軸ケーブル、マイクロ波領域など高い周波数で使用される**導波管**などがある。

　給電線の特性インピーダンスと負荷（アンテナなど）のインピーダンスが異なると反射波が生じ、伝送効率が低下するばかりでなく信号の歪みも増加するので、なるべく反射波が少なくなるように両方のインピーダンスを整合させることが重要になる。

★バラン（balun：balanced to unbalanced transformer）は平衡、不平衡変換器である。半波長ダイポールアンテナは平衡形で、同軸ケーブルは不平衡形であり、直接接続すると不要放射などが生じるので、バランを挿入して平衡不平衡の整合をとる。この場合の整合をモード整合という。

送信の場合は給電線から漏えいする電波を最小限に抑える必要があり、受信の場合は給電線で雑音を拾わないようする必要があるが、同軸ケーブルはこれらを満たすように作られている。

12.2.1　最大出力を取り出す条件

直径が相違する水道管を無理矢理接続すると水漏れが起こるように、送信機（または受信機）とアンテナを同軸ケーブルで接続する場合、インピーダンスが相違すると、送信電力の一部がアンテナから反射され戻ってくる。これを避けるために整合をとる必要がある。

図12.8に示す回路において、負荷抵抗 R_L で取り出すことのできる電力を最大にする条件は、$R_L = R_S$ である（2.1.8項参照）。すなわち、負荷抵抗と内部抵抗を等しくしたときに、取り出すことのできる電力を最大にすることができる。これらのことは抵抗がインピーダンスになっても同じことがいえる。

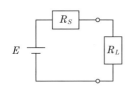

図12.8　負荷抵抗 R_L と最大電力

12.2.2　同軸ケーブルのインピーダンスとアンテナのインピーダンス（放射抵抗）の整合

図12.9のような、送信機の電力を同軸ケーブルを通してアンテナに送り、電波を放射することを考える。送信機と給電線は**整合**がとれており、給電線とアンテナは整合がとれていないとする。

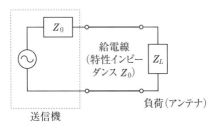

図12.9　送信機、同軸ケーブルとアンテナを接続した回路

(1) 定在波と電圧定在波比

　同軸ケーブルの特性インピーダンス Z_0 とアンテナのインピーダンス Z_L の値が等しくないときは、送信機からの電力（入射波）はアンテナに送り込まれるが、その電力の一部が反射波となって戻ってくる。この場合、**入射波**と**反射波**が干渉し、**定在波**★が発生する。

　入射波の電圧を V_i、反射波の電圧を V_r とすると、**反射係数** Γ は次式で定義される。ただし、反射係数には電流反射係数もあり、その場合は符号が逆になるので、通常絶対値として次のように表す。

$$|\Gamma| = \frac{V_r}{V_i} \qquad \cdots(12.5)$$

　入射波と反射波が同位相の場合は強められて電圧が増加する。電圧の最大値を V_{max} とする。入射波と反射波が逆位相の場合は弱められて電圧が減少する。電圧の最小値を V_{min} とする。V_{max}、V_{min} は次のように求めることができる。

$$V_{max} = V_i + V_r \qquad \cdots(12.6)$$
$$V_{min} = V_i - V_r \qquad \cdots(12.7)$$

　反射係数 Γ は次式で表すこともできる。

$$\Gamma = \frac{Z_L - Z_0}{Z_L + Z_0} \qquad \cdots(12.8)$$

　式（12.6）と式（12.7）を式（12.5）を使用して書き換えると次式になる。

$$V_{max} = V_i + V_r = V_i\left(1 + \frac{V_r}{V_i}\right) = V_i(1 + |\Gamma|) \qquad \cdots(12.9)$$

★一般の波は時間とともに移動するが、定在波は波全体が一定の場所にとどまっているように見える波である。

$$V_{\min} = V_i - V_r = V_i\left(1 - \frac{V_r}{V_i}\right) = V_i(1 - |\Gamma|) \qquad \cdots(12.10)$$

ここで、**電圧定在波比**（VSWR：Voltage Standing Wave Ratio）を S とすると、上2式より S は次のように定義される。

$$S = \frac{V_{\max}}{V_{\min}} = \frac{1 + |\Gamma|}{1 - |\Gamma|} \qquad \cdots(12.11)$$

① **全部反射される場合**

入射波が全部反射されると、$|\Gamma| = 1$ であるので、

$$S = \frac{1 + |\Gamma|}{1 - |\Gamma|} = \frac{1 + 1}{1 - 1} = \frac{2}{0} = \infty$$

すなわち、入射波の全部が反射されることはアンテナから電波が放射されないことを示している。

② **反射が全くない場合**

反射波が全くない場合は、$|\Gamma| = 0$ であるので、

$$S = \frac{1 + |\Gamma|}{1 - |\Gamma|} = \frac{1 + 0}{1 - 0} = 1$$

$S = 1$ の場合、給電線の特性インピーダンスとアンテナのインピーダンスが等しくなり定在波は存在しなくなるので、完全に整合がとれている状態であることを示している。しかし、実際は $S = 1$ にすることは難しいので、なるべく1に近くなるように調整する。

(2) **定在波の分布**

同軸ケーブルの特性インピーダンス Z_0 の値と負荷（アンテナ）のインピーダンス Z_L の値を変化させると、生じる定在波はいろいろな形になる。

例として、(a) Z_L を開放（$Z_L = \infty$）した場合、(b) $Z_L = 2Z_0$ の場合、(c) $Z_L = Z_0$ の場合を図示したのが図12.10である（理解しやすいように、Z_L、Z_0 とも純抵抗として考える）。

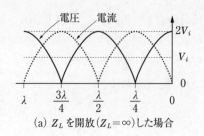
(a) Z_L を開放($Z_L=\infty$)した場合

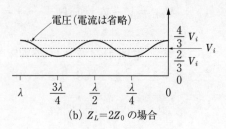
(b) $Z_L=2Z_0$ の場合

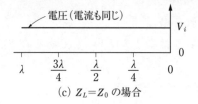
(c) $Z_L=Z_0$ の場合

図12.10 定在波の分布

① Z_L を開放（$Z_L=\infty$）した場合の定在波の分布（図12.10(a)）。

式（12.8）と式（12.11）を使用して、反射係数 $\varGamma$ と電圧定在波比 S を求めると次のようになる。

$$\varGamma = \frac{Z_L - Z_0}{Z_L + Z_0} = \frac{Z_L/Z_L - Z_0/Z_L}{Z_L/Z_L + Z_0/Z_L} = \frac{1-0}{1+0} = 1$$

$$\therefore\ S = \frac{1+|\varGamma|}{1-|\varGamma|} = \frac{2}{0} = \infty$$

$\varGamma=1$ は入射波がすべて反射することであり、その場合の電圧定在波比 S は無限大となる。このときの最大電圧 $V_{\max}$ と最小電圧 $V_{\min}$ は次のようになる。

$$V_{\max} = V_i + V_r = V_i(1+\frac{V_r}{V_i}) = V_i(1+|\varGamma|) = 2V_i$$

$$V_{\min} = V_i - V_r = V_i(1-\frac{V_r}{V_i}) = V_i(1-|\varGamma|) = 0$$

② $Z_L = 2Z_0$ の場合の定在波の分布（図12.10(b)）。

$$\Gamma = \frac{Z_L - Z_0}{Z_L + Z_0} = \frac{2Z_0 - Z_0}{2Z_0 + Z_0} = \frac{Z_0}{3Z_0} = \frac{1}{3}$$

$$\therefore \quad S = \frac{1 + |\Gamma|}{1 - |\Gamma|} = \frac{1 + 1/3}{1 - 1/3} = 2$$

$\Gamma = 1/3$、すなわち、入射波の3分の1が反射波となる場合の電圧定在波比 S は2となる。そのときの最大電圧 $V_{\max}$ と最小電圧 $V_{\min}$ は次のようになる。

$$V_{\max} = V_i (1 + |\Gamma|) = \frac{4}{3} V_i$$

$$V_{\min} = V_i (1 - |\Gamma|) = \frac{2}{3} V_i$$

③ $Z_L = Z_0$ の場合（図12.10(c)）。

給電線とアンテナのインピーダンスが同じ（整合している）場合、

$$\Gamma = \frac{Z_L - Z_0}{Z_L + Z_0} = \frac{Z_0 - Z_0}{Z_0 + Z_0} = 0$$

$$S = \frac{1 + |\Gamma|}{1 - |\Gamma|} = \frac{1 + 0}{1 - 0} = 1$$

$\Gamma = 0$ であるから、送信機からの電力はすべてアンテナから放射され、反射波がない理想的な状態で電圧定在波比 $S = 1$ となる。そのときの最大電圧 $V_{\max}$ と最小電圧 $V_{\min}$ は、次のようになる。

$$V_{\max} = V_i (1 + |\Gamma|) = V_i$$
$$V_{\min} = V_i (1 - |\Gamma|) = V_i$$

すなわち、最大電圧と最小電圧が同じになり定在波は存在しない。

例 題 12.1

次の記述は、アンテナと給電線との接続について述べたものである。このうち誤っているものを下の番号から選べ。

1　アンテナと給電線のインピーダンスの整合をとるには、アンテナの放射抵抗と給電線の特性インピーダンスを等しくする。

2　半波長ダイポールアンテナと不平衡形の同軸ケーブルを接続するときは、バランを接続する。

3　アンテナと給電線のインピーダンスが整合していないと、伝送効率が悪くなる。

4　アンテナと給電線のインピーダンスが整合していないと、給電線に定在波が発生する。

5　アンテナと給電線のインピーダンスが整合していないと、反射損が生じるので、ローパスフィルタを用いて防止する。

解 答　5

5　ローパスフィルタは、ある周波数より低い周波数を通し、それより高い周波数を阻止する回路である。したがって、整合がとれていない場合に生じる反射損は防止できない。

12.3　導波管

12.3.1　方形導波管

導波管は電磁波を金属管内を伝送させるものである。図12.11(a)に内壁の長辺 a 短辺 b の**方形導波管**を示す。コンデンサ同様、対辺距離の短い方に強い電界を生じるので、同図(b)のように y 方向の電界成分が主となる。この電界分布を TE_{10} モードと呼ぶ。添え字の「1」は x 方向に電界が密になる部分（山）が一つ、「0」は y 方向には密になる部分はないことを示している。

同図(c)のように、x方向には山が一つあればよいので、電磁波の波長をλとすると、$a = \lambda/2$ の関係が必要となる。$a = \lambda/2$ のときの波長を**遮断波長**（$\lambda_c = 2a$）という。導波管は、遮断波長より長い波長の電磁波は伝送することはできないので、一種の高域通過フィルタであるといえる。

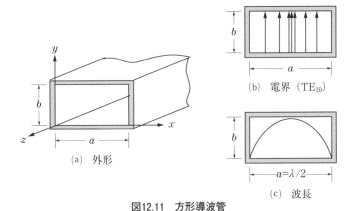

図12.11　方形導波管

　図12.12は導波管の長辺方向を上から見た図である。電磁波は導波管の寸法と波長で決まる角度で、管壁で反射を繰り返しながら伝搬する。反射点で位相が逆になる。実線で示した波面は正、破線で示した波面は負とする。導波管内における電磁波の波長（管内波長λ_gという）は、空間の波長の値とは異なる。電界、磁界の最大最小値は$\lambda_g/2$ ごとに生じている。

　なお、導波管内を伝わる電磁波は伝送方向に磁界成分のみを持つ**TE**（Transverse Electric wave）**モード**、または、伝送方向に電界成分のみを持つ**TM**（Transverse Magnetic wave）**モード**と呼ばれるモードである。

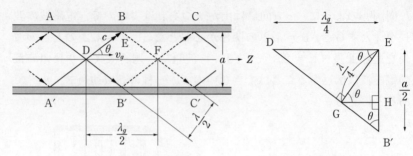

図12.12 導波管内の電波　　図12.13 導波管長辺 a と波長の関係

図12.13は図12.12の DEB′ を拡大したものである。これから、

$$\cos\theta = \frac{\overline{\mathrm{EG}}}{\overline{\mathrm{DE}}} = \frac{\lambda/4}{\lambda_g/4} = \frac{\lambda}{\lambda_g}$$

$$\sin\theta = \frac{\overline{\mathrm{EG}}}{\overline{\mathrm{B'E}}} = \frac{\lambda/4}{a/2} = \frac{\lambda}{2a}$$

これらを使用して、管内波長 λ_g を求めると次式になる。

$$\lambda_g = \frac{\lambda}{\cos\theta} = \frac{\lambda}{\sqrt{1-\sin^2\theta}} = \frac{\lambda}{\sqrt{1-\left(\frac{\lambda}{2a}\right)^2}} \quad \cdots(12.12)$$

上式において $\lambda = 2a$ とすると $\lambda_g = \infty$ となり、電磁波は伝搬できなくなる。このときの λ を遮断波長といい、λ_c とおけば

$$\lambda_c = 2a \ [\mathrm{m}]$$

の関係がある。遮断波長の周波数を遮断周波数といい、これを f_c とすれば、$f_c = c/\lambda_c = c/(2a)$ である。

管軸 z 方向に伝搬する速度 v_g は、電磁波が空間を伝搬する速度を c とすると、$v_g = c \times \cos\theta$ となる。すなわち、空間を伝わる電磁波の速度より遅くなる。この v_g を**群速度**といい、エネルギーが伝搬する速度である。

群速度 v_g は、

$$v_g = c\cos\theta = c\sqrt{1-\left(\frac{\lambda}{2a}\right)^2} < c \qquad \cdots(12.13)$$

管内波長 λ_g を使用して導波管内の電磁波の速度を求めると、$f\lambda_g$ となる。周波数 f は変化しないので、管内波長は空間の波長より長くなり、空間を伝送する速度より速くなる。これを**位相速度** v_p といい、次式で表すことができる。

$$v_p = f\lambda_g = \frac{f\lambda}{\cos\theta} = \frac{c}{\sqrt{1-\left(\frac{\lambda}{2a}\right)^2}} \qquad \cdots(12.14)$$

電磁波の群速度と位相速度の間には次式の関係がある。

$$v_g\, v_p = c^2 \qquad \cdots(12.15)$$

導波管に工夫を加えると、リアクタンス素子として動作させることができる。例えば、図12.14のように金属板を挿入することにより、キャパシタンスとして動作する。電界と直角に隙間があると、電界に平行に流れる電流が遮断されるので、コンデンサとして動作する。

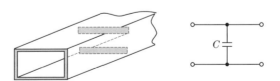

図12.14 容量性窓と等価回路

図12.15のように電界と同じ方向に隙間があると磁界と直角になり、金属板には磁界と直角に電流が流れることになるので、磁気エネルギーが蓄えられインダクタンスとして動作する。

図12.16は図12.14と図12.15を混合したものであるので、LC並列回路として動作する。

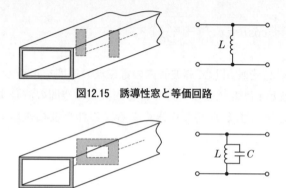

図12.15　誘導性窓と等価回路

図12.16　共振窓と等価回路

12.3.2　導波管内を伝搬する電波のモード

同軸ケーブル内を伝わる電波と導波管内を伝わる電波はその伝送形態（モード）が違う。違いをまとめたものを表12.3に示す。

表12.3　各種線路を伝わる電波の形態

線路名	特　徴	実　例
TEM	電波の伝送方向に電界成分も磁界成分も持たない伝送形態	同軸線路内を伝わる電波 空中を伝わる電波
TE	電波の伝送方向に磁界成分を持ち、電界成分を持たない伝送形態	導波管内を伝わる電波
TM	電波の伝送方向に電界成分を持ち、磁界成分を持たない伝送形態	導波管内を伝わる電波

TEM（Transverse Electric Magnetic wave）
TE（Transverse Electric wave）
TM（Transverse Magnetic wave）

12.3.3 分岐回路
(1) T分岐

図12.17(a)に示す分岐のすべてが、E面内にあるものをE分岐（E面T分岐）という。図12.17(b)の①から電波が入力すると②と③から出力されるが、②と③では位相が異なる。図12.18(a)に示す分岐のすべてが、H面内にあるものをH分岐（H面T分岐）という。図12.18(b)の①から電波が入力すると、②と③から同位相の電波が分岐される。

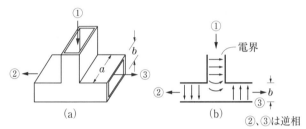

図12.17　E分岐（E面T分岐）

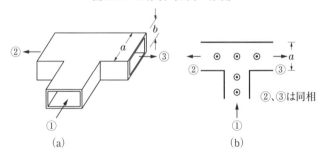

図12.18　H分岐（H面T分岐）

(2) マジックT

図12.19に示す分岐回路をマジックTと呼ぶ。マジックTは次のような性質がある。

④から入力された電波は2分されて、①及び②に同振幅、同位相で出力されるが、③には現れない。

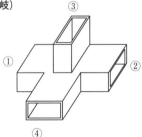

図12.19　マジックT

③から入力された電波は2分されて、①及び②に同振幅、逆位相で出力されるが、④には現れない。

①から入力された電波は③と④に出力されるが、②には現れない。

②から入力された電波は③と④に出力されるが、①には現れない。

(3) サーキュレータ

サーキュレータにはファラデー回転形などもあるが、小型で使いやすい接合形のうちYサーキュレータを紹介する。図12.20に示すようにY結合した方形導波管の接合部の中心にフェライト円柱を置き、円柱の軸方向に静磁界を加える。①から電波を入力すると②からのみ出力、②から電波を入力すると③からのみ出力、③から電波を入力すると①からのみ出力され、ほかのポートには出力されない。

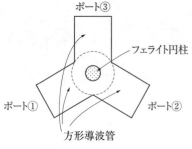

図12.20 Yサーキュレータ

12.3.4 円形導波管

方形導波管同様、円形導波管もマイクロ波の伝送ができる。円形導波管は回転部がある場合などに有効であるばかりでなく、パラボラアンテナなどの1次放射器にも用いられる。円形導波管では、方形導波管でよく使用される TE_{10} モードに対応する図12.21(実線は電力線、点線は磁力線)の基本モード TE_{11} がよく使用される。

図12.21 円形導波管の TE_{11} モード

第13章

電波伝搬

　一陸特の操作範囲は、「無線局の空中線電力500W以下の多重無線設備（多重通信を行うことができる無線設備でテレビジョンとして使用するものを含む。）で30MHz以上の周波数の電波を使用するものの技術操作」となっているので、主にVHF帯より周波数の高い電波の伝わり方を学習すればよいが、操作範囲は前述した範囲だけでなく、「第二級陸上特殊無線技士の操作の範囲に属するもの」ともされている。

　二陸特の操作範囲には「空中線電力が10W以下で、1606.5～4000kHzの周波数の電波を使用する無線設備の技術操作」もある。すなわち、中波や短波の一部の周波数も扱えるので、それらの周波数の電波の伝わり方も知っておく必要がある。

　電波伝搬に大きく影響する電波雑音の概要についても学ぶ。

　電波は、伝搬する媒質（空気や水など）の違いで周波数は変化しないが、波長が変化するので、電波の速度（＝周波数×波長）が変化する。すなわち、電波の速度は電波伝搬通路上にある媒質に依存する★ということである。

　電波通信で利用する**媒質**は、大地、大気、電離層である。電波の通路上にある媒質の屈折率が一定の場合は、電波は光と同様に直進する。しかし、対流圏のように、大気の濃度が変化する場所では屈折率が複雑に変化するので、電波はわん曲して伝わる。

　長波帯（LF：Low Frequency）、中波帯（MF：Medium Frequency）、短波帯（HF：High Frequency）、超短波帯（VHF：Very High

---

★真空中の電波の速度cは、真空の誘電率をε_0、透磁率をμ_0とすると、$c = 1/\sqrt{\varepsilon_0\mu_0}$となる。媒質中の電波の速度$v$は、媒質の比誘電率を$\varepsilon_r$、比透磁率を$\mu_r$とすると、$v = 1/\sqrt{\varepsilon_0\varepsilon_r\mu_0\mu_r} = c/\sqrt{\varepsilon_r\mu_r}$になり、真空中の速度より遅くなる。

239

Frequency)、極超短波帯（UHF：Ultra High Frequency)、マイクロ波帯（SHF：Super High Frequency、EHF：Extremely High Frequency）で電波の伝わり方が相違するのは、各々の周波数の電波と媒質の相互作用が相違するからである。

13.1 地球の気層分布と名称

図13.1は地球の気層の名称を示したものである。地面に近い方から**対流圏**（0～12〔km〕程度）、**成層圏**（12～50〔km〕程度）、**中間圏**（50～80〔km〕程度）、**熱圏**（80〔km〕以上）と呼んでいる。熱圏中の濃い電離気体層が**電離層**（80～500〔km〕程度）である。

各気層の特徴をまとめたものを表13.1に示す。

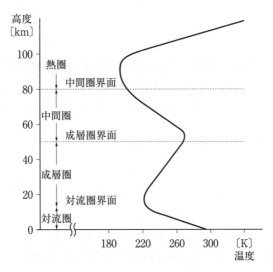

図13.1　気層の分布と名称

表13.1　各気層の特徴

気層	特徴
対流圏	高さとともに気温が下がる（0.6〔℃〕/100〔m〕）。地球の大気の約75〔%〕が存在。水蒸気のほとんどは対流圏にある。
成層圏	成層圏下部では温度一定であるが、それより高くなると、オゾンが太陽の紫外線などを吸収するため高さとともに気温が上がる。
中間圏	高さとともに気温が下がり、高度80〔km〕で約-80〔℃〕になり、空気のある上限の高さでもある。
熱圏	高さとともに温度が上がり、高度1000〔km〕で1000〔℃〕程になる。原子が電離して、電子とプラスのイオンになって混在している。この状態の媒質をプラズマといい、プラズマ密度の高い層を電離層と呼んでいる。

13.2 電波の伝わり方の種類

電波の伝わり方の種類には、地面から近い順番に地上波伝搬、対流圏伝搬、電離層伝搬がある。電波の伝わり方の名称をまとめたものを図13.2に示す。

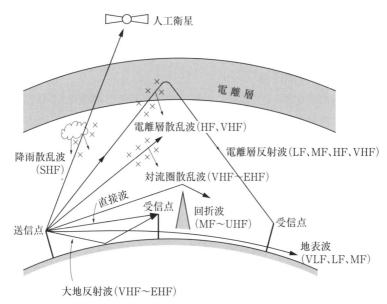

図13.2　電波の伝わり方

13.2.1　地上波伝搬

送受信間の距離が近く、大地、山、海などの影響を受けて伝搬する電波を地上波という。地上波には、直接波、大地反射波、地表波、回折波がある。地上波の伝搬を**地上波伝搬**と呼ぶ。

① **直接波**

送信アンテナから受信アンテナに直接到達する電波。

② **大地反射波**

送信アンテナから出た電波が地面で反射して受信アンテナに到達する電波。

③ **地表波**

地表面に沿って伝搬する電波。波長が短くなるにしたがって地表面による損失が増加し、伝搬距離が短くなる。

④ **回折波**

送受信点間内に山などの障害物があって見通しがきかない場合でも回り込んで到達する電波。低い周波数（長い波長）ほど大きく回り込む。

13.2.2　対流圏伝搬

地上からの高さが 12〔km〕程度（緯度、経度、季節により高さは変化）までを対流圏という。対流圏では高度が高くなるにしたがって大気が薄くなり、温度が 100〔m〕につき 0.6〔℃〕程下がっていく。大気が薄くなると屈折率が小さくなり、電波はわん曲して伝搬する。このように対流圏の影響を受ける電波伝搬を**対流圏伝搬**と呼ぶ。

13.2.3　電離層伝搬

電離層の密度は、太陽活動、季節、時刻などで常に変化している。電離層は地面に近い方から、D層、E層、F層と名付けられている。短波以下の周波数の伝搬に大きな影響を与える電離層波による反射伝搬を**電離層伝搬**と呼ぶ。

242

13.3 各周波数帯の電波伝搬の特徴

13.3.1 長波（LF）の伝搬
① 地球の表面に沿って伝搬する地表波が主体で、周波数が低いほど減衰が少ない。
② 昼間はD層が出現し電波の吸収が増えるので、夜間と比べ受信電界強度が低下する。
③ 雑音が多い周波数帯であるので大電力で送信する必要がある。
④ 散乱を起こさない。
⑤ 長波標準電波のように垂直偏波が多く使用される。

13.3.2 中波（MF）の伝搬
① 近距離の伝搬は地表波が主体である。
② 遠距離間通信の場合は電離層伝搬が主体となる。日中は下部電離層（D層、E層）で電波が吸収されるので伝搬しないが、夜間はD層が消滅するので電界強度が大きくなり遠方まで伝搬する。

13.3.3 短波（HF）の電波伝搬
① 電離層の反射を利用した電波伝搬（電離層伝搬という）で、小電力でも遠距離通信が可能である。
② 太陽活動、季節、時刻によって、電離層の状態が変化するので適切に使用する周波数を変更する必要がある。安定した通信は難しい面もある。
③ デリンジャ現象や電離層嵐（13.16節参照）が起こると、突然通信不能になることもある。

13.3.4 超短波（VHF）の電波伝搬
① 直進する性質があるが、山や建物等の障害物の背後にも回折して届くことがある。
② 電離層はほとんど利用できないが、夏の昼間にスポラジックE

243

層（E$_s$層）★が出現して遠距離通信ができることがある。E$_s$層による VHF 波の異常伝搬は既存 VHF 回線に混信を起こすためむしろ妨害するものとして扱われている。

③　直接波と地表面からの反射波が伝搬する。

④　見通し距離内で、直接波と大地反射波の合成で生ずる受信電波の強度の干渉じま（電界強度の変化）は、波長が長いほど粗くなる。

⑤　送信点からの距離が見通し距離より遠くなると受信電界強度は急に弱くなり、その程度は波長が短くなるほど大きくなる。

13.3.5　極超短波（UHF）の電波伝搬

①　この周波数帯以上の電波は電離層を突き抜けるので、電離層は利用できない。

②　主に直接波と対流圏伝搬波を使用する。見通し距離内の通信では直接波と大地反射波が利用される。

③　同一送信点から放射された UHF 電波は VHF 電波に比べ、受信アンテナの高さを変えると電波の強さが大きく変化する。

④　UHF 電波は VHF 電波に比べ、建造物、樹木などの障害物による減衰が大きい。

13.3.6　マイクロ波（SHF）の電波伝搬

①　光に近い伝搬をする。直進性が強く、見通し内の通信に使用される。

②　電離層の影響をほとんど受けない。

③　標準大気中では、高度が高くなると屈折率が減少するため、実際の地球の半径より大きな半径の円弧状の伝搬路に沿って伝搬する。

④　見通し距離より遠くなると、受信電界強度の減衰が大きくなる。

⑤　宇宙雑音の影響が少ない。

★スポラジックE層：夏期の日中に時々発生するE層。不安定であり実用通信には使えないがアマチュア無線で使われることがある。

⑥ 波長が短くなるので、指向性の鋭いアンテナを使用できる。

⑦ K 形フェージングやダクト形フェージング（13.13.1項参照）などの影響を受ける。

13.3.7 準ミリ波（EHF）の電波伝搬

① EHF の周波数範囲は 30〜300〔GHz〕で、波長で表すと 1〜10〔mm〕になるので、ミリ波という。

② ミリ波は、雨、雪、霧などを通過すると減衰が大きく、近距離の通信しかできない。また、大気中の水蒸気や酸素によって吸収される。例えば、酸素分子の吸収は、波長が約 5〔mm〕で最大になる。

③ 近距離用、気象用レーダ、電波天文などに利用される周波数帯である。

なお、ミリ波の周波数の下側の 10〜30〔GHz〕を準ミリ波、上側の 300〔GHz〕〜3〔THz〕をサブミリ波という。

13.4 自由空間における電界強度

自由空間は周囲に何もない状態で無限に広がる空間のことである。真空中が理想的であるが、真空でなくても導電性のない均一な媒質で満たされており、電波の反射、散乱、吸収、回折などのない空間のことである。

13.4.1 等方性アンテナによる自由空間における電界強度

最も単純なアンテナは、利得 1 の等方性アンテナである。等方性アンテナを基準アンテナとした電界強度は次のようになる。

$$E = \frac{\sqrt{30P}}{d} \ \text{〔V/m〕} \qquad \cdots(13.1)$$

ただし、P は放射電力〔W〕、d は送受信点間の距離〔m〕である。

等方性アンテナを基準とした任意のアンテナの利得（絶対利得という）を G_a としたとき、自由空間における電界強度は次式によって求

245

められる。

$$E = \frac{\sqrt{30G_aP}}{d} \quad [\text{V/m}]$$ …(13.2)★

★ $E = \frac{\sqrt{30G_aP}}{d}$ 〔V/m〕はどこから？

（等方性アンテナの場合の電界強度）

下図に示すように、利得が1の等方性アンテナから P〔W〕の電力を放射したとき、距離 d〔m〕離れた地点における電波の電力密度を p とすると、半径 d〔m〕の球の表面積は $4\pi d^2$〔m²〕であるので、p は次式で表すことができる。

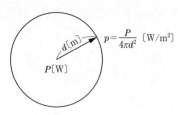

等方性アンテナの電力密度

$$p = \frac{P}{4\pi d^2} \quad [\text{W/m}^2] \quad \text{…①}$$

一方、電波の伝搬方向に直角な単位面積を通って流れる電磁エネルギー（ポインティング電力と呼ぶ）を W とすると、W は次式で表すことができる。ただし、E は電界〔V/m〕、H は磁界〔A/m〕である。

$$W = EH = E \times \frac{E}{120\pi} = \frac{E^2}{120\pi} \quad [\text{W/m}^2] \quad \text{…②}$$

式①＝式②であるので、次式が成立する。

$$\frac{P}{4\pi d^2} = \frac{E^2}{120\pi} \quad \text{…③}$$

上式より $4\pi d^2 E^2 = 120\pi P$、よって、$d^2 E^2 = 30P$ となるので、次式が電界強度を求める式となる。

$$E = \frac{\sqrt{30P}}{d} \quad [\text{V/m}] \quad \text{…④}$$

したがって、利得 G_a のアンテナによる自由空間における電界強度 E は、P が G_a 倍になったのと等価であるので、次式で表すことができる。

$$E = \frac{\sqrt{30G_aP}}{d} \quad [\text{V/m}] \quad \text{…⑤}$$

★★ $E = \frac{7\sqrt{G_bP}}{d}$ 〔V/m〕はどこから？

（半波長ダイポールアンテナの場合の電界強度）

半波長ダイポールアンテナに P〔W〕の電力を送り込み、アンテナに流れる電流を I〔A〕とすると、その関係は次式になることが知られている。

13.4.2 半波長ダイポールアンテナによる自由空間における電界強度

半波長ダイポールアンテナを基準とした電界強度は次のようになる。

$$E = \frac{7\sqrt{P}}{d} \ \text{(V/m)} \qquad \cdots (13.3)$$

ただし、Pは放射電力〔W〕、dは送受信点間の距離〔m〕である。

半波長ダイポールアンテナを基準とした任意のアンテナの利得（相対利得という）をG_bとすれば、自由空間における電界強度は次式で求められる。

$$E = \frac{7\sqrt{G_b P}}{d} \ \text{(V/m)} \qquad \cdots (13.4) \bigstar\bigstar^{(前頁)}$$

- -

$$P = 73.13\,I^2 \ \text{(W)} \qquad \cdots ⑥$$

（73.13〔Ω〕は半波長ダイポールアンテナの放射抵抗である。放射抵抗は実抵抗ではなく、電波をアンテナから放射するときに現れる抵抗である。）

$$\therefore \quad I = \sqrt{\frac{P}{73.13}} \ \text{(A)} \qquad \cdots ⑦$$

半波長ダイポールアンテナの実効長l〔m〕は、電波の波長をλ〔m〕とすると次式となる。

$$l = \frac{\lambda}{\pi} \ \text{(m)} \qquad \cdots ⑧$$

電波の波長をλ〔m〕、アンテナに流れる電流をI〔A〕、半波長ダイポールアンテナの実効長をl〔m〕とすると、距離d〔m〕離れた場所の最大放射方向の電界強度は、次式で表されることが分かっている。

$$E = \frac{60\pi I l}{\lambda d} \ \text{(V/m)} \qquad \cdots ⑨$$

式⑦と式⑧を式⑨に代入すると次のようになる。

$$E = \frac{60\pi I l}{\lambda d} = \frac{60\pi}{\lambda d} \times \sqrt{\frac{P}{73.13}} \times \frac{\lambda}{\pi} = \frac{1}{d}\sqrt{\frac{3600P}{73.13}} = \frac{\sqrt{49.2P}}{d}$$

$$\fallingdotseq \frac{7\sqrt{P}}{d} \ \text{(V/m)}$$

したがって、利得G_bのアンテナによる自由空間における電界強度Eは、次式で表すことができる。

$$E = \frac{7\sqrt{G_b P}}{d} \ \text{(V/m)}$$

13.5 自由空間伝搬損失

等方性アンテナから P_t〔W〕の電力が放射されているとすると、距離 d〔m〕離れた点 R の単位面積当たりの電力（電力密度）p〔W/m^2〕は、13.4.1項の脚注（★）内の式①より、次式で表すことができる。

$$p = \frac{P_t}{4\pi d^2} \text{〔W/m}^2\text{〕} \qquad \cdots(13.5)$$

受信アンテナの実効面積を A_e〔m^2〕、利得を G_r、電波の波長を λ〔m〕とすると、A_e と G_r の関係は次式で表されることが分かっている。

$$G_r = \frac{4\pi A_e}{\lambda^2} \qquad \cdots(13.6)$$

d〔m〕離れた点 R における受信電力を P_r〔W〕とすると、P_r は次式になる。

$$P_r = p \times A_e = \frac{P_t}{4\pi d^2} \times \frac{G_r \lambda^2}{4\pi} = \left(\frac{\lambda}{4\pi d}\right)^2 G_r P_t \text{〔W〕} \qquad \cdots(13.7)$$

いま、受信アンテナの利得 $G_r = 1$ とすると、上式は次式になる。

$$P_r = \left(\frac{\lambda}{4\pi d}\right)^2 P_t \text{〔W〕} \qquad \cdots(13.8)$$

上式より、$P_t/P_r = \Gamma$ とおくと次式になる。

$$\Gamma = \frac{P_t}{P_r} = \left(\frac{4\pi d}{\lambda}\right)^2 \qquad \cdots(13.9)$$

これを**自由空間伝搬損失**と呼ぶ。

式（13.9）は波長が 1/10（すなわち、周波数が10倍）になれば、Γ は100倍になることを示している。

式 (13.9) をデシベルで表示すると次式になる。

$$\Gamma = 10 \log_{10} \frac{P_t}{P_r} = 10 \log_{10} \left(\frac{4\pi d}{\lambda} \right)^2$$
$$= 20 \log_{10} \left(\frac{4\pi d}{\lambda} \right) \ \text{(dB)} \qquad \cdots (13.10)$$

例題 **13.1**　自由空間において、相対利得が 17 〔dB〕の指向性アンテナに 32 〔W〕の電力を供給して電波を放射したとき、最大放射方向で送信点からの距離が 14 〔km〕の受信点における電界強度の値として、最も近いものを下の番号から選べ。

ただし、電界強度 E は、送信電力 P 〔W〕、送受信点間の距離を d 〔m〕、アンテナの相対利得を G_b (真数) とすると、次式で表されるものとする。また、アンテナ及び給電系の損失はないものとし、$\log_{10} 2 \fallingdotseq 0.3$ とする。

$$E = \frac{7\sqrt{G_b P}}{d}$$

1　20 〔mV/m〕　　2　28 〔mV/m〕　　3　40 〔mV/m〕
4　48 〔mV/m〕　　5　60 〔mV/m〕

解答　1

相対利得の 17 〔dB〕を真数 (G_b) に変換すると次のようになる。
$17 = 10 \log_{10} G_b$ であるので、$1.7 = \log_{10} G_b$
したがって、$G_b = 10^{1.7}$ となる。
電卓は使用できないので、次のようにして G_b を求める。

$$G_b = 10^{1.7} = 10^{(2-0.3)} = \frac{10^2}{10^{0.3}} = \frac{100}{2} = 50$$

$(\because \quad \log_{10} 10^{0.3} = 0.3 = \log_{10} 2)$

249

よって、電界強度は、

$$E = \frac{7\sqrt{G_b P}}{d} = \frac{7\sqrt{50 \times 32}}{14 \times 10^3} = \frac{\sqrt{1600}}{2 \times 10^3}$$

$$= \frac{40}{2 \times 10^3} = 20 \times 10^{-3} \text{ [V/m]} = 20 \text{ [mV/m]}$$

13.6 平面大地上の電波伝搬

13.6.1 平面大地上の電界強度

図13.3のように、直接波（距離 r_1）だけでなく、平面大地で反射する反射波（距離 r_2）がある場合の電界強度は、次式で求めることができる。

$$E = \frac{88\sqrt{GP}h_1 h_2}{\lambda d^2} \text{ [V/m]} \qquad \cdots (13.11) ★^{(次頁)}$$

ただし、P は送信電力〔W〕、G はアンテナの利得（真数）、λ は電波の波長〔m〕、h_1 は送信アンテナの高さ〔m〕、h_2 は受信アンテナの高さ〔m〕である。

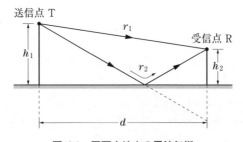

図13.3 平面大地上の電波伝搬

- -

★ $E = \dfrac{88\sqrt{GP}\,h_1 h_2}{\lambda d^2}$ はどこから？

　直接波と大地反射波が存在する見通し距離内の電界強度は、次のようにして求められる。

　図13.3において、直接波の電界強度を E_1、大地反射波の電界強度を E_2 とすると、E_1 及び E_2 は次のように表すことができる。ただし、自由空間の電界強度を E_0、直接波の電波経路長を r_1、大地反射波の電波経路長を r_2、送受信点間の距離を d、電波の速度を c とする。

$$E_1 = E_0 \sin \omega \left(t - \frac{r_1}{c}\right) \qquad\qquad \cdots ①$$

（$\dfrac{r_1}{c}$ は直接波が送受信点間を伝わる時間）

$$E_2 = E_0 \sin \omega \left\{\left(t - \frac{r_2}{c}\right) - \pi\right\} = -E_0 \sin \omega \left(t - \frac{r_2}{c}\right) \qquad \cdots ②$$

（$\dfrac{r_2}{c}$ は大地反射波が送受信点間を伝わる時間。$-\pi$ は電波が地面で反射して位相が180度変化したことを表す）

　電界強度 E は直接波 E_1 と大地反射波 E_2 の合成であるので、

$$E = E_1 + E_2 = E_0 \sin \omega \left(t - \frac{r_1}{c}\right) - E_0 \sin \omega \left(t - \frac{r_2}{c}\right) \qquad \cdots ③$$

$$E = E_0 \left\{\sin \omega\left(t - \frac{r_1}{c}\right) - \sin \omega\left(t - \frac{r_2}{c}\right)\right\}$$

$$= E_0 \left\{\sin\left(\omega t - \frac{2\pi r_1}{\lambda}\right) - \sin\left(\omega t - \frac{2\pi r_2}{\lambda}\right)\right\}$$

$$= 2E_0 \sin \frac{\dfrac{2\pi}{\lambda}(r_2 - r_1)}{2} \cdot \cos \frac{2\omega t - \dfrac{2\pi(r_1 + r_2)}{\lambda}}{2} \quad （注1） \qquad \cdots ④$$

　上式の cos 項は ωt で変化する高周波成分を表し、合成電界の大きさ（絶対値）は sin 項で表されるので、次式になる。

$$|E| = 2E_0 \sin \frac{\dfrac{2\pi}{\lambda}(r_2 - r_1)}{2} \qquad\qquad \cdots ⑤$$

ここで、

$$r_1 = \sqrt{d^2 + (h_1 - h_2)^2} = d\sqrt{1 + \left(\frac{h_1 - h_2}{d}\right)^2}$$

$$= d\left\{1 + \left(\frac{h_1 - h_2}{d}\right)^2\right\}^{\frac{1}{2}} \fallingdotseq d\left\{1 + \frac{1}{2}\left(\frac{h_1 - h_2}{d}\right)^2\right\} \quad （注2）$$

251

$$r_2 = \sqrt{d^2 + (h_1 + h_2)^2} = d\sqrt{1 + \left(\frac{h_1 + h_2}{d}\right)^2}$$

$$= d\left\{1 + \left(\frac{h_1 + h_2}{d}\right)^2\right\}^{\frac{1}{2}} \fallingdotseq d\left\{1 + \frac{1}{2}\left(\frac{h_1 + h_2}{d}\right)^2\right\} \quad (注2)$$

したがって、大地反射波と直接波の伝搬通路差は次式となる。

$$r_2 - r_1 = d\left\{\frac{1}{2}\left(\frac{h_1 + h_2}{d}\right)^2 - \frac{1}{2}\left(\frac{h_1 - h_2}{d}\right)^2\right\} = \frac{2h_1 h_2}{d} \qquad \cdots ⑥$$

上式を使用して、大地反射波と直接波の位相差 φ を求めると次式になる。

$$\varphi = \frac{2\pi(r_2 - r_1)}{\lambda} = \frac{2\pi}{\lambda} \times \frac{2h_1 h_2}{d} = \frac{4\pi h_1 h_2}{\lambda d} \qquad \cdots ⑦$$

よって、合成電界強度の大きさは、式⑤と式⑦から次式になる。

$$|E| = 2E_0 \sin\frac{\dfrac{2\pi}{\lambda}(r_2 - r_1)}{2} = 2E_0 \sin\frac{2\pi h_1 h_2}{\lambda d}$$

$$\fallingdotseq 2E_0 \times \frac{2\pi h_1 h_2}{\lambda d} = \frac{4\pi E_0 h_1 h_2}{\lambda d} \quad (注3) \qquad \cdots ⑧$$

E_0 は、アンテナの相対利得を G、送信電力を P とすると、式（13.4）より、$E_0 = 7\sqrt{GP}/d$ となる。この式を式⑧に代入すると、電界強度は次式になる。

$$|E| = \frac{4\pi h_1 h_2}{\lambda d}E_0 = \frac{4\pi h_1 h_2}{\lambda d} \times \frac{7\sqrt{GP}}{d}$$

$$= \frac{28\pi\sqrt{GP}h_1 h_2}{\lambda d^2} \fallingdotseq \frac{88\sqrt{GP}h_1 h_2}{\lambda d^2} \qquad \cdots ⑨$$

（注1） $\sin A - \sin B = 2\sin\dfrac{A-B}{2}\cos\dfrac{A+B}{2}$

$\omega = 2\pi f, \quad \omega \times \dfrac{r_1}{c} = 2\pi f \times \dfrac{r_1}{c} = \dfrac{2\pi r_1}{\lambda}$

（注2） $|x| \ll 1$ のとき、$(1+x)^{\frac{1}{2}} \fallingdotseq 1 + \dfrac{x}{2}$

（注3） $\sin\dfrac{2\pi h_1 h_2}{\lambda d} \fallingdotseq \dfrac{2\pi h_1 h_2}{\lambda d}$

上式は θ が小さいときには、$\sin\theta \fallingdotseq \theta$ になることを利用している。

13.6.2 電界強度の高さによる変化

電界強度の式、$|E| = 2E_0 \sin \varphi'$（13.6.1項の脚注（★）内の式⑧）を使用して、受信電界強度がどのように変化するかを調べてみる。ただし、$\varphi' = 2\pi h_1 h_2/(\lambda d)$ である。送受信間の距離 $d = 10$〔km〕、電波の波長 $\lambda = 1$〔m〕、送信アンテナの高さ $h_1 = 500$〔m〕とすると、$\varphi' = \pi/2$ のとき、$\sin \varphi' = 1$ となって電界強度は最大で、その値は $2E_0$ となり、そのときの受信アンテナの高さは $h_2 = 5$〔m〕となる。

$\varphi' = \pi$ のとき、$\sin \varphi' = 0$ となって電界強度は最小で、その値は 0 となり、そのときの受信アンテナの高さは $h_2 = 10$〔m〕となる。

この計算を繰り返して図示したものが図13.4である。このような図を**ハイトパターン**という。受信アンテナの高さによって電界強度が大きく変化することが分かる。

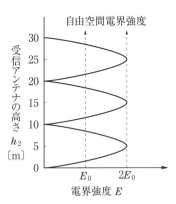

図13.4 ハイトパターンの例（送信アンテナの高さ h_1=500〔m〕、波長 λ=1〔m〕）

13.7 球面大地上の電波伝搬

大地が図13.5のような球面の電波伝搬は次のようになる。図から分かるように、送信アンテナ h_1 の高さは実際より低くなり h_1' となる。

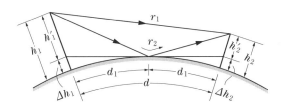

図13.5 球面大地上の電波伝搬

同様に、受信アンテナの高さh_2も実際より低くなりh_2'となる。したがって、球面大地上の電界強度は式（13.11）のh_1をh_1'に、h_2をh_2'として計算するので、次式になる。

$$E = \frac{88\sqrt{GP}\,h_1'h_2'}{\lambda d^2} \ \text{〔V/m〕} \qquad \cdots(13.12)$$

すなわち、平面大地の場合と比較して電界強度は小さくなる。

13.8　電波の屈折

屈折率の相違する媒質を電波が通過する場合は、媒質の境界面で電波は屈折して進む。

13.8.1　媒質中の電波の速度

電波の速度は真空中でもっとも速く、3×10^8〔m/s〕になる。電波の速度は大気などの媒質中では必ず遅くなる。真空中の電波の速度をc、媒質中の電波の速度をc'、媒質の**屈折率**をn（媒質によって決まる1より大きな定数）とすると、次式が成立する。

$$c' = \frac{c}{n} \qquad \cdots(13.13)$$

したがって、屈折率nは次式となる。

$$n = \frac{c}{c'} > 1 \qquad \cdots(13.14)$$

標準大気★の屈折率nは地表で温度が15℃のとき、$n=1.000325$ほどになり、1より少し大きな値になるので、電波の速度は真空中より遅くなる。

★標準大気：13.9.2項で述べる等価地球半径係数$K=4/3$を満たす大気のこと。

13.8.2　電波の屈折

図13.6に示すように、電波が異なる媒質に入射すると屈折して進む。**入射角**及び**屈折角**は次のように決められる。

異なる媒質に電波が入射するとき、入射角及び屈折角は二つの媒質の境界面の垂線からの角度で測る。

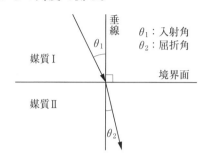

図13.6　異なる媒質の境界面における角度の測り方

13.8.3　スネルの法則

図13.7のように、異なる媒質の境界面における電波（平面波）の屈折を考える。媒質Ⅰの屈折率を n_1、媒質Ⅱの屈折率を n_2 とする。平面波では電波の進行方向に垂直な面で位相が同じである。もし、同図のように、平面波が境界に斜めに入射したとすると、左端が最初に境界面に到達したあと、右端が境界面に遅れて到達し時間の遅れが生じる。この間に左端は、境界面を通って媒質Ⅱに入射する。図13.7の d_1 と d_2 を電波が通過するのに必要な時間は同じである。

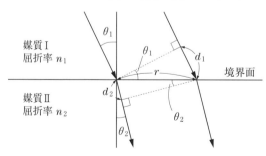

図13.7　異なる媒質の境界面における電波の屈折

媒質Ⅰ内での電波の速度は c/n_1、媒質Ⅱ内での電波の速度は c/n_2 であり、また、境界面における断面の幅を r とすると、$d_1 = r\sin\theta_1$、$d_2 = r\sin\theta_2$ の関係がある。

そこで、距離 d_1 を電波が進む時間 t_1 と、媒質Ⅱの中で距離 d_2 を電波が進む時間 t_2 を求めると、それぞれ次式になる。

$$t_1 = \frac{d_1}{c/n_1} = \frac{r\sin\theta_1}{c/n_1}\,、\quad t_2 = \frac{d_2}{c/n_2} = \frac{r\sin\theta_2}{c/n_2}$$

$t_1 = t_2$ であるので、

$$\frac{r\sin\theta_1}{c/n_1} = \frac{r\sin\theta_2}{c/n_2}$$

となる。

したがって、次式が成立する。

$$\frac{\sin\theta_2}{\sin\theta_1} = \frac{n_1}{n_2} \qquad\qquad \cdots(13.15)$$

これを**スネルの法則**といい、屈折に関する基本の法則である。

式（13.15）を変形すると次のようになる。

$$n_1\sin\theta_1 = n_2\sin\theta_2 \qquad\qquad \cdots(13.16)$$

式（13.15）、式（13.16）は媒質が2層の場合であるが、m 層であっても同様に、次式のようにスネルの法則が成立する。

$$n_1\sin\theta_1 = n_2\sin\theta_2 = n_3\sin\theta_3 = \cdots = n_m\sin\theta_m \qquad \cdots(13.17)$$

13.9 可視距離と電波可視距離

13.9.1 可視距離

図13.8を使って**可視距離（見通し距離**または**幾何学的距離）**を求める。ただし、アンテナの高さを h、地球の半径を R（$=6370$ [km]）、可視距離を d とする。

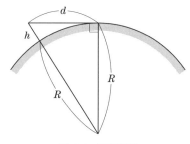

図13.8　可視距離

$$d = \sqrt{(R+h)^2 - R^2} = \sqrt{R^2 + 2Rh + h^2 - R^2}$$
$$= \sqrt{2Rh + h^2} \fallingdotseq \sqrt{2Rh} \qquad \cdots(13.18)\star$$

式（13.18）に地球の半径 $R = 6.37 \times 10^6$ [m] を代入すると次式になる。

$$d = \sqrt{2Rh} = \sqrt{2 \times 6.37 \times 10^6 \times h} = \sqrt{12.74h} \times 10^3$$
$$= 3.57\sqrt{h} \times 10^3 \text{ [m]} \qquad \cdots(13.19)$$

上式を [km] の単位に変換すると、アンテナの高さが h [m] のとき、可視距離 d は次式で表すことができる。

$$d = 3.57\sqrt{h} \text{ [km]} \qquad \cdots(13.20)$$

★ h^2 は $2Rh$ と比較すると極めて小さいので、省略することができる。

例えば、アンテナの高さが 100 [m] のとき、可視距離は $d = 3.57\sqrt{100} = 35.7$ [km] となる。

図13.9に示すような送受信点間 $\overline{TQ}$ の可視距離を計算してみよう。ただし、送信アンテナの高さを h_1、受信アンテナの高さを h_2 とする。

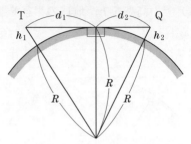

図13.9 送受信点間の可視距離

送受信点間の可視距離 $\overline{TQ}$ を d とすると、$d = d_1 + d_2$ となる。

$$d_1 = \sqrt{(R+h_1)^2 - R^2} = \sqrt{R^2 + 2Rh_1 + h_1{}^2 - R^2}$$
$$= \sqrt{2Rh_1 + h_1{}^2} \fallingdotseq \sqrt{2Rh_1}$$
$$d_2 = \sqrt{(R+h_2)^2 - R^2} = \sqrt{R^2 + 2Rh_2 + h_2{}^2 - R^2}$$
$$= \sqrt{2Rh_2 + h_2{}^2} \fallingdotseq \sqrt{2Rh_2}$$

よって、

$$d = d_1 + d_2 = \sqrt{2Rh_1} + \sqrt{2Rh_2} = \sqrt{2R}(\sqrt{h_1} + \sqrt{h_2})$$
$$= \sqrt{2 \times 6.37 \times 10^6}(\sqrt{h_1} + \sqrt{h_2})$$
$$= 3.57 \times 10^3(\sqrt{h_1} + \sqrt{h_2}) \text{ [m]}$$

したがって、送受信点間の可視距離 d を [km] 単位で表すと次式になる。ただし、h_1 と h_2 は [m] のままである。

$$d = 3.57(\sqrt{h_1} + \sqrt{h_2}) \text{ [km]} \qquad \cdots (13.21)$$

13.9.2 電波可視距離

式 (13.21) は、送受信点間の幾何学的な距離 (見通し距離) の場合である。実際に我々が住んでいる地球は大気で覆われており、温度、湿度、気圧などが常に変化しており、それに伴って大気中の屈折率も変化している。地面から約 12〔km〕程度の対流圏では、高さが 100〔m〕上昇すると温度は 0.6〔℃〕下がる。湿度、気圧も高さとともに低下していくことが分かっている。すなわち、大気の屈折率は上空に行くほど減少し、大気中を電波は図13.10に示すように、送受信点間を弧を描くように、わん曲して伝搬する。

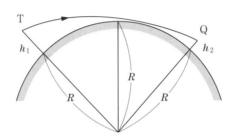

図13.10　電波がわん曲して伝搬する様子

回線設計をする場合、このようなわん曲した電波の経路では不便であるので、これを直線で表すために、地球の半径を実際より大きくした地球を考える。この仮想の地球半径を**等価地球半径**と呼び、実際の地球の半径を 4/3 倍する★。等価地球半径と地球半径の比を**等価地球半径係数**といい、K で表す。

標準大気では、$K = 4/3$ である。この様子を示したものが図13.11である。

★実際の地球の半径を 6370〔km〕とすると、半径を 4/3 倍した仮想の地球の半径は約 8493〔km〕となる。

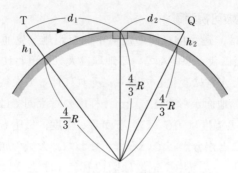

図13.11 仮想的な地球における電波伝搬

図13.8において、地球の半径 R を 4/3 倍して計算すると電波可視距離を求めることができる。式（13.18）の R の代わりに KR を代入すると次のようになる。

$$d = \sqrt{2KRh} = \sqrt{2 \times \frac{4}{3} \times 6.37 \times 10^6 \, h}$$
$$= 4.12\sqrt{h} \times 10^3 \; [\text{m}] \qquad \cdots (13.22)$$

上式を〔km〕の単位に変換すると、アンテナの高さが h〔m〕のとき、**電波可視距離** d は次式で表すことができる。

$$d = 4.12\sqrt{h} \; [\text{km}] \qquad \cdots (13.23)$$

例えば、アンテナの高さが 100〔m〕のとき、電波可視距離は 41.2〔km〕となり、幾何学的な可視距離 35.7〔km〕より 5.5〔km〕増加する。

図13.11に示す送受信点間の電波可視距離は、式（13.21）の係数の 3.57 を 4.12 に変更すればよいので次式で求めることができる。ただし、送信アンテナの高さ h_1、受信アンテナの高さ h_2 の単位はともに〔m〕である。

$$d = 4.12(\sqrt{h_1} + \sqrt{h_2}) \; [\text{km}] \qquad \cdots (13.24)$$

13.10 不均一大気中の電波伝搬

13.10.1 修正屈折示数（指数）
地上からの高さ h〔m〕の地点における屈折率 n と地球の半径 R〔m〕に関する次の式を**修正屈折示数（指数）**（通常 M で表す）と呼ぶ。

$$M = (n-1+\frac{h}{R}) \times 10^6 \quad \cdots(13.25)$$

高度に対する屈折率と修正屈折示数（指数）の一例を表13.2（地表の温度は15℃）に示す。

表13.2 高度に対する屈折率と修正屈折示数

高度 h〔m〕	屈折率 n	修正屈折示数（指数）M
0	1.000325	325
500	1.000304	382.5
1000	1.000283	440

例えば、$h=1000$〔m〕の場合。修正屈折示数（指数）M は（地球の半径は $R=6.37\times 10^6$〔m〕とする）、

$$M = (n-1+\frac{h}{R}) \times 10^6 = (1.000283-1+\frac{1000}{6.37\times 10^6}) \times 10^6$$
$$= (0.000283+0.000157) \times 10^6 = 440$$

表13.2の数値を使用して、縦軸に高さ h〔m〕、横軸に修正屈折示数 M をとり、グラフにすると図13.12になる。

13.10.2 M曲線とラジオダクト
図13.12のように、高さ h に対する修正屈折示数 M を表したグラフを **M曲線**という。

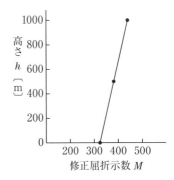

図13.12 M曲線の例

M 曲線の形は、時間や場所によって変化する。M 曲線には図13.13〜図13.18に示すような種類がある。

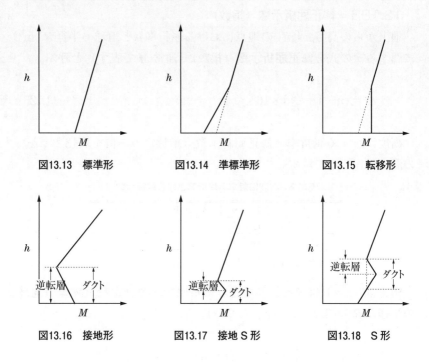

　一般に高度が増せば温度が下がるが、局所的に温度が増加に転ずることがある。この曲線の傾きが負の部分を**逆転層**（温度逆転層）と呼ぶ。逆転層が発生するところに**ダクト**（duct：溝）ができやすくなる。ダクトができると、電波がダクトの間に閉じ込められ（トラップと呼ぶ）、導波管の中を伝わるのと似たような状態になり、見通し距離外まで伝搬することがある。

　ダクトが生じるのは、大気の下層部分における「海風や陸風などによる空気の移動による温度の急激な変化」、「放射冷却による温度の急激な変化」、「気流の急激な変化」など多くの複合された原因が考えられる。

　図に示す各 M 曲線の特徴を簡単に述べる。

① **標準形**
　大気がよく混合され、水蒸気分布に不連続性がなく晴れの日にできる。電波経路は放射方向より少し下向きにわん曲するので、直接波は見通し距離より遠方へ伝わる。
② **準標準形**
　冷たい海面上を暖かい湿気を含んだ風があるときなどにできる。直接波の到達距離が短くなる。
③ **転移形**
　電波経路のわん曲が地球の表面と同じになる。
④ **接地形**
　電波経路のわん曲が大きくなり、ダクト内での反射と屈折を繰り返し遠方まで伝わる。
⑤ **接地S形**
　地上に近い部分にダクトが発生し、電波が見通し距離外まで伝わる。
⑥ **S形**
　ダクトが発生し、電波が見通し距離外まで伝わる。

13.10.3　ラジオダクトによる電波伝搬
図13.16～図13.18の三つは、ダクトが発生している場合の M 曲線である。これらの場合の電波伝搬は次のようになる。

(1) 接地形の電波伝搬
　電波経路の曲率が地球の曲率より大きくなるので、図13.19のように、ダクト内で屈折と大地での反射を繰り返し見通し外まで電波が伝搬する。

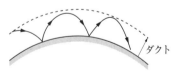

図13.19　接地形の電波伝搬

(2) 接地S形の電波伝搬
　図13.20に示すように、ダクトの上限と大地の間で屈折を繰り返し進み、見通し外まで電波が伝搬する。

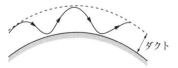

図13.20　接地S形の電波伝搬

(3) S形の電波伝搬

図13.21のように、ダクト中を電波が屈折を繰り返して進み、見通し外まで伝搬する。

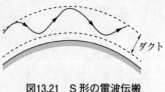

図13.21 S形の電波伝搬

13.11 電波の回折

光は障害物の陰には伝わらないが、長波や中波などはもちろん、超短波やマイクロ波などの電波も障害物の陰にも回り込む。これを電波の**回折**という。

13.11.1 ナイフエッジによる電波の回折

図13.22は送受信点間の見通し線上に**ナイフエッジ**（刃形山岳）がある場合の電波伝搬の様子及び電界強度を示したものである。

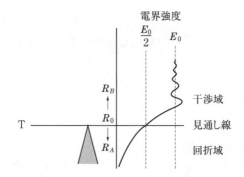

図13.22 見通し線上にナイフエッジがある場合の背後の電界強度

① 受信点が見通し線上にある場合（R_0点）の電界強度は、ナイフエッジがない場合の自由空間電界強度E_0の1/2倍、すなわち$E_0/2$となる。
② 受信点が見通し線の下方（R_A点）の領域にある場合の電界強度は、$E_0/2$から減少していく（回折波のみが到達する）。

③ 受信点が見通し線の上方（R_B 点）の領域にある場合の電界強度は、送信点からの直接波とナイフエッジから再放射される電波の合成となる。直接波と再放射波が干渉を起こし、受信点の高さが高くなるにつれて減衰振動しながら、自由空間の電界強度値 E_0 に近づく。

回折により山岳の背後に伝搬した電波の電界強度 E と山岳がないとした場合の電界強度 E_0 の比を**回折係数**という。したがって、回折係数を k とすれば、回折波の電界強度 E は次式で与えられる。

$$E = kE_0$$

13.11.2 ホイヘンスの原理

図13.23(a)のように、波は波源を中心として円形に広がって行く。同心円上の各点では位相が等しくなる。媒質が一定であれば、波はあらゆる方向に一定の速さで伝搬して行く。ホイヘンスは1678年に次のような定理を見つけた。

「ある点に波が到達すると、その点を波源とする波（2次波、再放射波）を発生する」。

図13.23(a)のように波面（AA′またはBB′）が球面の波を**球面波**、同図(b)のように波面が平面の波を**平面波**という。

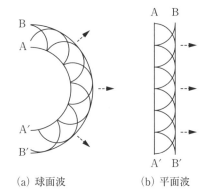

(a) 球面波　　(b) 平面波

図13.23　ホイヘンスの原理

13.11.3 フレネルゾーン

図13.24のように送信点をT、受信点をR、送信点からの距離 d_1 のところにナイフエッジがあり、ナイフエッジの頂点Pからの垂線と見通し線の交点をOとし、$\overline{TP} = D_1$、$\overline{PR} = D_2$、$\overline{TO} = d_1$、$\overline{OR} = d_2$、$d = d_1 + d_2$、$\overline{OP} = r$ とするときの間隔OPを**クリアランス**（ギャップという意味）という。

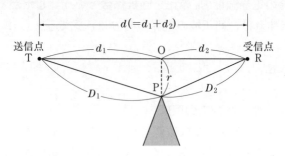

図13.24　見通しがきく場所の山岳回折

二つの電波の経路差を l とすると、l は次式で表すことができる。

$$\begin{aligned}
l &= (D_1+D_2)-(d_1+d_2) \\
&= \sqrt{d_1^2+r^2}+\sqrt{d_2^2+r^2}-(d_1+d_2) \\
&= d_1\sqrt{1+\left(\frac{r}{d_1}\right)^2}+d_2\sqrt{1+\left(\frac{r}{d_2}\right)^2}-(d_1+d_2) \\
&\fallingdotseq d_1\left\{1+\frac{1}{2}\left(\frac{r}{d_1}\right)^2\right\}+d_2\left\{1+\frac{1}{2}\left(\frac{r}{d_2}\right)^2\right\}-(d_1+d_2) \\
&= \frac{r^2}{2d_1}+\frac{r^2}{2d_2}=\frac{r^2(d_1+d_2)}{2d_1d_2} \quad \text{(13.6項の注2参照)} \quad \cdots(13.26)
\end{aligned}$$

図13.25のように、送信点をT、受信点をR、送信点からの距離 d_1 のところに $\overline{TR}$ に垂直なQ面を考え、$\overline{TR}$ とQ面の交点をOとする。送受信点間の最短距離はTORであり、それより電波経路が $\lambda/2$、$2\lambda/2$、$3\lambda/2$、$\cdots$、$n\lambda/2$ だけ長くなる点を、それぞれ、P_1、P_2、P_3、$\cdots$、P_n とする。

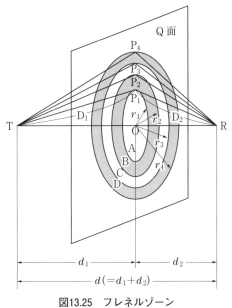

図13.25　フレネルゾーン

式（13.26）の r を任意の r_n に置き換えると、任意の経路の式を導くことができる。したがって、点 P_n を通る電波の経路差 l_n は $n\lambda/2$ になるので、次式のようになる。

$$\frac{r_n{}^2(d_1+d_2)}{2d_1d_2} = \frac{n\lambda}{2}$$

これから、r_n を求めると次式になる。

$$r_n = \sqrt{n\lambda \frac{d_1 d_2}{d_1+d_2}} \ \text{[m]} \qquad \cdots(13.27)$$

$n=1$ のときを**第 1 フレネルゾーン**と呼び、その値は次式になる。

$$r_1 = \sqrt{\lambda \frac{d_1 d_2}{d_1+d_2}} \ \text{[m]} \qquad \cdots(13.28)$$

半径が r_1 の円内（図13.25 の A の部分）では、電波は強め合う。

$n=2$ のときを第2フレネルゾーンと呼び、その値は次式になる。

$$r_2 = \sqrt{2\lambda \frac{d_1 d_2}{d_1+d_2}} = \sqrt{2} \times \sqrt{\lambda \frac{d_1 d_2}{d_1+d_2}} = \sqrt{2}\, r_1 \qquad \cdots(13.29)$$

半径が r_2 と r_1 で挟まれた円内（図13.25の B の部分）では、電波は打ち消されて弱くなる。

同様にして、第3フレネルゾーンでは $r_3 = \sqrt{3}\, r_1$ となり、C の部分では、電波は強め合う。

同様に、第4フレネルゾーンでは $r_4 = 2r_1$ となり、D の部分では、電波は打ち消されて弱くなる★。

以下同様にして強弱を繰り返す。

マイクロ波通信においては、第1フレネルゾーン内に障害物がないようにするのが望ましい。

13.12　電波の散乱

電波は一様な媒質中では直進する。しかし、大気中の温度、湿度、気圧などの変化によって、媒質定数が変化した領域に電波が入射すると、電流が流れ電波を再放射する。これが**電波の散乱**である。

図13.26に示すように、送信点から発射された電波が散乱領域に入射すれば、そこで電波の再放射、すな

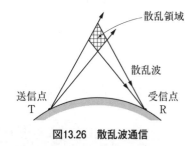

図13.26　散乱波通信

★　図13.25の第1フレネルゾーン「A」の面積を S とすると、$S = \pi r_1^2$ となる。
　　第2フレネルゾーン「B」の面積は、$\pi r_2^2 - \pi r_1^2 = \pi(\sqrt{2}\, r_1)^2 - \pi r_1^2 = \pi r_1^2 = S$ となり、第1フレネルゾーン「A」の面積 S と同じになる。
　　同様な計算をすると、図13.25の「A」「B」「C」「D」の部分の面積は同じになる。

わち散乱が起こる。この散乱波を利用した通信が散乱波通信である。

この通信は、VHF ～ UHF 帯の大電力送信機を使った見通し外の遠距離通信に使われる。

13.13　フェージング

電波経路内に存在するいろいろな原因により、受信電界強度が変動する現象をフェージングという。フェージングは、中波や短波などの電離層伝搬に多く起こる現象であるが、対流圏におけるマイクロ波の見通し内伝搬においてもフェージングが起こる。この場合、陸上より海上の方がフェージングが大きくなる。これは、海面の反射率が大きく、ダクトが発生しやすいためである。

一陸特の試験においては、マイクロ波の見通し内伝搬におけるフェージングに関する問題がしばしば出題されるようである。

ここでは、フェージング全体を概観した後、マイクロ波の見通し伝搬に関するフェージングについて述べることにする。

13.13.1　干渉フェージング

このフェージングは電波の経路が複数存在する場合に起こるフェージングである。長波帯の場合は、主に日の出、日没時に生じる。これは長波の伝搬に寄与するＤ層が日の出、日没時に大きく変化するからである。中波帯の場合は、主に夜間に地表波と電離層波が干渉することによって生じる。短波帯の場合は、近距離では地表波と電離層波の干渉、遠距離では複数の電離層波が干渉することによって生じる。超短波（VHF）や極超短波（UHF）の対流圏伝搬の場合、直接波と大地反射波が干渉することによって生じる。対流圏の温度、湿度、大気圧などの変動により、等価地球半径係数Ｋの変動によって生じるフェージングを**Ｋ形フェージング**という。直接波とラジオダクト内を伝搬する電波が干渉して発生するフェージングを**ダクト形フェージング**という。

第13章　電波伝搬

269

13.13.2 吸収フェージング

短波帯の電波は電離層（D層やE層）を突き抜けるとき減衰を受ける。電離層の状態は一定ではなく常に変化しているので、電波の減衰状態も変化することになる。一般に吸収（性）フェージングの周期は長い。

マイクロ波領域においては、雨、雪、霧、気体分子による減衰や吸収量の相違によりフェージングを生じる。

13.13.3 跳躍フェージング

短波の電波の周波数を高くすると、電離層（F層）を突き抜けてしまう。ある回線において電離層で反射する最高の周波数を最高使用可能周波数（**MUF**）と呼ぶ。電離層の状態は常に変化しているので、MUF も変化することになる。したがって、特に、MUF 付近の周波数の電波は電離層を突き抜けたり、反射したり、安定しない場合がある。この場合は受信電界強度が跳躍的に大きくなったり、小さくなったりする。このようなフェージングを**跳躍(性)フェージング**という。日の出、日没時に多く発生する。

13.13.4 偏波フェージング

電離層反射波は楕円偏波である。しかも、電離層の状態に依存して変動する。固定受信アンテナにおいては、誘起される起電力が偏波の状況に応じて変動する。このようなフェージングを**偏波（性）フェージング**という。

13.13.5 選択フェージング

振幅変調された電波は、搬送波と、上側波、下側波からなる。情報は搬送波にはなく、上側波と下側波に含まれている。

電離層の伝搬特性が周波数によって相違する場合、例えば、上側波がフェージングの影響を受け、下側波がフェージングの影響を受けないということもある。このようなフェージングを**選択（性）フェージ**

ングという。特に AM 放送は影響が大きい。選択（性）フェージングを軽減するには、占有周波数帯幅が狭い方がよいので、SSB 方式が有効である。

13.14 対流圏で起こるフェージング

一陸特の試験に出題されるフェージングに関する問題は、取り扱う周波数が主に VHF 帯以上であることから、対流圏内で起こるフェージングが主体になっている。

13.14.1 K形フェージング

VHF、UHF、マイクロ波の見通し距離内伝搬では、受信点における電界強度は直接波と大地反射波の合成になる。大気の屈折率は、温度、湿度、気圧などの変化で高さとともに変化しているので、電波経路も変化することになりフェージングを生じる。屈折率の変動は地球等価半径係数 K が変化しているのと同じになる。このような干渉性フェージングを**干渉性K形フェージング**という。K形フェージングには、このほかに、**回折性K形フェージング**がある。これは電波が見通し距離一杯を伝搬するような場合、大気の屈折率の変動によって K の値が小さくなることで電波が減衰しフェージングを起こすものである。回折性K形フェージングは、変動幅が小さく緩慢に変化する。

13.14.2 ダクト形フェージング

温度の逆転層が生じてラジオダクトが発生した場合に起こるフェージングであり、変動幅が大きく、激しく変化することがある。**干渉性ダクト形フェージング**と**減衰性ダクト形フェージング**の2種類がある。

干渉性ダクト形フェージングは、図13.27に示すように、ダクトが送信点や受信点の近くに発生した場合、電波経路が複数存在して干渉を生じるフェージングである。

減衰性ダクト形フェージングは、図13.28に示すように、送信点がダクトの中にある場合、直接波が減衰して生じるフェージングである。

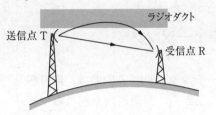
図13.27 干渉性ダクト形フェージング

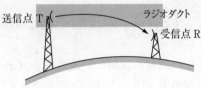
図13.28 減衰性ダクト形フェージング

13.14.3 シンチレーションフェージング

雨、雪、霧などに起因する大気の局所的な乱れの中にマイクロ波が入射すると散乱を起こす。この散乱波が直接波と干渉すると、受信電界強度が短い周期で変動幅の小さい変動を生じる。このマイクロ波特有のフェージングを**シンチレーションフェージング**という。

以下に一陸特の試験で出題されたフェージング全般に関する文をまとめた。

① フェージングは、対流圏の気象の影響を受けて発生する。
② フェージングは伝搬距離が大きいほど、また電波通路が地表に接近しているほど大きい。
③ 周波数が高くなるほどフェージングは増大する。
④ フェージングは、陸地よりも海上または海岸地域で大きく、山岳域では小さい。
⑤ 地理的条件による例外を除き、概して昼間より夜間はフェージングの変動が大きい。
⑥ 約 10〔GHz〕以下の周波数帯では、一般に嵐や降雨などの日より嵐のない平穏な日にフェージングが大きい。
⑦ 温帯地方では夏季より冬季の方が、一般にフェージングの発生が少ない。

13.15　フェージングの軽減法

　フェージングの軽減法にはダイバーシティと呼ばれる方法がある。ダイバーシティ方式は、通信品質が同時に劣化する確率の小さい二つ以上の受信系（通信系）の出力を合成または選択することによって、フェージングの影響を軽減しようとする方式である。

　スペース（空間）ダイバーシティ、ルートダイバーシティ、周波数ダイバーシティ、偏波ダイバーシティ、角度ダイバーシティなどがある。

13.15.1　スペース（空間）ダイバーシティ

　二つの受信点が離れるほどそれぞれに発生するフェージングパターンの関係（相関）がなくなることを利用する。図13.29に示すように、数波長離れた場所に二つ以上の受信アンテナを設置し、これらの出力を合成または大きい方へ切り替え選択して、フェージングを軽減する方式である。

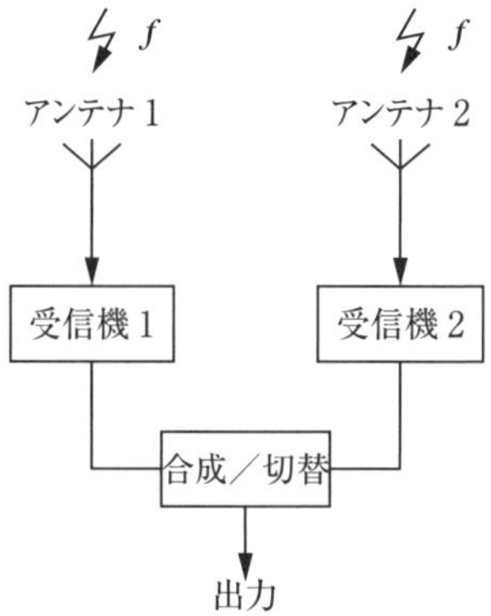

図13.29　スペースダイバーシティ

13.15.2　ルートダイバーシティ

　10〔GHz〕帯以上の中継回線で用いられ、局地的な降雨減衰に対処するために、離れた場所に受信点を設置し、受信状態の良い受信点を選択する方式である。

13.15.3　周波数ダイバーシティ

　フェージングの状態は周波数によって大きく異なるので、複数の周波数を使用して同一内容の信号を送信する。受信する側は図13.30に示すように、複数の周波数を受信し、受信状態が良好な周波数を選択するか、合成する方式である。

273

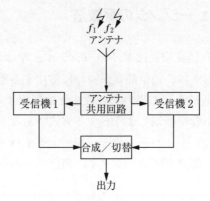

図13.30 周波数ダイバーシティ

13.15.4 偏波ダイバーシティ

偏波の異なるアンテナを設置し、それぞれを受信機に接続する。受信機の出力を合成するか、受信機出力の大きい方に切り替える方式である。

13.15.5 角度ダイバーシティ

鋭い指向性を持った複数のアンテナをそれぞれわずかに異なる方向に向けて受信し、受信電界の位相をそろえて合成するか、または選択する方式である。

例題 13.2 次の記述は、ダイバーシティ受信方式について述べたものである。このうち誤っているものを下の番号から選べ。
1 ダイバーシティ受信方式は、互いに相関が小さい複数の受信信号を合成、又は切り替えを行うことにより、フェージングによる信号の変動を軽減するものである。
2 マイクロ波のダイバーシティ受信方式は、一般的に、中間周波数帯かベースバンド帯で、信号の合成、又は切り替えを行う。
3 スペースダイバーシティによる受信信号をベースバンド帯で切り替える場合には、受信機は1台で済む。

4 2以上の受信アンテナを空間的に離れた位置に設置して、それらの受信信号を合成し、又は切り替える方式を、スペースダイバーシティという。

5 周波数によりフェージングの影響が異なることを利用して、2つの異なる周波数による受信ダイバーシティ方式を、周波数ダイバーシティという。

解答 3
受信機は複数台必要である。

13.16 デリンジャ現象と電離層嵐

VHF帯以上の電波の伝搬にはほとんど関係がないが、短波通信に大きな影響のある**デリンジャ現象**と電離層嵐について簡単に紹介する。

電離層は、太陽からの紫外線やX線などで地球の大気の分子や原子が電離してできる。電離層は電気伝導度が高いので電波を反射する。電離層は高度の低い方から、D層、E層、F層と名付けられている。

D層は地上から約70〜85〔km〕のところにあり、一酸化窒素が電離してできた層で、太陽の沈む夜間には消滅する。D層は中波や短波の電波を少し吸収する。

E層は約85〜160〔km〕のところにあり、酸素分子と窒素分子が電離してできた層であり、短波以上の周波数の電波は透過する。

F層は160〜400〔km〕のところにあり、酸素分子が電離してできた層である。電子密度は高度200〜300〔km〕の間でD、E及びF層をとおして最大になる。夜間も電子密度の減少は少ないので、短波帯の遠距離通信が可能である。

13.16.1 デリンジャ現象
太陽に照らされている地球の半面で、突如として短波通信が数分〜

数十分間通信不能になる現象のことである。デリンジャが発見したので、デリンジャ現象と呼ばれている。太陽フレア（フレア：ぱっと燃え上がるという意味）によって放射される大量の紫外線やX線が8分程度で地球に到来し電離層の電子密度を異常に高くすることで起きる。SID（Sudden Ionospheric Disturbance：急始電離層じょう乱）の一つである。

13.16.2　電離層嵐

太陽フレアなどで噴出された大量のプラズマが2日程度後に地球に衝突する。それらは地球の磁場に阻止されるが、一部は極地方に侵入する。その後、極地方から中低緯度地方に広がり、磁気嵐や電離層嵐を発生させることがある。電離層嵐は磁気嵐発生後十数時間から1日程度遅れて生じ、数時間から数日間、電離層を使う無線通信が不能または不安定に陥る現象である。

(1)　**コロナ**

コロナは太陽の光球（目で見ることのできる太陽の表面のこと。厚さは数百〔km〕程度）の外側に位置している、100万度を超える希薄なガスである。

(2)　**太陽風**

太陽の静穏期において、コロナからは秒速400〜800〔km〕のプラズマが流出している。これを**太陽風**という。

太陽風は常に地球に衝突しているが、地球の磁気圏と大気で阻止される。しかし、磁気圏や大気上層部では太陽風の影響が現われる。

(3)　**太陽フレア**

太陽フレア（太陽面爆発）は、磁気エネルギーが、熱エネルギーや運動エネルギーなど別の形態のエネルギーに変換される過程である。フレアで解放される磁気エネルギーの行き先で一番大きいのは、プラズマ雲の運動エネルギーである。プラズマ雲が地球の磁気圏に衝突すると電離層嵐や磁気嵐、オーロラなどを引き起こす。フレアに伴い紫外線やX線、ガンマ線などの電磁波も放射される。

13.17 電波雑音

　雑音は波形から分類すると、**周期性雑音**と**不規則性雑音**に分かれる。不規則性雑音には、空電などの**衝撃性雑音**と静穏時の太陽から発生しているような**連続性雑音**がある。

　電波雑音は、表13.3に示すように、発生源から、自然雑音と人工雑音に分類できる。自然雑音には、大気雑音、宇宙雑音、太陽雑音などがある。

表13.3　自然雑音と人工雑音

自然雑音	大気雑音 （VLF－HF）	空電雑音
		熱雑音
	宇宙雑音 （HF－VHF）	銀河雑音
		惑星雑音
	太陽雑音 （VHF－UHF）	
人工雑音	各種電気機器、自動車の点火装置など	

13.17.1　大気雑音

　主に大気中で起きる放電現象が発生源である。雷が鳴るとラジオなどにガリガリという雑音が入る。このような雑音を**空電雑音**といい、HF 帯以下の周波数に影響が及ぶ。

　大地、水蒸気、電離層からも微弱ではあるが、**熱雑音**が発生している。これは主に VHF 帯以上の周波数で影響が出てくる。

13.17.2　宇宙雑音

　1930年代、アメリカのジャンスキーが周波数 20.5〔MHz〕において空電を観測していたとき、偶然に宇宙の特定の方向から来る電波を発見した。この電波が現われる時刻が毎日約 4 分ずつ早くなることから、太陽系外からやってくることが分かり、銀河の中心から到来することが判明した。これを**銀河雑音**（電波）と呼んでいる。

　惑星からの電波も確認されており、木星からの電波が有名である。

13.17.3　太陽雑音

ジャンスキーが銀河雑音（電波）を発見して10年後に太陽から強力な電波が出ていることをイギリスのヘイらが偶然に発見した。太陽は可視光線だけでなく、電波、紫外線、X線などを含めて、広い周波数帯の電磁波を放出している。電波の領域においても、VHF帯からUHF帯の周波数で強力な放射がある。太陽の静穏時は熱放射による熱雑音がほとんどであるが、太陽フレアの発生時はさらに強力な電波の放射が観測される。地上で観測可能な周波数は約 10〔MHz〕～300〔GHz〕程度である。そのほかの周波数は地球の大気と電離層に妨げられて地上に届くことはないが、HF帯からSHF帯の周波数で静穏時の10～100倍の雑音が発生する。

13.17.4　人工雑音

都市部において顕著な雑音であり、モータ、発電機、空調機などの電気機器・器具から発生する雑音や自動車の点火装置などから発生する雑音がある。MF帯からUHF帯の広い周波数帯に影響が及ぶ。

第14章

測　定

測定は電気磁気測定、電気電子測定など多岐にわたる。本章では、一陸特試験に出題されることの多い、電気計器、分流器と倍率器、テスタ、周波数カウンタ、マイクロ波電力計、オシロスコープ、スペクトルアナライザ、標準信号発生器、ビット誤り率の測定、アイパターンの観測などについて学ぶ。

14.1　分流器（電流計の測定範囲の拡大）

電流計は導線を流れる電流を測定する計器で、導線に直列に接続して使用する。電流計には**内部抵抗**があり、導線に直列に接続して使用するので、内部抵抗が小さいほど回路に与える影響が少なくなる。電流計の測定範囲を拡大するには、電流計に並列に**分流器**（shunt）を挿入すればよい。

図14.1に示すような、内部抵抗が r〔Ω〕で最大目盛が I〔A〕の電流計の測定範囲を n 倍に拡大するために必要な分流器の抵抗値 R_S を求めてみよう。

この電流計に最大目盛に相当する I〔A〕の電流が流れたとき、電流計の両端の電圧 V〔V〕は次式になる。

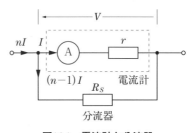

図14.1　電流計と分流器

$$V = rI \quad \cdots (14.1)$$

図14.1の回路に I の n 倍の電流を流し、電流計には I〔A〕が流れるとすれば、分流器に流れる電流は次式となる。

279

$$nI - I = (n-1)I \quad \cdots(14.2)$$

電流計に並列に挿入した分流器の両端の電圧も V となり、次式で表すことができる。

$$V = R_S(n-1)I \quad \cdots(14.3)$$

式 (14.1) と式 (14.3) が等しい。これより R_S を求めると次式になる。

$$R_S = \frac{r}{n-1} \quad \cdots(14.4)\star$$

14.2 倍率器（電圧計の測定範囲の拡大）

電圧計は2点間の電位差を測定する計器で2点間に並列に接続して使用する。電圧計には内部抵抗があり、並列に接続して使用するので、内部抵抗が大きいほど回路に与える影響が少なくなる。電圧計の測定範囲を拡大するには、電圧計に直列に**倍率器**（multiplier）を挿入すればよい。

図14.2に示すような、内部抵抗が r〔Ω〕で、最大目盛が V〔V〕の電圧計の測定範囲を n 倍に拡大するために必要な倍率器の抵抗値 R_m を求めてみよう。

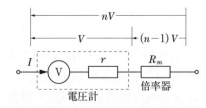

図14.2 電圧計と倍率器

★式 (14.4) は覚えなくても、分流器の値はオームの法則のみで求めることができる。

最大目盛に相当する V〔V〕の電圧を電圧計に加えたとき、電圧計に流れる電流 I は次式となる。

$$I = \frac{V}{r} \qquad \cdots (14.5)$$

電圧計の測定範囲を n 倍に拡大するために、図14.2のように、電圧計に直列に挿入した倍率器の両端の電圧は、次式となる。

$$nV - V = (n-1)V \qquad \cdots (14.6)$$

倍率器に流れる電流は、電圧計に流れる電流 I に等しいので次式で表すことができる。

$$I = \frac{(n-1)V}{R_m} \qquad \cdots (14.7)$$

式（14.5）と式（14.7）は等しい。これより R_m を求めると次式になる。

$$R_m = (n-1)r \qquad \cdots (14.8)^{\star}$$

14.3 指示電気計器

指示電気計器はデジタル時代の現在でも構造が簡単で安価なため、広く使用されている。指示電気計器には表14.1に示すような計器がある。

★式（14.8）は覚えなくても、倍率器の値はオームの法則のみで求めることができる。

表14.1 いろいろな指示電気計器

指示電気計器の種類	直流・交流の別	特　徴	図記号
可動コイル形	直流用	最も多く使用されている	
可動鉄片形	交流用（直流でも使用できるが精度が低下する）	実効値指示で商用周波数で使用される	
電流力計形	交直両用	実効値指示。電力計用が中心	
熱電形	交直両用（高周波向き）	実効値指示。熱電対と可動コイル形の組合せ	
整流形	交流用（数百〔Hz〕程度）	平均値指示であるが目盛は実効値	
静電形	交直両用	実効値指示。高電圧測定に適する	

14.3.1 可動コイル形電流計の原理

可動コイル形電流計の原理図を図14.3に示す。永久磁石のＳ極とＮ極の間に円筒状の鉄心を挿入し、その中心軸に長方形状に巻かれた可動コイルと指針が取り付けられている。可動コイルにはうず巻バネを通して測定する電流を加えるようになっている。

可動コイルに電流が流れると、**フレミングの左手の法則**★に従った電磁力により、電流の大きさに比例した駆動トルクが発生する。

★フレミングの左手の法則：左手の親指、人差し指、中指の3本の指を直角に開き、中指を電流（I）の向き、人差し指を磁界（B）の向きに合わせると、親指が力（F）の向きに対応する。Fは、I及びBに比例する。

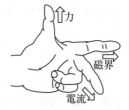

フレミング左手の法則

うず巻き状バネの制御トルクと可動コイルの駆動トルクが等しくなったとき、可動コイル（すなわち指針）が静止する構造になっている。図14.3の可動コイル部分を詳しく描いた図を図14.4に示す。

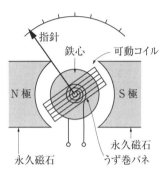

図14.3　可動コイル形電流計の原理図

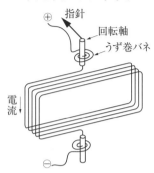

図14.4　可動コイル部の詳細

14.4　テスタ

電気電子回路の点検などに使う測定器を**テスタ（回路計）**という。テスタは可動コイル形電流計と多くの分流器や倍率器を組み合わせて、直流電圧、直流電流、交流電圧、抵抗を測定できるようにした測定器である。通常、安価なテスタでは交流電流の測定ができないものが多い。これは整流用ダイオードの内部抵抗の関係から交流電流を正確に測定することが困難だからである。

14.4.1　テスタの電流測定の原理
可動コイル形の電流計でなるべく感度の良い（小さな電流が測定できる）ものを使用すると、小さな電流から大きな電流までを測定することができる。大きな電流値を測定するには分流器を使用する。

14.4.2　テスタの電圧測定の原理
図14.5に示すように、電流計（内部抵抗を r とする）に直列に大きな値の抵抗 R を挿入し、電流計に流れるわずかな電流 I を利用して

電圧を測定する。電圧 V は次式で求める。

$$V = I(r+R) \qquad \cdots (14.9)$$

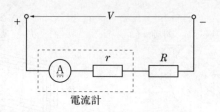

図14.5 テスタの電圧測定の原理

14.4.3 テスタの抵抗測定の原理

　図14.6に示すように、電流計と直列に、テスタに内蔵されている電池（電圧を E〔V〕とする）及び可変抵抗器 R（0〔Ω〕調整用）を挿入し、未知抵抗 R_X に直列に接続して電流 I を求める。

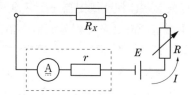

図14.6 テスタの抵抗測定の原理

　オームの法則から、

$$I = \frac{E}{R_X + R + r} \qquad \cdots (14.10)$$

$$\therefore R_X = \frac{E}{I} - R - r \qquad \cdots (14.11)$$

　一般に電流計の内部抵抗 r は小さいので無視すると、未知抵抗 R_X は上式より次のようになる。

$$R_X = \frac{E}{I} - R \qquad \cdots (14.12)$$

上式は、テスタに内蔵されている電池 E が消耗してしまうと抵抗が正しく測定できないことを示しているが、電池の多少の電圧変化は可変抵抗 R で調節できるので、抵抗測定には影響を及ぼさない。

このように、テスタは多くの分流器、倍率器と整流器、電池、可変抵抗器などを組み合わせることによって、広い範囲の電圧、電流、抵抗を測定することができる。

14.4.4　デジタルテスタ

最近はアナログ式テスタに代わって、安価で性能の優れたデジタル式テスタがある。デジタル式テスタは表示器が指示計器の代わりに液晶などを使用したデジタル表示器になっている。デジタル式テスタには次のような特徴がある。

① 　読み取り誤差が少ない。
② 　入力抵抗が高い。
③ 　過大入力、逆極性による焼損、破損が少ない。

14.5　デジタルマルチメータ

デジタルマルチメータは、電圧、電流、抵抗などを1台で測定可能にした測定器で、ハンドヘルドタイプのデジタルマルチメータが安価に入手できる。特にハンドヘルドタイプのデジタルマルチメータとデジタルテスタには明確な区別はない。

一方、デジタルマルチメータには、業務用や研究用に適しているベンチトップタイプで、測定桁数の多い高級なデジタルマルチメータもある。

デジタルマルチメータの構成を図14.7に示す。

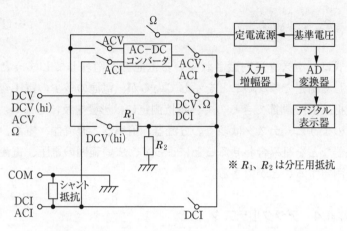

DCV(直流電圧)、DCV(hi)(直流高電圧)、ACV(交流電圧)、Ω(抵抗)
DCI(直流電流)、ACI(交流電流)

図14.7　デジタルマルチメータの構成

　デジタルマルチメータは直流電圧測定が基本になっている。測定する直流電圧をAD変換器に入力し、デジタル信号に変換した後、液晶などで表示する。そのほかの電圧、抵抗、電流の測定は次のようになっている。

① 直流の高電圧の測定は、入力電圧を抵抗で分圧し、低電圧にしてAD変換器に入力する。

② 交流電圧の測定は、AC-DCコンバータで直流電圧に変換してAD変換器に入力する。

③ 直流電流の測定は、シャント抵抗★を使用し、直流電圧に変換してAD変換器に入力する。

④ 交流電流の測定は、シャント抵抗を使用し、交流電圧に変換してAC-DCコンバータで直流電圧に変換し、AD変換器に入力する。

⑤ 抵抗の測定は、被測定抵抗に既知の電流を流し、抵抗の両端に生じる電圧から抵抗値を測定する。

★シャント抵抗：分流抵抗または回路に並列接続する抵抗

AD変換器の方式には多くの方式があるが、ノイズ除去効果に優れている積分方式が多く用いられている。

デジタルマルチメータの特徴は、「高分解能の測定が可能」、「読み取り誤差が少ない」、「入力抵抗が高いので測定対象に影響を与えることが少ない」などが挙げられる。

14.6　周波数カウンタ（計数形）

計数形の周波数カウンタは周波数を測定し、デジタル表示する計測器である。周波数のほかに、周期や二つの信号間の時間差、周波数差、位相差などを測定できるようになっているものも多い。

図14.8に周波数カウンタの構成を示す。水晶発振器と分周器で構成する**基準時間発生器**でゲートを開く時間を決める。したがって、水晶発振器の周波数確度、安定度が測定精度に影響を与えることになる。

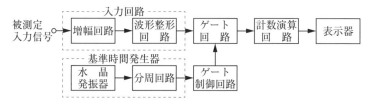

図14.8　周波数カウンタの構成ブロック図

クロック信号（一定間隔のパルス信号）で t〔s〕間ゲートを開き、その間に n 個の入力信号が送られてきたとすると、入力信号の周波数は次式で表される。

$$f = \frac{n}{t} \qquad \cdots (14.13)$$

入力信号の周波数は、測定時間 t〔s〕で平均された量として測定される。例えば、$t=1$〔ms〕で、$n=10000$ 個の入力信号があったとすると、周波数は次式のようになる。

$$f = \frac{n}{t} = \frac{10000}{1 \times 10^{-3}} = 10 \times 10^6 \,[\text{Hz}] = 10 \,[\text{MHz}] \quad \cdots (14.14)$$

　この方式は、入力信号の周波数が基準クロックより高い（nの値が大きい）場合は短時間で測定が可能であるが、入力信号の周波数が低い（nの値が小さい）場合は精度が低下することになる。また、周波数カウンタで避けられない誤差に±1カウント誤差がある。

　±1カウント誤差は、図14.9に示すように、デジタル機器特有の誤差でゲートパルスの計数時間が一定であっても、入力信号パルスの計数が2カウントになるとき、3カウントになることがある。ゲートの開くタイミングにより±1カウント誤差が生じる。

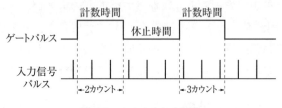

図14.9　±1カウント誤差

14.7　マイクロ波電力の測定

　低周波領域では容易に測定できた電圧や電流が、マイクロ波領域の周波数においては、電圧、電流の測定は難しくなり電力の測定も困難となる。そこで、マイクロ波領域の電力の測定は、温度により抵抗値が変化するボロメータと呼ばれる素子とブリッジ回路を使用することで電力を測定する。

14.7.1　ボロメータ

　ボロメータ素子は、表14.2に示すように、**バレッタ**、**サーミスタ**があり、いずれの素子もマイクロ波電力を吸収すると、その抵抗値が変化する。ボロメータは温度の上昇によるボロメータ素子の抵抗値の変化を測定することによって、電力を求めようとするものである。

表14.2 ボロメータの種類

ボロメータ	温度係数	時定数	感度
バレッタ	正	約 350 〔μs〕	約 5 〔Ω/mW〕
サーミスタ	負	約 1 〔s〕	約35 〔Ω/mW〕

① バレッタ素子:直径1～2ミクロン程度の白金線が用いられる。白金線は銀被覆したもので、図14.10に示すカートリッジ形のほか、薄板形もある。白金線は化学作用が少ない特長がある。バレッタは時定数も短く優れているが、白金線が断線しやすく、現在では使われなくなっている。

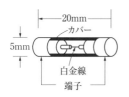

図14.10 バレッタ素子

② サーミスタ素子:Thermally Sensitive Resistor からきている造語で、ニッケル、マンガン、銅などの酸化物を混合して焼き固めた半導体である。図14.11に示す電力測定用のビーズ形のほかに温度補償用のディスク形がある。温度変化に対する抵抗の変化は鋭敏であるがゆえに、周囲温度の影響を受けやすい。

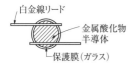

図14.11 サーミスタ素子

14.7.2 サーミスタによる電力測定

ボロメータにサーミスタ素子を使用したマイクロ波電力測定の基本回路を図14.12に示す。R_s はサーミスタの抵抗である。サーミスタは図14.13に示すような**サーミスタマウント**でマイクロ波を取り入れるようになっている。

初めに、マイクロ波を加えない状態でブリッジの平衡をとる。すなわち、可変抵抗 VR を調節して、検流計 G の振れを0にする。このときのサーミスタの抵抗 R_s は、次

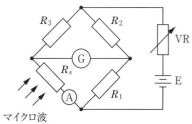

図14.12 ボロメータ電力計の基本回路

式で表すことができる。

$$R_s = \frac{R_1 R_3}{R_2} \quad \cdots (14.15)$$

このとき電流計 A の値を I_1、サーミスタで消費される電力を P_1 とすると、P_1 は次式で表すことができる。

$$P_1 = I_1^2 R_s \quad \cdots (14.16)$$

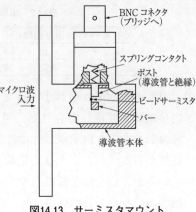

図14.13 サーミスタマウント

次に、サーミスタにマイクロ波電力を加える。サーミスタが電力を吸収すると抵抗が少なくなりブリッジの平衡が崩れるので再度ブリッジの平衡をとる。このときの電流計 A の値を I_2 とし、サーミスタで消費される電力を P_2 とすると、P_2 は次式になる。

$$P_2 = I_2^2 R_s \quad \cdots (14.17)$$

式 (14.16) と式 (14.17) からマイクロ波の電力 P_s を次のように求めることができる。

$$P_s = P_1 - P_2 = (I_1^2 - I_2^2) R_s = (I_1^2 - I_2^2) \frac{R_1 R_3}{R_2} \quad \cdots (14.18)$$

通常、$R_1 = R_2 = R_3 \,(= 200\,[\Omega])$ とすることが多く、いま、$R_1 = R_2 = R_3 = R$ とすると、式 (14.18) のマイクロ波電力は次式のようになる。

$$P_s = (I_1^2 - I_2^2) R \quad \cdots (14.19)$$

このような電力計を**ボロメータ形電力計**といい、数十〔mW〕程度の小電力の測定に用いられる。

図14.12のサーミスタ電力計の基本回路を図14.14に示す回路を用いて測定することもできる。図14.12の回路と同様な操作を繰り返すと、

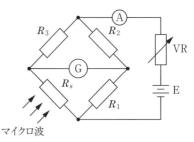

図14.14　サーミスタ電力計の基本回路2

$$P_1 = (I_1/2)^2 R_s$$
$$P_2 = (I_2/2)^2 R_s$$

となるので、求めるマイクロ波の電力 P_s は次式となる。

$$P_s = P_1 - P_2 = \frac{1}{4}(I_1^2 - I_2^2)R_s \qquad \cdots(14.20)$$

14.7.3　カロリーメータ形電力計

図14.15に**カロリーメータ形電力計**の原理を示す。導波管の終端近くに誘電体の隔壁を設け、水を循環させる。流入口から入ってきた水はマイクロ波の電力を吸収するので、流出口から出て行くときに温度が上昇している。流入口と流出口の水の循環量と温度差が分かれば、水に吸収されたマイクロ波の電力が分かる。このような電力計をカロリーメータ形電力計といい、数〔W〕以上の比較的大きな電力の測定に用いられる。

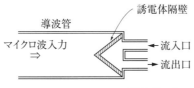

図14.15　カロリーメータ形電力計の原理

14.8 マイクロ波の電圧定在波比の測定

14.8.1 方向性結合器

導波管内を伝わるマイクロ波の電圧定在波比の測定には、図14.16に示す方向性結合器を使用すると簡単である。方向性結合器は、主導波管と副導波管を1/4波長（波長は管内波長）離れた①と②の結合孔で結合した構造をしている。主導波管を伝わるマイクロ波の一部を結合孔で副導波管に取り込んでいる。方向性結合器は、電力の測定はもちろん、反射係数が測定できるので、電圧定在波比を求めることができる。

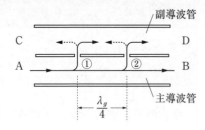

図14.16　方向性結合器

次に動作原理を示す。

(1)　Aからマイクロ波を入力すると、ほとんどのマイクロ波はそのままBに出力されるが、①の結合孔を通ったマイクロ波はDに向かうものとCに向かうものに分かれる。同様に②の結合孔を通ったマイクロ波もDに向かうものとCに向かうものに分かれる。Dに向かう二つのマイクロ波の通路差が等しいので、相加されてDに向かう。

(2)　結合孔①と結合孔②の距離は、$\lambda_g/4$（λ_gは管内波長）だけ離れているので、①の結合孔を通ってCに向かうマイクロ波と、②の結合孔を通ってCに向かうマイクロ波には電波の通路差が1/2波長あるため、位相が逆になりCに到達するマイクロ波は相殺される。

(3)　Bからマイクロ波を入力すると、ほとんどはAに向かうが、①の結合孔1を通るマイクロ波はCに向かうものとDに向かうものに分かれる。同様に、②の結合孔2を通るマイクロ波もCに向かうものとDに向かうものに分かれる。Cに向かう二つのマイクロ波は通路差が等しいので、相加されてCに向かう。

(4)　結合孔1と結合孔2の距離は、$\lambda_g/4$（λ_gは管内波長）だけ離れているので、①の結合孔1を通ってDに向かうマイクロ波と、②の

結合孔2を通ってDに向かうマイクロ波には電波の通路差が1/2波長あり、位相が逆相となり、Dに到達するマイクロ波は相殺される。

14.8.2　方向性結合器による電圧定在波比の測定

図14.17のように、方向性結合器に電力計1、電力計2を取り付ける。Aからマイクロ波を入射し、Bに負荷を接続する。Aから入射されたマイクロ波のほとんどはBに向かう。一部は①の結合孔及び②の結合孔を通って電力計1に向かうが、通路差が同じであるので相加される。電力計2に向かうマイクロ波の通路差は1/2波長の違いがあるので相殺される。したがって、電力計1は入射波電力を測定することになる。電力計1の入射波電力を P_f とする。

導波管とBに接続された負荷の整合がとれていない場合は、図14.17中に点線で示したようにBの負荷からの反射波を生じ、負荷で反射されたマイクロ波はAの方向に向かう。その一部は①の結合孔及び②の結合孔を通って電力計2に向かう。電力計1に向かうマイクロ波は、通路差が1/2波長の違いがあるので相殺される。したがって、電力計2は反射波電力を測定することになる。電力計2の反射波電力の値を P_r とする。

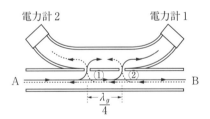

図14.17　方向性結合器による定在波比の測定

電圧反射係数を Γ とすると、Γ は次式で表すことができる。

$$\Gamma = \frac{\text{反射波電圧}\ V_r}{\text{入射波電圧}\ V_f} = \frac{\sqrt{P_r}}{\sqrt{P_f}} \qquad \cdots (14.21)$$

電圧をV、電流をI、抵抗をRとすると、電力Pは、$P = VI = V^2/R$であるから、$V = \sqrt{PR}$となり、電圧は電力の平方根に比例することになる。

電圧定在波比（VSWR：Voltage Standing Wave Ratio）は、次式で求めることができる。

$$\text{VSWR} = \frac{V_{\max}}{V_{\min}} = \frac{V_f + V_r}{V_f - V_r} = \frac{1 + \dfrac{V_r}{V_f}}{1 - \dfrac{V_r}{V_f}} = \frac{1 + |\Gamma|}{1 - |\Gamma|} \quad \cdots (14.22)$$

VSWRの値を電力で求めると次式になる。

$$\text{VSWR} = \frac{V_f + V_r}{V_f - V_r} = \frac{\sqrt{P_f} + \sqrt{P_r}}{\sqrt{P_f} - \sqrt{P_r}} \quad \cdots (14.23)$$

14.8.3 マジックT回路による定在波比の測定

マジックTの構造を図14.18に示す（12.3.3項(2)参照）。

マジックT回路を使用すれば、反射波を測定できるので、電圧定在波比が測定できることになる。図14.18のマジックT回路において、①に無反射終端器、②に被測定回路、③に電力計を接続し、④からマイクロ波を入射する。被測定回路のインピーダンスが整合していない場合は被測定回路から反射波が生じ、②へ戻って③と④に2分して進む。③の電力計で反射電力を測定すれば、式（14.21）で電圧反射係数Γ、式（14.23）で電圧定在波比VSWRを求めることができる。ただし、式（14.21）のP_rは反射電力であり、P_fは④からの入射電力の1/2である。

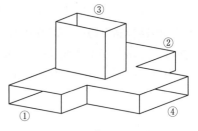

図14.18 マジックTの構造

14.9 標準信号発生器

標準信号発生器★は、周波数と出力レベルを変えることができる確度の高い高周波発振器である。振幅変調波や周波数変調波も得ることができるので、いわば微弱な出力を持つ送信機のような機器であり、受信機など通信機器類の特性測定などに使われる。

標準信号発生器には、アナログ式の標準信号発生器と PLL 回路を使用したシンセサイザ方式の標準信号発生器など、いろいろな信号発生器がある。

標準信号発生器が備えていなければならない項目には、次のようなものがある。
① 周波数及び出力が正確で安定していること。
② 出力インピーダンスが一定であること。
③ 出力端子以外から高周波信号の漏れがないこと。
④ 出力波形のひずみが少ないこと（不要な出力が少ないこと）。
⑤ 出力の周波数特性が良いこと。
⑥ 変調度が正確であること。

14.9.1 アナログ式標準信号発生器

アナログ式の標準信号発生器の構成例を図14.19に示す。

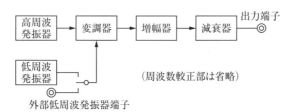

図14.19 アナログ式標準信号発生器の構成例

★試験で出題されるのは、標準信号発生器に必要な条件を問う問題が主で、標準信号発生器の原理などは出題されることはないようであるが、理解を深める意味で、標準信号発生器の構造について述べることにする。

周波数が可変の発振器の出力を増幅器や可変減衰器で、増幅または減衰させることで任意の正確な周波数と出力を作り出す。この高周波信号に内蔵されている 400〔Hz〕や 1〔kHz〕程度の低周波発振器や外部の低周波発振器で、振幅変調や周波数変調をかけることができる。

14.9.2　シンセサイズド標準信号発生器

　周波数シンセサイザを使用した**シンセサイズド信号発生器**と呼ばれる信号発生器は、PLL（Phase Locked Loop）技術を使い、周波数安定度の高い水晶発振器の信号を逓倍または分周して組み合わせることにより、任意の周波数と出力の信号を取り出すものである。

　試験においては、図14.20に示す PLL 回路の動作原理や各回路の名称を問う問題も出題されている。

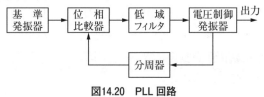

図14.20　PLL 回路

　PLL 回路は、基準発振器、位相比較器、低域フィルタ、電圧制御発振器、分周器から構成される。基準発振器には、できる限り確度と安定度の良い発振器が必要である。基準発振器の出力は位相比較器に入力される。位相比較器は入力を二つ持ち、二つの入力信号の位相が等しい場合は出力が 0 となるが、二つの信号の位相が少しでもずれていると電圧が出力される回路である。位相比較器の出力を低域フィルタを通すことで直流電圧を得て、この電圧により電圧制御発振器の周波数を制御する。電圧制御発振器の出力周波数を分周（周波数を低くすること）して、基準発振器の周波数に等しくし、位相比較器に入力する。この過程を繰り返し、基準発振器と分周器の出力の位相が同じになったところで回路はロックする。このとき、電圧制御発振器の周波数（位相）の値が基準発振器の確度に保たれる。

シンセサイズド信号発生器には、直接合成方式、間接合成方式などがあるが、ここではよく使われている間接合成方式のシンセサイズド信号発生器の原理を述べる。図14.21に間接合成方式のシンセサイズド信号発生器の構成例を示す。

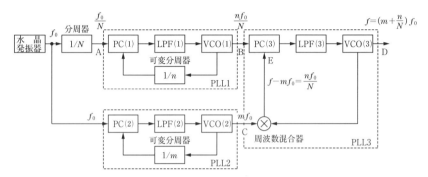

PC：位相比較器、LPF：低域フィルタ、VCO：電圧制御発振器

図14.21　間接方式のシンセサイズド信号発生器の構成例

　基準となる水晶発振器の発振周波数をf_0とする。A 点では分周器で $1/N$ に分周されているので、周波数はf_0/Nとなる。PLL1 の可変分周器の分周比が $1/n$ であるので、B 点の周波数はnf_0/Nとなる。一方、PLL2 は水晶発振器の周波数f_0をそのまま、位相比較器PC(2)に入力する。PLL2 の可変分周器の分周比が $1/m$ であるので、C 点の周波数はmf_0になる。周波数混合器で位相比較器PC(3)に入力される周波数（位相）が等しくなるようにする。D 点の周波数が $(m+n/N)f_0$ であれば、E 点の周波数は、$(m+n/N)f_0$ から mf_0 を引いたものになるので、nf_0/N となる。

　例えば、水晶発振器の周波数f_0を 10〔MHz〕、$N=1000$、$n=10$、$m=2$ のとき、D から出力される周波数は、

$$(m+n/N)f_0 = (2+0.01) \times 10 = 20.1 〔\text{MHz}〕$$

が出力されることになる。可変分周器の分周比を設定することで、安定したいろいろな周波数を得ることができる。

14.10 オシロスコープ

オシロスコープは、振幅（電圧）成分と時間領域の関係をブラウン管や液晶画面などに表示させる測定器で、アナログオシロスコープ、デジタルオシロスコープがある。

14.10.1 アナログオシロスコープ
(1) ブラウン管

アナログオシロスコープにはブラウン管が使用される。ブラウン管の構造を図14.22に示す。ブラウン管はドイツのブラウンが発明したもので、CRT（Cathode Ray Tube）ともいう。電子銃（カソードと加速電極などで構成）で作られた電子ビームがブラウン管の蛍光面に到達するとスポット（輝光）を生じる。スポットが移動しても蛍光面に塗布してある物質には残光時間があるので波形などを描くことができる。

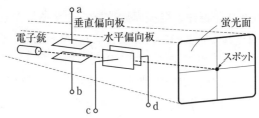

図14.22 ブラウン管の構造

スポットを移動させるには、電子ビームを振る必要がある。電子ビームを垂直方向に振るには垂直偏向板に、また水平方向に移動させるには水平偏向板に電圧を加えればよい。電子はマイナスの電荷を持っているので、垂直偏向板のaにプラスの電圧をかけるとスポットは上に、またbにプラスの電圧をかけると下に移動する。水平偏向板のcにプラスの電圧を加えるとスポットは左に、dにプラスの電圧を加えると右に移動する。

垂直偏向板に交流電圧を加えると、どのようになるであろうか。

この場合、図14.23(a)に示すように、スポットが上下に振動すると考えられる。これでは、電圧に最大値、最小値は測定できても、電圧が時間の経過とともにどのように変化しているのかは測定することができない。電子ビームを水平方向に移動させるには、図14.23(b)に示すような、**のこぎり波**を加える。そうすると、水平方向に加えられた電圧に従いスポットが左側から右側に移動する。スポットが右端に達したら、すぐ左端に戻してやる動作を繰り返すことにより、波形を描かすことができるようになる。

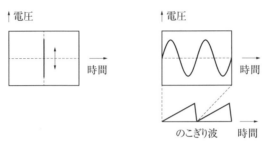

図14.23 偏向板の動作

(2) アナログオシロスコープの構成

アナログオシロスコープの構成例を図14.24に示す。入力信号は垂直増幅回路で増幅されて垂直偏向板に加えられるとともに、**トリガ回路**にも加えられる（トリガは引き金の意味）。

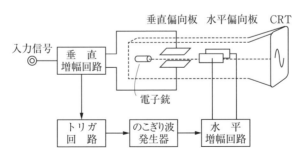

図14.24 アナログオシロスコープの構成例

トリガ回路に入力された信号はパルスに変換され、のこぎり波発生回路を動作させる。のこぎり波は水平増幅回路で増幅されて水平偏向板に加わり、スポットを左から右へ移動させるので入力信号の時間経過波形を観測することができる。

実際のオシロスコープには、二つの信号を同時に観測できる2チャネルオシロスコープもあり、入力部も直流入力端子、交流入力端子、外部トリガ端子などいろいろな機能を有している。

14.10.2 デジタルオシロスコープ

デジタルオシロスコープの構成例を図14.25に示す。入力信号は垂直増幅回路で増幅されてAD変換器に加えられ、デジタル値に変換されてメモリ回路に入る。また、入力信号はトリガ回路にも入力され、トリガパルスでメモリ回路の書き込みを制御する。メモリ回路から読み出し処理した後、表示器に表示される。

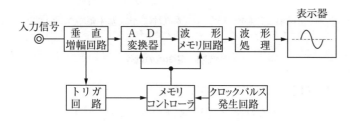

図14.25 デジタルオシロスコープの構成例

14.10.3 画面の読み方
(1) 波形の読み方

図14.26にオシロスコープ画面の例を示す。画面の波形を読んでみよう。縦軸は1マス当たり10〔V〕、横軸は1マス当たり5〔μs〕であるので、A点とB点は0〔V〕、C点の電圧は $3\times10=30$〔V〕、D点の電圧は -30〔V〕になる。A点とB点間の時間が1周期であるので、周期を T とすると、$T=5\times8=40$〔μs〕となる。

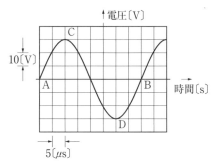

図14.26　オシロスコープ画面の例

周波数 f は $f=1/T=1/(40\times10^{-6})=10^6/40=25000$〔Hz〕、すなわち、25〔kHz〕であることが分かる。

(2) リサジュー図形

垂直軸入力及び水平軸入力に正弦波電圧を加えたとき、それぞれの正弦波電圧の周波数が整数比になると、画面には図14.27に示す。各種の静止図形が現れる。この図形を**リサジュー図形**★といい、交流電圧の周波数の比較や位相差の観測を行うことができる。

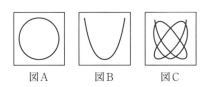

図A　　図B　　図C

図14.27　リサジュー図形の例

★オシロスコープの垂直軸に周波数が f_1 の電圧、水平軸に周波数 f_2 の電圧を加える。$f_1=f_2$ のときは図A、$f_1=2f_2$ のときは図B、$5f_1=6f_2$ のときは図Cのようになる。

14.11 スペクトルアナライザ

オシロスコープが振幅対時間領域（横軸が時間、縦軸が振幅）の観測であったが、スペクトルアナライザは振幅対周波数領域（横軸が周波数、縦軸が振幅）の観測が可能な測定器である。信号の純度、ひずみ、変調特性などを測定することができる。

スーパヘテロダイン方式の**スペクトルアナライザ**の構成を図14.28に示す。

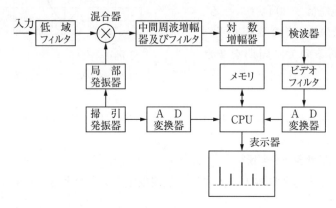

図14.28　スーパヘテロダイン方式スペクトルアナライザ

測定する信号は減衰器と低域フィルタを通過して混合器に入り、局部発振器からの信号と混合されて、中間周波数に変換される。スペクトルアナライザの分解能を左右する中間周波フィルタ、対数増幅器を経て検波器に入力される。検波された信号はビデオフィルタで直流領域の雑音を除いて、AD変換器に入りデジタル化された後、CPUで処理が行われ表示される。スーパヘテロダイン方式のスペクトルアナライザは、スーパヘテロダイン方式の受信機の局部発振器を掃引発振器に代えたと考えることができる。

オシロスコープとスペクトルアナライザの特徴をまとめたものを表14.3に示す。

表14.3 オシロスコープとスペクトルアナライザの特徴の比較

	オシロスコープ	スペクトルアナライザ
測定領域	振幅成分を時間領域〔s〕で観測	振幅成分を周波数領域〔Hz〕で観測
特徴	全周波数成分が合計されている波形を観測している。	周波数毎の波形を観測できる。 特定の周波数帯域内における周波数毎の電波の強さも測定できる。

14.12 ビット誤り率（BER）の測定

　AM、FM、PM などのアナログ通信では、通信品質を表すのに信号対雑音比（S/N）を使う。また、伝送路の途中で混入した雑音は取り除くことができない。

　一方、デジタル通信においては、伝送路の途中で混入した雑音は符号誤りとなって現れる。デジタル通信では誤りがどこにあるかは分からないが、誤りの発生する割合を知ることができる。これを**ビット誤り率**といい、たくさんの情報を伝送したときに平均的にどの程度誤りが発生するかを表す。

　ビット誤り率（BER：Bit Error Rate）は、送信されるデジタル信号の全てのビットに対する受信されたエラービットの割合である。すなわち、BER はデジタル信号の「1」が「0」として受信されるものと、「0」が「1」として受信される数をカウントすることにより測定する。

　BER を式で表すと次のようになる。

$$BER = \frac{誤った受信ビット数}{伝送した全ビット数} \qquad \cdots(14.24)$$

　例えば、ビット誤り率を10^{-6} に維持するためには、搬送波電力対雑音電力比（C/N）がどの程度必要になるかという使い方をする。BPSK、QPSK、8PSK、16QAM、16PSK の順に BER が大きくなることが知られている。BER の測定原理図を図14.29に示す。

303

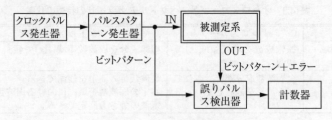

図14.29　BER 測定の原理図

　BER 測定には**パルスパターン発生器**と**誤りパルス検出器**を使用する。パルスパターン発生器でテストパターンを被測定システムに送る。同時に、誤りパルス検出器にも、同じパルスパターンを送る（誤りパルス検出器に送られたものと同じパターンを発生させることもできる）。誤りパルス検出器で、被測定システムからの出力と送信パルスパターンをビットごとに比較を行い、相違するビットをエラーとして BER を算出する。比較する2信号は同期がとれている必要がある。

　BER は雑音や**ジッタ**（パルスの位相が平均位相の前後にゆらぐ現象のこと）などによって大きくなる。

14.12.1　送受信装置が同一場所にある場合の BER の測定

　図14.30に示す地球局などの衛星を使用した折り返し回線のように、送受信装置が同じ場所にある場合、パルスパターンを送信し衛星を介して受信されると時間遅れが発生する。したがって、誤りパルス検出器に供給するパルスパターンもその時間分だけ遅延回路で遅らせて検出器に入力する。誤りパルス検出器では、受信装置で再生されたパルスパターンと遅延回路から出力されたパルスパターンを比較して、誤りビットを検出して BER を求める。

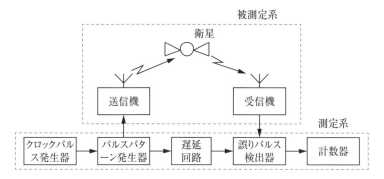

図14.30 送受信装置が同一場所にある場合の BER の測定

14.12.2 送受信装置が離れた場所にある場合の BER の測定

送受信装置が離れた場所にある場合の BER 測定の原理図を図14.31に示す。パルスパターンは**ランダムパターン**が望ましいが、受信側で再生することは不可能であるので、短時間においては、ランダムパターンと同じ統計的性質を持っている長周期性の**擬似ランダムパターン**を用いる。このパターンはシフトレジスタを使用して発生させることができる。測定系送信部と測定系受信部では同じパルスパターン発生器を持っており、同期している。前項と同様に、受信装置で復調再生されたパルスパターンとパルスパターン発生器で発生したパルスパターンを誤りパルス検出器で比較し、誤りビットを検出して BER を求める。

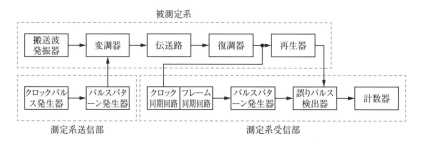

図14.31 送受信装置が離れた場所にある場合の BER の測定

14.13 アイパターン

デジタル信号のビット誤り率の悪化の原因などを診断できる測定器がアイパターン測定器である。オシロスコープ上にデジタル信号「1」と「0」を重ね合わせて表示させたものであり、表示波形をその形状から**アイパターン**という。

14.13.1 アイパターン測定器

アイパターン測定器は、デジタル信号のノイズやジッタなどの大きさを一目で観測することができる。アイパターンの例を図14.32に示す。

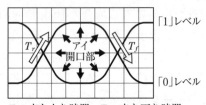

T_r：立ち上り時間　T_f：立ち下り時間

図14.32　アイパターンの波形例

アイパターンの時間軸（横軸）は2ビットで表現されている。画面中央部の1ビットはアイ開口部、左右 1/2 ビットで立ち上がり時間と立下り時間を確認できる。

ビット誤り率が悪くなると、アイ開口部が小さくなるので、デジタル信号の品質を直観的に確認することができる。アイ開口部が開いたときは、「1」レベルを「0」レベルに、「0」レベルを「1」レベルに誤る可能性が低くなるが、アイ開口部が閉じてくると、誤る可能性が高くなることになる。したがって、アイパターンの線が太くなれば、ノイズやジッタ成分が多くなっていることを示していることになる。

このようにアイパターンの観測では、個別の符号誤りなどは見つけることはできないが、信号の障害の概要を観測できる。デジタル信号波形の山または谷の部分がアイ開口部の内部に入るとビットエラーに

なる。

アイパターンの横軸は時間軸であるが、時間軸の単位の一つに、UI（Unit Interval）がある。UI の定義を次式に示す。

$$UI = \frac{1}{ビットレート} \qquad \cdots (14.25)$$

例えば、10〔Gbps〕のデジタル信号の1UI は、式（14.25）より、

$$UI = \frac{1}{10 \times 10^9} = 10^{-10} = 100 〔ps〕（ピコ秒）$$

となる。同様に、5〔Gbps〕のデジタル信号の1UI は 200〔ps〕、2〔Gbps〕のデジタル信号の1UI は 500〔ps〕となる。横軸を UI 表示とすると、ビットレートに関係なくデジタル信号の波形の品質を表示することができる。

14.13.2　クロスポイントが示すパルス幅

図14.33(a) に示すように、アイパターンのクロスポイントが50％の位置にあれば、パルス波形の「1」（Aの部分）「0」（Bの部分）の時間が同じであることを示している。同様に、(b)に示すようにクロスポイントが75％の位置にあれば、パルス波形の「1」の時間が「0」の時間より長いことを、(c)に示すようにクロスポイントが25％の位置にあれば、パルス波形の「1」の時間より「0」の時間が長いことを示している。

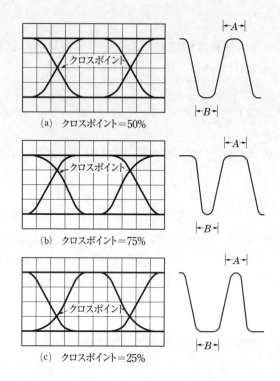

図14.33 クロスポイントが示すパルス幅

14.14 増幅器の利得の測定

14.14.1 増幅器の電圧利得の測定
(1) 測定法 1

増幅器の電圧利得を最も少ない測定器で測定するためのブロック図を図14.34に示す。

信号発生器は、測定する周波数領域の正確な電圧を発生させることができるものが必要である。信号発生器の信号を被測定増幅器に入れる。スイッチSWをAに接続し、信号発生器で所定の周波数（例えば1

図14.34 増幅器の電圧利得測定ブロック図

〔kHz〕）と被測定増幅器の入力電圧になる電圧 V_A を発生させる。次に、SWをBに接続して交流電圧計で電圧 V_B を測定する。そうすると、電圧増幅度は $A_V = V_B/V_A$ で求めることができる。電圧増幅度を dB 表示にするには $20 \log_{10} A_V$ 〔dB〕を計算すればよい。例えば、$V_A = 0.01$ 〔V〕で $V_B = 1$ 〔V〕であったとすると、電圧増幅度 A_V は、100倍ということになり、デシベルで表示すると $20 \log_{10} A_V = 20 \log_{10} 100 = 40$ 〔dB〕になる。

(2) 測定法2

信号発生器と交流電圧計のほかに減衰器を使用して増幅器の電圧増幅度を測定するためのブロック図を図14.35に示す。

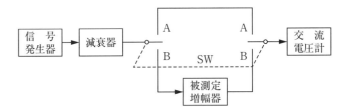

図14.35　増幅器の電圧利得測定ブロック図

信号発生器は、測定する周波数領域の正確な電圧を発生させることができるものが必要であるのは(1)と同じである。減衰器は入力電圧を減衰させる働きをするものである。減衰器は使用できる周波数範囲が決まっており、どのような周波数でも使えるものではないので注意が必要である。通常、直流～1〔MHz〕程度が使用可能な周波数範囲である。電圧利得の測定方法は次のとおりである。

① 信号発生器の周波数を所定の周波数（例えば1〔kHz〕）に設定し、出力電圧も所定の電圧（V_A〔V〕）に設定する。

② 減衰器を0〔dB〕に設定する。

③ スイッチSWをAに接続して交流電圧計で電圧を測定する。減衰器が0〔dB〕であるので、交流電圧計の電圧は信号発生器の出力電圧に等しい V_A〔V〕になる。

④ スイッチSWをBに接続して減衰器を調整し、交流電圧計の値

が V_A となるようにすると、減衰量と被測定増幅器の増幅度が等しいということになるので、減衰量が増幅度ということになる。

14.14.2 増幅器の電力利得の測定

増幅器の電力利得を測定するためのブロック図を図14.36に示す。

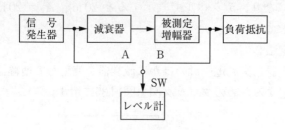

図14.36 増幅器の電力利得測定ブロック図

増幅器の電力利得を測定するには、信号発生器、減衰器、レベル計が必要である。信号発生器は、測定する周波数領域の正確な電圧（電力）を発生できるものが必要である。減衰器は電圧利得を測定する場合と同じものである。信号発生器、減衰器、被測定増幅器、負荷抵抗は正しく整合されており、レベル計の入力インピーダンスによる影響もないものとする。電力利得の測定方法は次のとおりである。

① スイッチSWをAに接続し、信号発生器の周波数を所定の周波数（例えば 1〔kHz〕）に設定し、出力電力を所定の値 A_P〔dBm〕に設定する。

② スイッチSWをBに接続し、減衰器を調節して、レベル計の指示値を A_P〔dBm〕にする。このとき、被測定増幅器の増幅度は減衰器の値と等しくなるので、減衰量を直読すれば増幅度を求めることができる。

例えば図14.36において、SWをAに接続し、信号発生器の出力電力を 0〔dBm〕（＝ 1〔mW〕）に設定した後、SWをBに接続し減衰器の減衰量を 15〔dB〕としたとき、レベル計の指示値が 5〔dBm〕であったとすると、被測定増幅器の増幅度は 20〔dB〕ということに

なる。

電力利得が 20〔dB〕の真数を A_P とすると、$20 = 10 \log_{10} A_P$ であるので、$A_P = 10^2 = 100$ となる。

同様に、SW を A に接続し信号発生器の出力電力を 0〔dBm〕（= 1〔mW〕）に設定した後、SW を B に接続し減衰器の減衰量を調節し、レベル計の指示値を 0〔dBm〕にしたときの減衰量が 15〔dB〕であったとすると、被測定増幅器の増幅度は 15〔dB〕ということになり、増幅度が直読できる。

14.15 アンテナ利得の測定

アンテナの利得の測定は、予め利得が分かっている標準アンテナと被測定アンテナを互いに置換して、受信レベルの差から利得を求める。標準アンテナには、HF 帯、VHF 帯、UHF 帯領域などではダイポールアンテナや 3 素子の八木アンテナ、それより高い周波数領域では電磁ホーンアンテナが用いられることが多い。アンテナ利得の測定図を図14.37に示す。

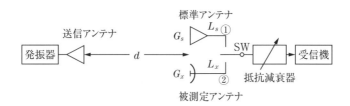

図14.37　アンテナ利得の測定図

次に測定手順を示す。なお、標準アンテナの利得を G_s、被測定アンテナの利得を G_x とする。

(1) アンテナを標準アンテナに接続するためスイッチ SW を①に接続する。送信アンテナから発射される電波を受信機で受信し、最良の状態になるよう調整する。このときの抵抗減衰器の値 R_s を記録する。

(2) アンテナを被測定アンテナに接続するためスイッチ SW を②に
接続する。被測定アンテナの利得の大小によって受信レベルが変わ
るので、抵抗減衰器を調節して受信レベルが①と同じになるように
する。このときの抵抗減衰器の値 R_x を記録する。

(3) 使用するアンテナに反射はなく（VSWR＝1）、使用するケーブル
類の損失もないとすると、利得 G_x は次式で表すことができる。

$$G_x = G_s \frac{R_x}{R_s} \qquad \cdots (14.26)$$

●測定時の注意

① 電波暗室外で測定を行うときは、周囲に電波を反射するものが
ない場所、雑音の少ない場所を選ぶ。

② 送信アンテナと標準アンテナまたは被測定アンテナのビーム及
び偏波面を合わせる。

③ 反射波の影響が少なくなるよう配慮する。

④ 送受信間の距離 d をなるべく大きくする。

付 録

ギリシャ文字

立 体		斜 体		呼　び　方	
大文字	小文字	大文字	小文字		
A	α	A	α	alpha	アルファ
B	β	B	β	beta	ベータ
Γ	γ	Γ	γ	gamma	ガンマ
Δ	δ	Δ	δ	delta	デルタ
E	ε、ϵ	E	ε、ϵ	epsilon	エプシロン
Z	ζ	Z	ζ	zeta	ジータ
H	η	H	η	eta	イータ
Θ	ϑ、θ	Θ	ϑ、θ	theta	シータ、テータ
I	ι	I	ι	iota	イオタ
K	$\bar{\kappa}$、κ	K	$\bar{\kappa}$、κ	kappa	カッパ
Λ	λ	Λ	λ	lambda	ラムダ
M	μ	M	μ	mu	ミュー
N	ν	N	ν	nu	ニュー
Ξ	ξ	Ξ	ξ	xi	クサイ
O	o	O	o	omicron	オミクロン
Π	π、ϖ	Π	π、ϖ	pi	パイ
P	ρ	P	ρ	rho	ロー
Σ	σ	Σ	σ	sigma	シグマ
T	τ	T	τ	tau	タウ
Υ	υ	Υ	υ	upsilon	ユプシロン
Φ	φ、ϕ	Φ	φ、ϕ	phi	ファイ
X	χ	X	χ	chi	カイ
Ψ	ψ	Ψ	ϕ	psi	プサイ
Ω	ω	Ω	ω	omega	オメガ

付　録
ギリシャ文字

図記号集

(1) ここに取り上げた図記号は、新 JIS 規格であるが、参考のため従来から使われていた図記号を併記した。

(2) 従来の様式と新 JIS 規格とが変わらないものは、取り上げてはいない。

名称	新 JIS 様式	従来の様式	説明
線			T接続
			二重接続
			線の交差
抵抗器			抵抗器
			可変抵抗器
			しゅう動接点付 ポテンショメータ
コイル			コイル、インダクタ、 巻線、チョーク
			鉄心入りインダクタ
スイッチ			メーク接点 (スイッチを表す図記号として使用してもよい)

名称	新 JIS 様式	従来の様式	説明
サイリスタ			3端子サイリスタ
トランジスタ			PNP トランジスタ
			NPN トランジスタ
接合形FET			Nチャネル接合形電界効果トランジスタ
			Pチャネル接合形電界効果トランジスタ
絶縁ゲート形FET			絶縁ゲート形電界効果トランジスタで、エンハンスメント形、単ゲート、Pチャネル
			絶縁ゲート形電界効果トランジスタで、エンハンスメント形、単ゲート、Nチャネル
			絶縁ゲート形電界効果トランジスタで、デプレッション形、単ゲート、Pチャネル
			絶縁ゲート形電界効果トランジスタで、デプレッション形、単ゲート、Nチャネル
演算増幅器			演算増幅器

付録　図記号集

315

名称	新 JIS 様式	従来の様式	説明
フィルタ			フィルタ
			ハイパスフィルタ（高域ろ波器）
			ローパスフィルタ（低域ろ波器）
			バンドパスフィルタ（帯域ろ波器）
			バンドストップフィルタ（帯域阻止ろ波器）
半導体ダイオード			半導体ダイオード
			発光ダイオード（LED）
			可変容量ダイオード バラクタダイオード
			トンネルダイオード エサキダイオード
			定電圧ダイオード ツェナーダイオード

名称	新 JIS 様式	従来の様式	説明
光電素子			フォトダイオード
			フォトトランジスタ（PNP 形）
			フォトセル
論理素子	≧1		OR（論理和）素子
	&		AND（論理積）素子
	1		NOT（論理否定）素子
	=1		EX-OR（排他的論理和）

付録 図記号集

317

参考文献

1. １陸特問題解答集：(一財) 情報通信振興会、2013
2. エッセンシャル電気回路：安居院猛、吉村和昭、倉持内武共著、森北出版 (株)、2013
3. 気象庁報道発表参考資料：2013
4. 空中線系と電波伝搬：奥澤隆志著、CQ 出版 (株)、1989
5. 高周波・マイクロ波測定：大森俊一、横島一郎、中根央共著、(株) コロナ社、1995
6. 周波数と時間：吉村和幸、古賀保喜、大浦宣徳共著、電子情報通信学会、1989
7. 情報伝送工学：武部幹、田中公男、橋本秀雄共著、オーム社、2013
8. シリーズ現代の天文学　太陽：桜井隆、小島正宣、小杉健郎、柴田一成共著、(株) 日本評論社、2009
9. スペクトル拡散通信とその応用：丸林元、中川正雄、河野隆二共著、(社) 電子情報通信学会、2000
10. スマートフォンのしくみ：井上伸雄著、PHP 研究所、2012
11. デジタルテレビ技術教科書：日本放送協会編、日本放送出版協会、2007
12. 電池が一番わかる：京極一樹著、(株) 技術評論社、2010
13. 電波・光・周波数：倉持内武、吉村和昭、安居院猛共著、森北出版 (株)、2009
14. 電波工学：松田豊稔、宮田克正、南部幸久共著、(株) コロナ社、2010
15. 電波情報工学：近藤倫正著、共立出版 (株)、1999
16. 電波と周波数の基本と仕組み (第2版)：吉村和昭、倉持内武、安居院猛共著、(株) 秀和システム、2010
17. 入門電波応用：藤本京平著、共立出版 (株)、2007
18. マイクロ波工学：岡田文明著、(株) 学献社、1993
19. マイクロ波実験装置14T100A 取扱説明書：島田理化工業 (株)、1996
20. 無線工学Ⅰ：宇田新太郎著、丸善 (株)、1995
21. 無線工学Ⅱ：宇田新太郎著、丸善 (株)、2001
22. 無線工学A【無線機器】完全マスター：一之瀬優著、(一財) 情報通信振興会、2008、2015
23. 無線工学B【アンテナと電波伝搬】完全マスター：一之瀬優著、(一財) 情報通信振興会、2008、2015
24. 無線従事者養成課程用標準教科書　第一級陸上特殊無線技士　無線工学：(一財) 情報通信振興会、2012
25. ワイヤレス通信工学：大友功、小園茂、熊澤弘之共著、(株) コロナ社、2008

索　引

記号・ギリシャ文字/数字/アルファベット

記号・ギリシャ文字

±1 カウント誤差 ·················· 288
π 型減衰器 ······················· 55

数字

1/4 波長垂直接地アンテナ ······ 199
16QAM ···························· 103
　－復調器 ························· 112
1 次放射器 ························ 210
1 次電池 ·························· 180
2 次電池 ·························· 180
2 周波中継方式 ···················· 161
8 字特性 ·························· 197

A

AM ···························· 91, 92
　－復調器 ························· 106
AMI 符号 ·························· 135
AND 回路 ··························· 87
APSK ······························ 92
ARQ ························ 149, 150
ASK ······························· 91
A スコープ ······················ 168

B、C

BER ······························ 303
Bluetooth ························ 141
bps ······························ 140
B スコープ ······················ 168
CDM ························· 137, 142
CDMA ························ 127, 142
CMOS······························ 87
cps ······························ 140
CVCF ····························· 185
CW ································ 93
　－レーダ························· 169

D、E

dB ································· 60
DC－DC コンバータ ············ 184
DS ·························· 138, 139
DSB ······························· 93
　－波······························ 106
Es 層 ····························· 244
E スコープ························· 168

F

FDM ······························ 128
FDMA ····························· 127
FEC ······························ 149
FH ·························· 138, 141
FM ··························· 91, 95
　－復調器························· 107
FM－CW レーダ ················· 175
FSK ······························· 91
FTC 回路 ························· 174

H、I、J

HPF ······························· 54
IAGC 回路 ························ 174
IDC 回路 ·························· 114
I 信号 ····························· 110
JFET ······························ 72

K、L、M

K 形フェージング················ 269
LPF······················· 53, 136
LSB······························· 93
MCPC······························ 155
MOS 形電界効果トランジスタ ··· 72
MOSFET ··························· 72
MPEG2 ···························· 147
M 曲線 ···························· 261
MUF ······························ 270

N、O

n 形半導体······················· 66

319

NAND 回路	87	T 型減衰器	55
NOR 回路	87	T 分岐	237
NOT 回路	88		
npn 形トランジスタ	69		
OFDM	144		
OFDMA	127		
OR 回路	87		

U、V

UPS	185
USB	93
VCO	108
VSAT システム	157
VSWR	229, 294

P、Q

PC	108
PCM	131, 132
PLL 回路	108
PM	91
pnp 形トランジスタ	69
PN 符号	137
PPI スコープ	168
PSK	91, 100
p 形半導体	67
Q	51
QAM	92, 103
QPSK	101
－復調器	109
Q 信号	111

R、S

RHI スコープ	168
rms	35
SCPC	155
SFN	146
SID	276
SN 比	123
SS	137
SS－FM 方式	129
SS－SS 方式	129
SSB	94
STC 回路	173

T

TDM	131
TDMA	127
TEM モード	225
TE モード	233
TM モード	233

五十音順

あ

アイパターン	306
－測定器	306
アクセプタ	67
圧縮器	134
圧電効果	85
アップリンク	155
アドミタンス	48
アナログオシロスコープ	298
アナログ復調	106
アナログ変調方式	91
誤り検出符号	150
誤り制御方式	149
誤り訂正符号	149
誤りパルス検出器	304
アルカリ乾電池	180

い

位相	33
位相角	33
移相器	110
位相検波器	110
位相速度	235
位相比較器	108
位相変調器	114
陰極	75
インダクタ	38
インダクタンス	38
インバータ	184
インパッドダイオード	68

320

インピーダンス	43	可変容量ダイオード	69	

インピーダンス………………… 43

う、え、お

宇宙雑音…………………… 277
影像周波数妨害…………… 115
エサキダイオード………… 69
エミッタ接地……………… 70
円形導波管………………… 238
演算増幅器………………… 80
エンハンスメント形 MOSFET … 73
エンファシス……………… 119
円偏波……………………… 191
オーバリーチ……………… 162
オシロスコープ…………… 298
オフセットパラボラアンテナ… 213
オペアンプ………………… 80
温度補償回路……………… 85

か

ガードインターバル……… 145
ガードバンド…………… 15, 144
開口効率…………………… 212
開口直径…………………… 213
開口面アンテナ…………… 209
回折………………………… 264
　－係数…………………… 265
　－性K形フェージング……… 271
　－波……………………… 242
解放式鉛蓄電池…………… 182
回路計……………………… 283
化学電池…………………… 180
拡散符号…………………… 137
拡散変調…………………… 137
角周波数…………………… 33
角速度……………………… 33
角度ダイバーシティ……… 274
角度変調…………………… 91
化合物半導体……………… 67
可視距離…………………… 257
カセグレンアンテナ……… 214
下側帯波…………………… 93
価電子帯…………………… 64
可動コイル形電流計……… 282

可変容量ダイオード……… 69
カロリーメータ形電力計……… 291
干渉性K形フェージング……… 271
干渉性ダクト形フェージング… 271
干渉フェージング………… 269
間接 FM 方式　………… 96
ガンダイオード…………… 68
乾電池……………………… 180

き

幾何学的距離……………… 257
帰還訂正方式……………… 149
帰還率……………………… 82
疑似雑音符号……………… 137
基準時間発生器…………… 287
気象用レーダ……………… 176
擬似ランダムパターン…… 305
疑似ランダム符号………… 137
基礎巨群…………………… 131
基礎群……………………… 131
基礎超群…………………… 131
基礎超主群………………… 131
基本ゲート………………… 86
逆拡散……………………… 139
逆転層……………………… 262
逆方向接続（ダイオードの）… 67
キャパシタ………………… 39
吸収フェージング………… 270
給電点インピーダンス…… 193
球面波……………………… 265
共振角周波数……………… 50
共振周波数………………… 50
局部発振器………………… 115
虚数単位…………………… 42
虚部………………………… 42
許容電力…………………… 29
均圧環……………………… 77
銀河雑音…………………… 277
禁制帯……………………… 64
近接周波数選択度………… 116

く、け

空間ダイバーシティ……… 273

321

空電雑音	277
空洞共振器	75
空乏層	72
下り回線（衛星通信）	155
屈折角	255
屈折率	254
組み合わせ論理回路	87
クライストロン	77
グランドプレーンアンテナ	203
クリアランス	266
グレイコード	111
グレゴリアンアンテナ	214
群速度	235
ゲルマニウム	64
減衰性ダクト形フェージング	271
検波	92
検波（再生）中継方式	160

こ

コイル	38
高域通過フィルタ（高域フィルタ）	54
高周波増幅器	115
合成抵抗	18
高速逆フーリエ変換	147
高速フーリエ変換	147
交流発電機	186
コーナレフレクタアンテナ	207
固体素子	69
固定バイアス	71
弧度法	34
固有雑音電力	122
コリニアアンテナ	202
コルピッツ発振回路	84
コレクタ接地	70
コンダクタンス	48
コンデンサ	39
混変調	117

さ

サーキュレータ	238
サーミスタ	27, 288
サーミスタマウント	289
最小探知距離	168

最大角周波数偏移	95
最大探知距離	167
最大値	33
最大電力	29
サイドローブ	195
サイリスタ	184
サセプタンス	48
雑音指数	123
酸化銀電池	180
サンプリング	133

し

ジーメンス	48
シール鉛蓄電池	182
時間領域信号	147
指向性アンテナ	194
自己バイアス	71
指示電気計器	281
自然対数	60
実効値	35
実効長	198
実効反射面積	166
ジッタ	304
実部	42
時定数	174
磁電管	75
時分割多重	131
遮断周波数	53
遮断波長	233
シャノンの標本化定理	133
周期	33
周期性雑音	277
自由空間	245
－伝搬損失	248
集群作用	78
修正屈折示数（指数）	261
周波数	16
－安定度	84
－カウンタ	287
－混合器	115
－ダイバーシティ	273
－帯幅	15
－逓倍器	114

－分割多重‥‥‥‥‥‥‥‥ 128
－弁別‥‥‥‥‥‥‥‥‥‥ 92
－弁別器‥‥‥‥‥‥ 107, 119
－ホッピング（方式）‥ 138, 141
－領域信号‥‥‥‥‥‥‥ 147
受動回路素子‥‥‥‥‥‥‥ 37
瞬時値‥‥‥‥‥‥‥‥‥‥ 33
瞬時電力‥‥‥‥‥‥‥‥‥ 48
順序回路‥‥‥‥‥‥‥‥‥ 89
順方向接続（ダイオードの）‥ 67
衝撃係数‥‥‥‥‥‥‥‥‥ 164
衝撃性雑音‥‥‥‥‥‥‥‥ 277
常時インバータ給電方式‥‥‥ 185
常時商用給電方式‥‥‥‥‥ 186
上側帯波‥‥‥‥‥‥‥‥‥ 93
障壁（ダイオードの）‥‥‥‥ 67
常用対数‥‥‥‥‥‥‥‥‥ 60
食‥‥‥‥‥‥‥‥‥‥‥‥ 152
シリコン‥‥‥‥‥‥‥‥‥ 64
信号空間ダイアグラム‥‥‥ 105
人工雑音‥‥‥‥‥‥‥‥‥ 278
信号点配置図‥‥‥‥‥‥‥ 105
進行波管‥‥‥‥‥‥‥‥‥ 79
真数‥‥‥‥‥‥‥‥‥‥‥ 60
真性半導体‥‥‥‥‥‥‥‥ 66
シンセサイズド信号発生器‥‥ 296
伸長器‥‥‥‥‥‥‥‥‥‥ 135
シンチレーションフェージング ‥ 272
振幅‥‥‥‥‥‥‥‥‥‥‥ 33
－制限器‥‥‥‥‥‥‥‥ 119
－変調‥‥‥‥‥‥‥‥‥ 92
－変調波‥‥‥‥‥‥‥‥ 92
シンボル‥‥‥‥‥‥‥‥‥ 145
真理値表‥‥‥‥‥‥‥‥‥ 87

す

水晶振動子‥‥‥‥‥‥‥‥ 85
水晶発振回路‥‥‥‥‥‥‥ 84
水晶発振器‥‥‥‥‥‥‥‥ 114
垂直偏波‥‥‥‥‥‥‥‥‥ 192
垂直面指向性‥‥‥‥‥‥‥ 194
水平偏波‥‥‥‥‥‥‥‥‥ 192
水平面指向性‥‥‥‥‥‥‥ 194

スーパヘテロダイン受信方式‥ 115
スケルチ回路‥‥‥‥‥‥‥ 119
スタッフ同期方式‥‥‥‥‥ 137
ストレート受信方式‥‥‥‥ 115
スネルの法則‥‥‥‥‥‥‥ 256
スペースダイバーシティ‥‥‥ 273
スペクトルアナライザ‥‥‥‥ 302
スペクトル拡散‥‥‥‥‥‥ 137
スポラジックE層‥‥‥‥‥ 243
スリーブ‥‥‥‥‥‥‥‥‥ 202
－アンテナ‥‥‥‥‥‥‥ 202
スロットアレーアンテナ‥‥‥ 215

せ

正帰還増幅器‥‥‥‥‥‥‥‥ 83
制御地球局‥‥‥‥‥‥‥‥ 157
制御弁式鉛蓄電池‥‥‥‥‥ 182
正弦波交流‥‥‥‥‥‥‥‥ 32
整合‥‥‥‥‥‥‥‥‥ 30, 227
静止衛星‥‥‥‥‥‥‥‥‥ 152
成層圏‥‥‥‥‥‥‥‥‥‥ 240
静電容量‥‥‥‥‥‥‥‥‥ 39
整流回路‥‥‥‥‥‥‥‥‥ 177
絶縁体‥‥‥‥‥‥‥‥‥‥ 64
接合形電界効果トランジスタ‥ 72
絶対温度‥‥‥‥‥‥‥‥‥ 124
絶対値‥‥‥‥‥‥‥‥‥‥ 43
絶対利得‥‥‥‥‥‥‥‥‥ 195
減衰性ダクト形フェージング‥ 271
選択（性）フェージング‥‥‥ 270
せん頭電力‥‥‥‥‥‥‥‥ 163
全波整流回路‥‥‥‥‥‥‥ 179
占有周波数帯幅‥‥‥‥‥ 15, 94

そ

相互変調‥‥‥‥‥‥‥‥‥ 117
相対利得‥‥‥‥‥‥‥‥‥ 195
増幅度‥‥‥‥‥‥‥‥‥‥ 82
速度変調‥‥‥‥‥‥‥‥‥ 79
損失抵抗‥‥‥‥‥‥‥‥‥ 194

た

第1フレネルゾーン‥‥‥‥‥ 267

323

帯域消去フィルタ	54	直列等価容量	85
帯域通過フィルタ（帯域フィルタ）	54	直交	144
大気雑音	277	－周波数分割多重	144
対数周期アンテナ	207, 208	－振幅変調	103
大地反射波	242	ツェナーダイオード	68
太陽雑音	278	通信衛星	154
太陽風	276		
対流圏	240	**て**	
－伝搬	242	底	60
ダイレクトコンバージョン受信		低域通過フィルタ（低域フィルタ）	53
方式	117	抵抗	17
ダウンリンク	155	－率	64
ダクト	262	定在波	228
－形フェージング	269	低周波増幅器	114
多元接続	127	定電圧ダイオード	68
多重	16	デエンファシス	119
縦波	191	デジタルオシロスコープ	300
単極性 NRZ 符号	135	デジタルテスタ	285
単極性 RZ 符号	135	デジタルマルチメータ	285
単信方式	15	デシベル	60
		テスタ	283
ち、つ		デプレッション形 MOSFET	74
遅延検波	109	デマンドアサイメント	156
地上波伝搬	242	デューティサイクル	164
チップレート	140	デューティファクタ	164
遅波回路	79	デリンジャ現象	275
地板アンテナ	204	電圧	17
地表波	242	－駆動素子	72
中間圏	240	－降下	17
中間周波増幅器	115	－制御発振器	108
頂部負荷型垂直アンテナ	200	－定在波比	229, 294
跳躍（性）フェージング	270	－伝送特性	53
直進形クライストロン	77	－伝送比	52
直接 FM 方式	96	電界効果トランジスタ	72
直接拡散（方式）	138, 139	電極間容量	85
直接中継方式	160	電子管	75
直接波	242	電磁ホーン	218
直線偏波	191	伝導帯	64
直並列接続	20	電波可視距離	260
直流電源	32	電波干渉	162
直列接続	18	電波雑音	277
直列等価インダクタンス	85	電波の散乱	268
直列等価抵抗	85	電波の速度	188

電離層‥‥‥‥‥‥‥‥‥‥‥ 240
　−嵐‥‥‥‥‥‥‥‥‥‥‥‥ 276
　−伝搬‥‥‥‥‥‥‥‥‥‥‥ 242
電流‥‥‥‥‥‥‥‥‥‥‥‥ 17
　−帰還バイアス‥‥‥‥‥‥ 71
　−駆動素子‥‥‥‥‥‥‥‥ 72
　−分布‥‥‥‥‥‥‥‥‥‥ 196
電力増幅器‥‥‥‥‥‥‥‥‥ 114
デリンジャ現象‥‥‥‥‥‥‥ 275

と

等価雑音温度‥‥‥‥‥‥‥‥ 124
等価地球半径‥‥‥‥‥‥‥‥ 259
　−係数‥‥‥‥‥‥‥‥‥‥ 259
同期検波‥‥‥‥‥‥‥‥‥‥ 109
同軸ケーブル‥‥‥‥‥‥‥‥ 223
透磁率‥‥‥‥‥‥‥‥‥‥‥ 188
同相‥‥‥‥‥‥‥‥‥‥‥‥ 83
導波器‥‥‥‥‥‥‥‥‥‥‥ 204
導波管‥‥‥‥‥‥‥‥ 226, 232
等方性アンテナ‥‥‥‥‥‥‥ 195
特性インピーダンス‥‥‥‥‥ 220
独立同期方式‥‥‥‥‥‥‥‥ 137
ドップラー効果‥‥‥‥‥‥‥ 170
ドップラー周波数‥‥‥‥‥‥ 171
ドップラーレーダ‥‥‥‥‥‥ 171
ドナー‥‥‥‥‥‥‥‥‥‥‥ 66
トランジスタ‥‥‥‥‥‥‥‥ 69
トランス‥‥‥‥‥‥‥‥‥‥ 177
トリガ回路‥‥‥‥‥‥‥‥‥ 299
トンネルダイオード‥‥‥‥‥ 69

な、に

内燃機関‥‥‥‥‥‥‥‥‥‥ 186
ナイフエッジ‥‥‥‥‥‥‥‥ 264
内部抵抗‥‥‥‥‥‥‥‥ 29, 279
鉛蓄電池‥‥‥‥‥‥‥‥ 180, 181
ニッケルカドミウム蓄電池‥ 180, 182
ニッケル水素蓄電池‥‥‥‥ 180, 183
入射角‥‥‥‥‥‥‥‥‥‥‥ 255
入射波‥‥‥‥‥‥‥‥‥‥‥ 228
入力インピーダンス‥‥‥‥‥ 193
入力抵抗‥‥‥‥‥‥‥‥‥‥ 193

ね、の

能動素子‥‥‥‥‥‥‥‥‥‥ 75
熱圏‥‥‥‥‥‥‥‥‥‥‥‥ 240
熱雑音‥‥‥‥‥‥‥‥‥ 121, 277
のこぎり波‥‥‥‥‥‥‥‥‥ 299
上り回線（衛星通信）‥‥‥‥ 155

は

ハートレー発振回路‥‥‥‥‥ 84
媒質‥‥‥‥‥‥‥‥‥‥‥‥ 239
ハイトパターン‥‥‥‥‥‥‥ 253
倍率器‥‥‥‥‥‥‥‥‥‥‥ 280
白色雑音‥‥‥‥‥‥‥‥‥‥ 122
波長‥‥‥‥‥‥‥‥‥‥‥‥ 16
発光ダイオード‥‥‥‥‥‥‥ 68
発振器‥‥‥‥‥‥‥‥‥‥‥ 83
ハブ局‥‥‥‥‥‥‥‥‥‥‥ 157
バラクタダイオード‥‥‥‥‥ 69
パラボラアンテナ‥‥‥‥‥‥ 210
バラン‥‥‥‥‥‥‥‥‥‥‥ 226
パルス繰り返し周期‥‥‥‥‥ 163
パルスパターン発生器‥‥‥‥ 304
パルス幅‥‥‥‥‥‥‥‥‥‥ 163
パルス符号変調‥‥‥‥‥‥‥ 131
パルスレーダ‥‥‥‥‥‥‥‥ 163
バレッタ‥‥‥‥‥‥‥‥‥‥ 288
反射器‥‥‥‥‥‥‥‥‥‥‥ 204
反射形クライストロン‥‥‥‥ 77
反射係数‥‥‥‥‥‥‥‥‥‥ 228
反射波‥‥‥‥‥‥‥‥‥‥‥ 228
搬送波‥‥‥‥‥‥‥‥‥ 91, 93
　−抑圧単側帯波振幅変調‥‥ 94
反転端子‥‥‥‥‥‥‥‥‥‥ 81
半導体‥‥‥‥‥‥‥‥‥‥‥ 64
半波整流回路‥‥‥‥‥‥‥‥ 178
半波長ダイポールアンテナ‥‥ 196

ひ

ビート周波数‥‥‥‥‥‥‥‥ 176
光の速度‥‥‥‥‥‥‥‥‥‥ 188
皮相電力‥‥‥‥‥‥‥‥‥‥ 49
ビット誤り率‥‥‥‥‥‥ 100, 303
ビットレート‥‥‥‥‥‥ 136, 140

325

比透磁率	188		分布定数回路	219
非同期検波	109		分流器	279
秘匿性	143			
非反転端子	81		**へ**	
微分回路	174			
比誘電率	188		平滑回路	179
標準信号発生器	295		平均値	35
標準大気	254		平均電力	36, 163
標本化	133		平行2線式線路	222
非了解性漏話	130		平衡変調	128
秘話性	143		平面波	265
			並列接続	19
ふ			ベース接地	70
			ベースバンド信号	160
ファラッド	39		ベクトル	43
ファンビーム	216		ヘテロダイン中継方式	159
フーリエ変換	148		ヘリックス	79
フェージング	269		変圧器	177
－防止アンテナ	201		偏角	43
フォスター・シーリー周波数弁別器	107		変成器	177
フォトダイオード	69		変調指数	96
負荷抵抗	28		変調度	93
負帰還増幅器	82		ベント形鉛蓄電池	182
不規則性雑音	277		偏波ダイバーシティ	274
復号化	135		偏波（性）フェージング	270
複信方式	15		偏波面	191
複素数	42		ヘンリー	38
復調	92			
副搬送波	128		**ほ**	
符号誤り率	100		ホイートストンブリッジ	27
符号化	135		ホイップアンテナ	203
符号分割多重	137		方形導波管	232
不純物半導体	67		方向性結合器	292
負性抵抗	68		放射器	204
物理電池	180		放射抵抗	193
不平衡形	225		放射リアクタンス	194
ブラウンアンテナ	202, 203		放物面	210
プリアサイメント	156		－反射鏡	210
プリエンファシス	119		包絡線検波	109
フリップフロップ回路	89		ホーンアンテナ	218
フレネルゾーン	266		ホーンレフレクタアンテナ	215
フレミングの左手の法則	282		ホッピングパターン	141
分割陽極マグネトロン	77		－発生器	141
分岐回路	237		ボロメータ形電力計	291

ボロメータ素子······················ 288

ま、み

マイクロ波··························· 189
マグネトロン························· 75
マジックT··························· 237
マルチパス··························· 143
マンガン乾電池····················· 180
密度変調····························· 79
見通し距離··························· 257

む、め、も

無帰還訂正方式····················· 149
無給電中継方式····················· 161
無指向性アンテナ··················· 194
無線変調····························· 139
無停電電源装置····················· 185
メモリ効果··························· 181

や、ゆ、よ

八木・宇田アンテナ················· 204
有効電力····························· 49
誘電率······························· 188
誘導性リアクタンス················· 44
有能雑音電力······················· 122
陽極································· 75
容量環······························· 200
容量性リアクタンス················· 44
横波································· 191

ら、り、る

ラジアン····························· 34
ランダムパターン··················· 305
力率································· 49
リサジュー図形····················· 301
離散化······························· 133
リチウムイオン蓄電池······ 180, 183
リペラ電圧··························· 78
了解性漏話··························· 130
両極性NRZ符号····················· 135
両極性RZ符号······················· 135
量子化······························· 134
　－雑音··························· 134

両側波帯····························· 93
臨界磁界····························· 76
臨界磁束密度······················· 76
ルートダイバーシティ··············· 273

れ、ろ、わ

励振増幅器··························· 114
レーダ方程式······················· 167
連続性雑音··························· 277
レンツの法則······················· 38
漏話································· 130
ローレンツ力······················· 76
論理回路····························· 86
ワット······························· 28

327

吉村　和昭（よしむら・かずあき）
東京商船大学大学院博士後期課程修了。
高専で17年大学で24年間、電子回路、無
線通信工学を中心に教育研究。現在、二
大学で非常勤講師として電気回路、電磁
波工学などを担当。第一級総合無線通信
士、第一級陸上無線技術士、博士（工
学）。著書「図解入門よくわかる最新電
波と周波数の基本と仕組み」（共著）「身
近な例で学ぶ電波・光・周波数 ── 電波
の基礎から電波時計, 地デジ, GPS まで」
（共著）。他多数。

一陸特・無線工学　完全マスター（電略：トマ）

著　者　吉村　和昭

発行所　一般財団法人 情報通信振興会　〒170−8480
　　　　　　　　　　　　　　　　　　東京都豊島区駒込2丁目3−10
　　　　　　　　　　　　　　　　　　販売　電話　03（3940）3951
　　　　　　　　　　　　　　　　　　編集　電話　03（3940）8900
　　　　　　　　　　　　　　　　　　振替　00100−9−19918
　　　　　　　　　　　　　　　　　　URL　http://www.dsk.or.jp

　　　　　　　　　　　印　刷　船舶印刷株式会社

定価・発行日はカバーに表示してあります。

＊落丁本・乱丁本はお取り替えいたします。
＊正誤情報は当会ホームページ（http://www.dsk.or.jp）で提供しています。

　　　　ⒸKazuaki Yoshimura, Printed in JAPAN
　　　　ISBN978-4-8076-0798-3